2024年

全国中级注册安全工程师职业资格考试 专用教材

安全生产技术基础

注册安全工程师考试研究院 组编

图书在版编目(CIP)数据

安全生产技术基础 / 注册安全工程师考试研究院组编. —上海：立信会计出版社，2023.11
全国中级注册安全工程师职业资格考试专用教材
ISBN 978-7-5429-7472-3

Ⅰ.①安… Ⅱ.①注… Ⅲ.①安全生产—资格考试—教材 Ⅳ.①X93

中国国家版本馆 CIP 数据核字(2023)第 223434 号

责任编辑　毕芸芸

安全生产技术基础
Anquan Shengchan Jishu Jichu

出版发行	立信会计出版社		
地　　址	上海市中山西路 2230 号	邮政编码	200235
电　　话	(021)64411389	传　　真	(021)64411325
网　　址	www.lixinaph.com	电子邮箱	lixinaph2019@126.com
网上书店	http://lixin.jd.com		http://lxkjcbs.tmall.com
经　　销	各地新华书店		
印　　刷	三河市中晟雅豪印务有限公司		
开　　本	787 毫米×1092 毫米　　1/16		
印　　张	15.5		
字　　数	376 千字		
版　　次	2023 年 11 月第 1 版		
印　　次	2023 年 11 月第 1 次		
书　　号	ISBN 978-7-5429-7472-3/F		
定　　价	59.00 元		

如有印订差错,请与本社联系调换

一、考试概览

注册安全工程师是指通过职业资格考试取得中华人民共和国注册安全工程师职业资格证书，经注册后从事安全生产管理、安全工程技术工作或提供安全生产专业服务的专业技术人员。中级注册安全工程师职业资格考试实行全国统一大纲、统一命题、统一组织。

《注册安全工程师职业资格制度规定》详细规定了中级注册安全工程师职业资格考试的报名条件、考试科目和考试成绩滚动周期等相关信息，具体如下。

（一）报名条件

凡遵守中华人民共和国宪法、法律、法规，具有良好的业务素质和道德品行，具备下列条件之一者，可以申请参加中级注册安全工程师职业资格考试：

（1）具有安全工程及相关专业大学专科学历，从事安全生产业务满5年；或具有其他专业大学专科学历，从事安全生产业务满6年。

（2）具有安全工程及相关专业大学本科学历，从事安全生产业务满3年；或具有其他专业大学本科学历，从事安全生产业务满4年。

（3）具有安全工程及相关专业第二学士学位，从事安全生产业务满2年；或具有其他专业第二学士学位，从事安全生产业务满3年。

（4）具有安全工程及相关专业硕士学位，从事安全生产业务满1年；或具有其他专业硕士学位，从事安全生产业务满2年。

（5）具有博士学位，从事安全生产业务满1年。

（6）取得初级注册安全工程师职业资格后，从事安全生产业务满3年。

（二）考试科目

中级注册安全工程师职业资格考试的考试科目、题型、总分、考试时间等信息见下表。

考试科目		考试题型	总分	考试时间
公共科目	安全生产法律法规 安全生产管理 安全生产技术基础	单项选择题（70分） 多项选择题（30分）	100分	2.5小时
专业科目	煤矿安全 金属非金属矿山安全 化工安全 金属冶炼安全 建筑施工安全 道路运输安全 其他安全（不包括消防安全）	专业安全技术：单项选择题（20分） 安全生产案例分析：选择题（包括单项选择题、多项选择题，10分） 综合案例分析题（70分）		

注：考生在报名时可根据实际工作需要选择一个专业科目。

（三）考试成绩滚动周期

中级注册安全工程师职业资格考试成绩实行4年为一个周期的滚动管理办法。参加全部4个科目考试的人员必须在连续4个考试年度内通过全部应试科目，免试1个科目的人员必须在连续3个考试年度内通过相应应试科目，免试2个科目的人员必须在连续2个考试年度内通过相应应试科目，方可取得中级注册安全工程师职业资格证书。

二、本系列书特点

为帮助广大读者科学、高效地掌握中级注册安全工程师职业资格考试的相关知识，注册安全工程师考试研究院在对中级注册安全工程师考试深入研究的基础上，对应急管理部办公厅印发的考试大纲进行了深入剖析，紧抓考试的重点、难点，精心编写了本系列书。

本系列书的主要特点如下。

（一）紧扣大纲，内容全面

本系列书在编写过程中，严格依据全新考试大纲，涵盖了大纲要求的重点、难点，内容全面。《安全生产法律法规》，通过对安全生产法律体系的讲解，使读者深刻领会安全生产相关法律、法规、规章和标准的有关规定，增强分析、判断和解决安全生产实际问题的能力。《安全生产管理》，通过讲解安全生产管理基础理论和方法、安全制度和操作规程，以及生产安全事故调查、统计、分析等知识，提高读者的安全生产管理业务能力。《安全生产技术基础》，通过讲解机械、电气、特种设备、防火防爆、危险化学品等安全生产技术知识，提高读者运用安全生产技术消除、降低事故风险的能力。《安全生产专业实务》，通过讲解相关安全生产专业实务知识，使读者掌握专业安全技术，提高分析和解决安全生产实际问题的能力。

（二）脉络清晰，重点突出

本系列书的体系科学、完备，讲解深入浅出、层次分明、逻辑清楚，不仅有助于读者理清复习思路，构建完整的知识体系，还可以帮助读者明确应当把握哪些重点，如何突破难点，从而提升学习效率，达到最佳的学习效果。

（三）移动课堂、海量题库

为方便读者更好地复习备考，本系列书对不易于理解的知识点配有二维码，扫码即可观看老师对该知识点的详细讲解。此外，您还可以扫描目录中的"看课扫我""做题扫我"二维码，下载安全工程师课程和题库App，随时随地学习，全方位提升应试水平。

（四）学练结合，高效备考

为让读者能通过练习及时查漏补缺，本系列书设置了"典型例题""同步强化训练"等栏目。读者可以通过做题，了解自己对该知识点的掌握情况，从而把握重点，全面复习，科学、高效备考。

本系列书的编写过程经过反复推敲核证，若仍有不妥之处，恳请广大读者提出宝贵意见，同时希望本书能够帮助大家顺利通过考试！

注册安全工程师考试研究院

第一章　机械安全技术 ……………………………………………………… 1
第一节　机械行业安全概要 …………………………………………… 3
第二节　金属切削机床安全技术 ……………………………………… 17
第三节　砂轮机安全技术 ……………………………………………… 20
第四节　冲压（剪）机械安全技术 …………………………………… 24
第五节　木工机械安全技术 …………………………………………… 29
第六节　铸造安全技术 ………………………………………………… 32
第七节　锻造安全技术 ………………………………………………… 37
第八节　安全人机工程基本知识 ……………………………………… 38

第二章　电气安全技术 ……………………………………………………… 53
第一节　电气危险因素及事故种类 …………………………………… 55
第二节　触电防护技术 ………………………………………………… 64
第三节　电气防火防爆技术 …………………………………………… 75
第四节　雷击和静电防护技术 ………………………………………… 81
第五节　电气装置安全技术 …………………………………………… 87

第三章　特种设备安全技术 ………………………………………………… 99
第一节　特种设备事故的类型 ………………………………………… 101
第二节　锅炉和压力容器安全技术 …………………………………… 128
第三节　气瓶安全技术 ………………………………………………… 141
第四节　压力管道安全技术 …………………………………………… 148
第五节　起重机械安全技术 …………………………………………… 152
第六节　场（厂）内专用机动车辆安全技术 ………………………… 161
第七节　客运索道安全技术 …………………………………………… 164
第八节　大型游乐设施安全技术 ……………………………………… 169

第四章　防火防爆安全技术 ………………………………………………… 177
第一节　火灾爆炸事故机理 …………………………………………… 179
第二节　消防设施与器材 ……………………………………………… 188
第三节　防火防爆技术 ………………………………………………… 194
第四节　烟花爆竹安全技术 …………………………………………… 202
第五节　民用爆破器材安全技术 ……………………………………… 210

第五章　其他通用安全技术 ·················· 221
第一节　危险化学品安全基础知识 ············ 223
第二节　危险化学品的危害及防护 ············ 235

参考文献 ··································· 241

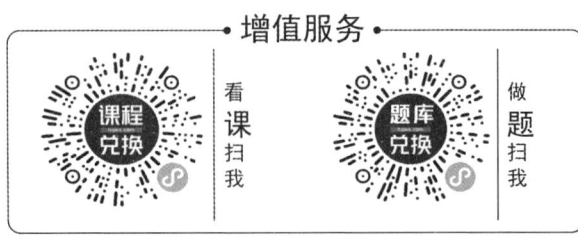

第一章
机械安全技术

运用机械安全相关技术和标准，辨识、分析、评价作业场所和作业过程中存在的机械安全风险，解决切削、冲压剪切、木工、铸造、锻造和其他机械安全技术问题。运用安全人机工程学理论和知识，解决人机结合的安全技术问题。

第一节 机械行业安全概要

一、常考机械产品的主要类别

(一) 动力机械

如电动机（图1-1）、内燃机（图1-2）、蒸汽机以及在无电源的地方使用的联合动力装置。

图1-1 电动机　　　　图1-2 内燃机

(二) 金属切削机械

如车床（图1-3）、钻床、镗床、磨床、齿轮加工机床、螺纹加工机床、铣床、刨（插）床、拉床、电加工机床（图1-4）、锯床以及其他机床。

图1-3 车床　　　　图1-4 电加工机床

(三) 起重运输机械

起重运输机械是指用于在一定距离内运移货物或人的提升和搬运机械。如各种起重机（图1-5）、运输机、升降机（图1-6）以及卷扬机（图1-7）等。

  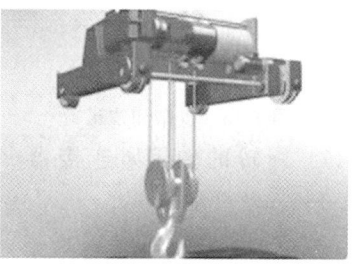

图1-5 门式起重机　　　　图1-6 升降机　　　　图1-7 卷扬机

（四）工程机械

如叉车、挖掘机（图 1-8）、铲运机、工程起重机、压实机、打桩机（图 1-9）、钢筋切割机、混凝土搅拌机（图 1-10）、路面机、凿岩机、线路工程机械以及其他专用工程机械等。

 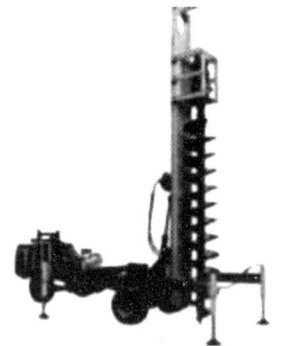 

图 1-8　挖掘机　　　　图 1-9　打桩机　　　　图 1-10　混凝土搅拌机

（五）通用机械

如水泵（图 1-11）、风机、压缩机（图 1-12）、阀门、真空设备、分离机械、减（变）速机、干燥设备以及气体净化设备等。

图 1-11　水泵　　　　　　图 1-12　压缩机

二、机械设备和机械传动机构中的危险部位

（一）机械设备的危险部位

（1）旋转和成切线运动部件咬合处，如皮带和皮带轮（图 1-13）、链条和链轮（图 1-14）、齿条和齿轮（图 1-15）。

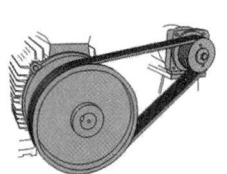  

图 1-13　皮带和皮带轮　　图 1-14　链条和链轮　　图 1-15　齿条和齿轮

（2）旋转的轴，如连接器（联轴器、联轴节分别如图 1-16、图 1-17）、心轴、卡盘（图 1-18）、丝杠和杆。

 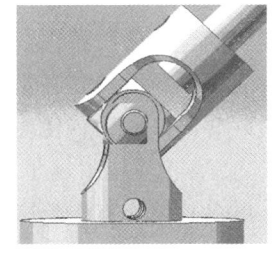 

图 1-16　联轴器　　　　图 1-17　联轴节　　　　图 1-18　卡盘

（3）含有凸块和孔的旋转部件，如风扇叶（图 1-19）、凸轮、飞轮（图 1-20）。

 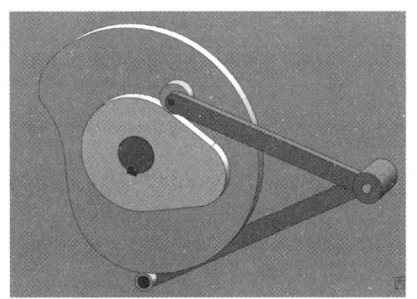

图 1-19　风扇叶　　　　　　　　　　图 1-20　飞轮

（4）对向旋转部件的咬合处，如齿轮（图 1-21）、混合辊。

图 1-21　齿轮

（5）旋转和固定部件的咬合处，如辐条手轮或飞轮和机床床身；旋转搅拌机和无防护开口外壳搅拌装置。

（6）传动轴。

①无凸起部分：一般是在光轴的暴露部分安装一个松散的和轴具有 12mm 净距的护套来对其进行防护，护套和轴可以相互滑动。

②有凸起部分：具有凸起物的旋转轴应利用固定式防护罩进行全面封闭。

（7）辊。

①对旋式轧辊：即使相邻轧辊的间距很大，但是操作人员的手、臂以及身体都有可能被卷入。一般采用钳型防护罩进行防护。

②牵引辊：安装一个钳型条通过减少间隙来提供保护，通过钳型条上的开口，便于材料的输送。

③辊式输送机：应该在驱动轴的下游安装防护罩。如果所有的辊轴都被驱动，将不存在卷入的危险，故无需安装防护装置。

(8) 轮。

①啮合齿轮：暴露的齿轮应使用固定式防护罩进行全面保护，防护罩必须是全封闭型，材料可采用钢板或铸造箱体；防护罩壳体不应有尖角和锐利部分，应便于开启，能方便地打开和关闭。防护罩内壁应涂成红色，最好装电气联锁，使防护装置在开启的情况下机器停止运转。

②有辐轮（中间有空隙的轮子）：当有辐轮附属于一个转动轴时，用手动有辐轮来驱动机械部件是危险的。可以利用一个金属盘片填充有辐轮来提供防护，也可以在手轮上安装一个弹簧离合器，使轴能够自由转动。

③砂轮：除了磨削区域附近，均应加以密闭。在其防护罩上应标出砂轮旋转的方向和最高线速度等技术参数。

④旋转的刀具：应该被包含在机器内部（如卷筒裁切机）。在使用手工送料时，应尽可能减少刀刃的暴露，并使用背板进行防护。当加工的材料是可燃物时，产生碎屑的场所应该有适当的防火措施。当需要拆卸刀片时，应使用特殊的卡具和手套来提供防护。

(9) 接近类型，如锻锤的锤体、冲压机（图 1-22）、动力压力机（图1-23）的滑枕。

图 1-22　冲压机

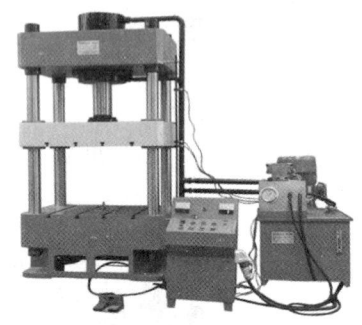
图 1-23　压力机

(10) 通过类型，如金属刨床的工作台及其床身、剪切机的刀刃。

(11) 直线运动部件，直线运动部件的防护情况见表 1-1。

扫码听课

表 1-1　直线运动部件的防护情况

部件名称	防护情况	示例
切割刀刃	需用特殊卡具	切割刀
砂带机	向远离操作者的方向运动，并且具有止逆装置，仅将工作区域暴露出来	砂带机

续表

部件名称	防护情况	示例
工作台和滑枕	极限位置时，平板（或者滑枕）的端面距离任何固定结构的间距不能小于500mm	工作台和滑枕
配重块	全部行程加以封闭，直到地面或者机械的固定配件处	配重块
带锯机	仅用于材料切割的部分可以露出，其他部分封闭	带锯机
剪刀式升降机	主要的危险在于邻近的工作平台和底座边缘间形成的剪切和挤压陷阱。可利用帘布加以封闭，或用障碍物防止闭合	剪刀式升降机

（12）转动和直线运动的危险部位，传动类型及其危险部位见表1-2。

表1-2 传动类型及其危险部位

传动类型	危险部位及防护
齿条和齿轮	应利用固定式防护罩将齿条和齿轮全部封闭起来
皮带传动	危险部位：皮带接头及皮带进入到皮带轮的部位 防护措施：带支撑框架或骨架的焊接金属网，与皮带间距离不小于50mm 防护装置的安全要求：一般传动机构离地面2m以下，应设防护罩 但在下列三种情况下，即使在离地面2m以上也应加以防护：皮带轮中心距之间的距离在3m以上；皮带宽度在15cm以上；皮带回转的速度在9m/min以上
输送链和链轮	危险部位：输送链进入到链轮处以及链齿

(二) 机械传动机构中的危险部位

常见的机械传动机构有齿轮啮合机构、皮带传动机构、联轴器等，分别如图 1-24、图 1-25、图 1-26 所示。

(1) 齿轮啮合机构中，两轮开始啮合的地方最危险。

(2) 皮带传动机构中，皮带开始进入皮带轮的部位最危险。

(3) 联轴器上裸露的突出部分有可能钩住工人衣服，造成伤害。

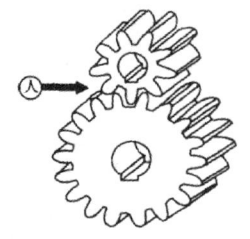 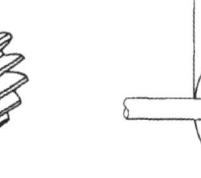 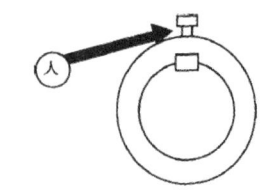

图 1-24　齿轮啮合机构　　图 1-25　皮带传动机构　　图 1-26　联轴器

三、机械伤害的防护

(一) 机械伤害的预防对策与措施

消除或减小相关的风险，应按"三步法"的顺序选择安全技术措施。第一步，本质安全设计措施；第二步，安全防护或补充保护措施；第三步，提示性安全技术措施。

1. 本质安全设计措施

本质安全设计措施，即直接安全技术措施。此方法为"三步法"中的首要选择。本质安全的内容见表 1-3。

表 1-3　本质安全的内容

分类	举例
合理的结构型式	避免形状伤害（锐利尖角及凹陷）、满足安全距离原则、保证机械稳定性
工艺过程和动力源	爆炸环境采取"全气动"或"全液压"装置、采用安全电源、消除振动源和粉尘源
限制机械应力以保证足够的抗破坏能力	机械设计符合相关规范、抗破坏能力足够、连接紧固、防超载、平衡良好
材料和物质的安全性	满足力学性能要求、考虑环境适应性、避免材料毒性、防止火灾爆炸风险（使用阻燃液体）
控制系统的安全设计	系统安全设计、软硬件安全设计、非正常作业冗余安全设计、系统设计符合人机工程学原则
机械的可靠性设计	使用可靠已知的安全相关组件、关键组件冗余性设计、操作机械化和自动化设计、维修性设计
遵循人机工程学原则	操作平台设计符合人体工学要求、机器设计及操纵器配置必须适应人体对空间、视觉及颜色的需求

2. 安全防护或补充保护措施

安全防护或补充保护措施，即间接安全技术措施。

(1) 防护装置：壳、罩、屏、门、盖、栅栏等结构和封闭式装置，用于提供保护的物理屏障，将人与危险隔离。

（2）保护装置：联锁装置、双手操纵式装置、能动装置、限位装置等。

（3）补充装置：急停装置、救援逃生设施、隔离能量和安全进入机械设备的装置。

（4）一般要求。

①符合安全防护装置的功能需求。

②其中的元件及安装，具有抗破坏作用。

③不能产生新的危险。

④所保护范围不能出现遗漏，不易被拆除，需要用专用的工具拆卸。

⑤满足安全距离的要求，使人体各部位（特别是手或脚）无法逾越安全防护装置接触危险，防止挤压或剪切事故的发生。

⑥不影响机器的预定使用。

⑦遵循安全人机工程学原则。

⑧满足某些特殊工艺要求。

（5）选用原则。

①机械正常运行期间操作者不需要进入危险区的场合时，采用固定式防护装置，如适当高度的栅栏、通道防护装置等。

②机械正常运转时需要多次进入危险区的场合，经常开启固定防护装置会带来作业不便时，采用联锁装置、自动停机装置、可调防护装置、自动关闭防护装置、双手操纵装置、可控防护装置等。

③非运行状态的其他作业期间（如机器的设定、示教、过程转换、查找故障、清理或维修等）需进入危险区的场合时，采用手动控制模式、止—动操纵装置或双手操纵装置、点动—有限运动操纵装置等。

（6）信号和警报装置的防护装置。

①防护装置的功能：

a. 隔离作用。

b. 阻挡作用：防止飞出物、飞溅物伤害。

c. 容纳作用：接收可能由机械抛出、掉落、射出的零件及其破坏后的碎片等。

d. 其他作用：防漏电、防触电、防雷击等。

②防护装置的类型：

a. 固定式防护装置：不用工具不能将其打开或拆除。

b. 活动式防护装置：通过机械方法，将铁链、滑道等与机器的构架或邻近的固定元件相连接，并且不用工具就可打开。

c. 联锁防护装置：防护装置开启时，可导致危险情况发生的机器功能被抑制。防护装置关闭时，可导致危险情况发生的机器功能才有可能恢复。

③防护装置的技术要求：

a. 防护装置应设置在进入危险区的唯一通道上，防护结构体不应出现漏保护区，并满足安全距离的要求，使人不可能越过或绕过防护装置接触危险。

b. 固定防护装置应采用永久固定（如焊接等）或借助紧固件（如螺钉、螺栓等）方式固定，若不用工具（或专用工具）不可能拆除或打开。

c. 活动防护装置或防护装置的活动体打开时，尽可能与被防护的机械借助铰链或导链保持连接，防止丢失或难以复原。

d. 活动联锁式防护装置出现丧失安全功能的故障时，装置失效不得导致意外启动。

e. 可调式防护装置的可调或活动部分调整件，在特定操作期间保持固定、自锁状态，不得因为机器振动而移位或脱落。

在需要通过防护装置观察机械运转的场所，需提供大小合适开口的观察孔或观察窗，此时对防护装置的开口要求见表1-4。

表1-4　规则开口通过的安全距离

肢体部位	图示	开口 e /mm	安全距离 S_r/mm		
			槽形	方形	圆形
指尖		$e \leqslant 4$	$\geqslant 2$	$\geqslant 2$	$\geqslant 2$
		$4 < e \leqslant 6$	$\geqslant 10$	$\geqslant 5$	$\geqslant 5$
指至指关节		$6 < e \leqslant 8$	$\geqslant 20$	$\geqslant 15$	$\geqslant 5$
		$8 < e \leqslant 10$	$\geqslant 80$	$\geqslant 25$	$\geqslant 20$
手		$10 < e \leqslant 12$	$\geqslant 100$	$\geqslant 80$	$\geqslant 80$
		$12 < e \leqslant 20$	$\geqslant 120$	$\geqslant 120$	$\geqslant 120$
		$20 < e \leqslant 30$	$\geqslant 850$	$\geqslant 120$	$\geqslant 120$
脚趾尖		$e \leqslant 5$	0	0	
脚趾		$5 < e \leqslant 15$	$\geqslant 10$	0	
		$15 < e \leqslant 35$	$\geqslant 80$	$\geqslant 25$	
脚		$35 < e \leqslant 60$	$\geqslant 180$	$\geqslant 80$	
		$60 < e \leqslant 80$	$\geqslant 650$	$\geqslant 180$	
开口尺寸 e 表示方形开口的边长、圆形开口的直径和槽形开口的最窄处尺寸					

（7）保护装置。

保护装置类型与特性见表1-5。

表 1-5 保护装置类型与特性

装置类型	特性
联锁装置	防护装置未关闭，机器无法开始运行
能动装置	与启动控制一起使用，并且只有连续操作时，才能使机器执行预定功能
双手操纵安全装置	需双手同时操纵
敏感保护设备	用于探测人体或人体局部
机械抑制装置	能靠其自身强度，防止危险运动的机械障碍（如：楔、轴、撑杆、销）
限制装置	空间限度、压力限度、载荷力矩限度等
有限运动控制装置	形成限制，使机器元件做有限运动的控制装置
有源光电保护装置	可探测特定区域内不透光物体

3. 提示性安全技术措施

（1）信息的使用原则。

①依次采用安全色、安全标志、警告信号、警报器。

③在使用上，图形符号和安全标志应优先于文字信息。文字信息采用机器使用过的官方语言。

③提示操作要求的信息应采用简洁形式；显示状态的信息应与工序顺序一致；危险紧急状态的信息应即时发出，持续的时间应与危险存在的时间一致，或持续到操作者干预为止。

④对于结构简单的机器，只需提供有关标志和使用操作说明书；对于结构复杂的机器，还应配备有关负载安全的图表、运行状态信号，必要时提供报警装置等。

⑤安全色的使用不能取代防范事故的其他安全措施。

⑥应尽量使用视觉信号；在可能有人的感觉缺陷的场所，例如盲区、色盲区、耳聋区，应配备其他信号，例如，触摸、振动等信号。

（2）安全标志和安全色。

①安全标志。

安全标志分为禁止标志、警告标志、指令标志、提示标志四类，见表 1-6。

表 1-6 安全标志分类

标志类型	颜色	图形	示例
禁止标志	安全色为红色；对比色为白色和黑色；白色衬底，有红色边框和斜杠	圆形	禁止烟火

续表

标志类型	颜色	图形	示例
警告标志	安全色为黄色；对比色为黑色；黄色衬底，有黑色边框	三角形	当心高温表面
指令标志	安全色为蓝色；对比色为白色，蓝色衬底	圆形	必须戴安全帽
提示标志	安全色为绿色；对比色为白色；白色图形，绿色衬底	正方形边框	可动火区 Flare up region

②安全色。

安全色分为红色、黄色、绿色及蓝色。红色表示人员处于危险或禁止状态，机械设备处于紧急状态；黄色表示人员处于注意或警告状态，机械设备处于异常状态；绿色表示人员处于安全状态，机械设备正常运转；蓝色表示人员处于执行任务状态，机械设备处于强制性状态。

③安全标志应满足的要求。

安全标志应满足的要求如下：

a. 设置位置：不宜设在门、窗、架或可移动的物体上，标志牌前不得放置妨碍认读的障碍物。

b. 顺序：应按警告、禁止、指令、提示类型的顺序，先左后右、先上后下地排列。机械设备易发生危险的相应部位，必须有安全标志。

c. 标志检查与维修：至少每半年检查一次，发现变形、破损、褪色不符合要求时，应及时修整或更换，以保证安全色正确、醒目。

（3）信号和警告装置。

①分类。

信号和警告装置包括视觉信号、听觉信号以及视听组合信号，见表1-7。

表 1-7 信号和警告装置

分类	信号和警告装置
听觉信号	紧急听觉信号——险情开始的信号
	紧急撤离听觉信号——险情开始或正在发生且有可能造成伤害的紧急情况的信号
	警告听觉信号——即将发生或正在发生，需采取适当措施消除或控制危险的险情信号
视觉信号	警告视觉信号——危险情形即将发生，要求采取适当措施消除或控制险情的视觉信号
	紧急视觉信号——危险情形已经开始或正在发生，要求采取应急措施的视觉信号
视听组合信号	光、声信号共同作用产生的信号

②要求。

a. 信号必须清晰，在接收区内的任何位置都不应低于 65dB（A）。

b. 紧急视觉信号应使用闪烁信号灯；警告视觉信号的亮度应至少是背景亮度的 5 倍，紧急视觉信号亮度应至少是背景亮度的 10 倍。

c. 任何险情信号应优先于其他视听信号；紧急信号应优先于所有警告信号，紧急撤离信号应优先于其他险情信号。

（二）通用机械安全设施的技术要求

1. 机械安全防护装置的一般要求

（1）安全防护装置应结构简单、布局合理，不得有锐利的边缘和突缘。

（2）安全防护装置应具有足够的可靠性，在规定的寿命期限内有足够的强度、刚度、稳定性、耐腐蚀性、抗疲劳性。

（3）安全防护装置应与设备运转联锁，保证安全防护装置未起作用之前，设备不能运转。

（4）光电式、感应式等安全防护装置应设置自身出现故障的报警装置。

2. 紧急停车开关的技术要求

（1）当出现危险情况时，能瞬时动作，终止设备的一切运动。

（2）对有惯性运动的设备，紧急停车开关应与制动器或离合器联锁，保证迅速终止设备运行。

（3）紧急停车开关的形状应区别于一般开关，颜色为红色；紧急停车开关的布置应保证操作人员易于触及，不发生危险。

（4）设备由紧急停车开关停止运行后，必须按启动顺序重新启动才能重新运转。

3. 机械设备安全防护罩的技术要求

（1）只要操作人员可能触及的传动部件，在防护罩没闭合前，传动部件就不能运转。

（2）采用固定防护罩时，操作人员触及不到运转中的活动部件。

（3）防护罩与活动部件有足够的间隙，避免防护罩和活动部件之间的接触。

（4）防护罩应牢固地固定在设备或基础上，拆卸、调节时必须使用工具。

（5）开启式防护罩打开时或部分失灵时，应使活动部件不能运转或运转中的部件停止运动。

（6）使用的防护罩不允许给生产场所带来新的危险。

（7）不影响操作，在正常操作或维护保养时不需拆卸防护罩。

（8）防护罩必须坚固可靠，以避免与活动部件接触造成损坏和工件飞脱造成伤害。

（9）防护罩一般不准脚踏和站立，必须做平台或阶梯时，平台或阶梯应能承受 1500N 的垂直力，并采取防滑措施。

（三）机器安全防护装置

机器安全防护装置及特点见表1-8。

表1-8 机器安全防护装置及特点

安全防护装置	特点及举例
固定安全防护装置	防止操作人员接触机器危险部件的固定安全装置，只有用改锥、扳手等专用工具才能拆卸
联锁安全装置	（1）安全装置关合时，机器才能运转；危险部件停止运动，安全装置才能开启 （2）可采取机械、电气、液压、气动或组合的形式 （3）在发生任何故障时，都不能使人员暴露在危险之中。例如，利用光电作用，人手进入冲压危险区，冲压动作立即停止
控制安全装置	使机器能迅速地停止运动，可以使用控制装置
自动安全装置	把暴露在危险中的人体从危险区域移开，仅限于在低速运动的机器上使用
隔离安全装置	阻止身体的任何部位靠近危险区域的设施，例如固定的栅栏
可调安全装置	在无法实现对危险区域进行隔离的情况下，可以使用部分可调的安全装置，例如圆锯机的可调防护罩
自动调节安全装置	由于工件的运动而自动开启，当操作完毕后又回到关闭的状态
跳闸安全装置	依赖于敏感的跳闸机构，在操作到危险点之前，能够使机器自动停止或反向运动
双手控制安全装置	迫使操作者应用两只手来操纵控制器，仅能对操作者提供保护

四、机械制造场所安全技术

（一）总平面布置

（1）总平面布置应符合采光、通风、防寒、防风、防暑等要求。

（2）在满足使用功能的前提下，应采用联合、集中、多层布置的方式。

（3）载荷、振动较大的工艺应布置在厂房的底层，有粉尘、有毒物质的工艺应布置在厂房顶层。

（4）散发热量、腐蚀性、尘毒危害较严重的工序，布置在靠外墙和厂房的下风向，危害相同的生产工序宜集中（或相邻）布置。

（二）通道

（1）合理组织人流和物流。运输繁忙的线路避免与人流、运输繁忙的铁路与道路平面交叉。

（2）主要生产区、仓库区、动力区的道路，应环形布置。厂区尽端式道路，应有便捷的消防车回转场地。在道路上架设管架和栈桥等时，干道上的架设净高不得小于5m。

（3）车间通道一般分为纵向主要通道、横向主要通道和机床之间的次要通道。车间横向主要通道宽度不应小于2m；机床之间的次要通道宽度一般不应小于1m。加工车间通道的尺寸见表1-9。

表 1-9　加工车间通道尺寸

运输方式	通道宽度/ m	
	冷加工	热加工
人工运输	≥1	1.5～3
电瓶车单向行驶	1.8	2
电瓶车对开	3	3～5
叉车或汽车行驶	3.5	3.5

(4) 主要人流与货流通道的出入口分开设置，出入口的数量不少于 2 个。除厂房四周应设消防通道外，在厂房内部尚须设置纵横贯通的消防通道。厂房大门净宽度应比最大运输件宽度大 600mm，比净高度大 300mm。

（三）设备布置及安全防护措施

1. 机床设备安全距离

机床间的最小距离及机床至墙壁和柱之间的最小距离不应小于表 1-10 的规定。

表 1-10　机床布置的最小安全距离

安全距离/ m	小型机床	中型机床	大型机床	特大型机床
机床操作面间距	1.1	1.3	1.5	1.8
机床后面、侧面离墙柱间距	0.8	1.0	1.0	1.0
机床操作面离墙柱间距	1.3	1.5	1.8	2.0

2. 作业现场生产设备及布局要求

(1) 须采用固定式防护装置或活动式联锁防护装置保护运动传动部件。

(2) 机床应设防护挡板，重型机床高于 500mm 的操作平台周围应设高度不低于 1050mm 的防护栏杆。

(3) 产生危害物质排放的设备，应采取整体密闭、局部密闭的措施。密闭后应设排风装置，不能密闭时，应设吸风罩。

(4) 坑池边和升降口有跌落危险处，必须设栏杆或盖板；需登高检查和维修的设备处宜设钢梯，钢直梯 3m 以上部分应设安全护笼。

(5) 高噪声、高振动设备宜相对集中，并应布置在厂房的端头，尽可能设置隔声窗或隔声走廊等。

(6) 所在车间有室内消防栓、灭火器等消防设施和器材配备示意图或清单，灭火器材应定置存放，不应挪动和破坏，应定期检查，保证在检验有效期内。消防器材前方不准堆放物品和杂物，用过的灭火器不应放回原处。

（四）采光照明

(1) 应优先利用天然光，辅助以人工光。

(2) 同场所内不同区域有不同照度要求时，应分区设置一般照明或局部照明（例如，机床的床头灯）。

(3) 光照度。

①备用照明的照度值除另有规定外,不低于该场所一般照明照度值的10%。

②安全照明的照度值不低于该场所一般照明照度标准值的10%。

③水平疏散通道的照度值不低于1 lx,垂直疏散通道的照度值不低于5 lx。

(五) 物资堆放

(1) 堆放物品的场地要用黄色或白色划出明显的界限或架设围栏。

(2) 白班存放为每班加工量的1.5倍,夜班存放为加工量的2.5倍。

(3) 成垛堆放生产物料、产品和剩余物料应堆垛稳固。当直接存放在地面上时,一般堆垛高度不应超过1.4m,且高与底面宽度之比不应大于3。

· 典型例题 ·

1. 在机械设备旋转轴上的凸起物可能造成人体接触,造成衣物缠绕。下列机械安全防护装置中,适用于具有凸起物的旋转轴的是（　　）。

　　A. 护套或防护置　　　　　　　　B. 开口式防护置
　　C. 固定式防护罩　　　　　　　　D. 移动式防护罩

【解析】具有凸起物的旋转轴应利用固定式防护罩进行全面封闭。

2. 机械设备安全包括机械产品安全和机械使用安全,机械使用安全应通过直接、间接、提示性安全技术措施等途径实现。改变机器的设计或优化性能属于（　　）。

　　A. 直接安全技术措施　　　　　　B. 其他安全防护措施
　　C. 提示性安全技术措施　　　　　D. 间接安全技术措施

【解析】消除或减小相关的风险,应按下列等级顺序选择安全技术措施,即"三步法"。第一步：本质安全设计措施,也称直接安全技术措施。第二步：安全防护措施,也称间接安全技术措施。第三步：使用安全信息,也称提示性安全技术措施。本质安全设计措施是指通过改变机器设计或工作特性,来消除危险或减小与危险相关的风险的安全措施。

3. 旋转机械的传动外露部分,冲压设备的施压部分等都必须装设安全防护装置,由于安全防护装置的形式较多,应根据运动的性质和人员进入危险区的需要来选择安全防护装置。机械正常运行期间,操作者不需要进入危险区的场合,应优先选用的防护装置是（　　）

　　A. 固定式防护装置　　　　　　　B. 活动式防护装置
　　C. 联锁式防护装置　　　　　　　D. 可调式防护装置

【解析】机械正常运行期间操作者不需要进入危险区的场合,优先考虑选用固定式防护装置,包括进料、取料装置,辅助工作台;适当高度的栅栏,通道防护装置等。

4. 某公司对正在使用的一批砂轮机进行安全检查。下列检查结果中,符合安全要求的是（　　）。

　　A. 一台一般用途砂轮机,砂轮直径为150mm,砂轮卡盘直径为45mm
　　B. 一台切断用砂轮机,砂轮直径为400mm,砂轮卡盘直径为120mm
　　C. 一台一般用途砂轮机的卡盘结构均匀平衡,表面存在尖棱锐边
　　D. 一台切断用砂轮机的卡盘与砂轮侧面的非接触部分的间隙为1.2mm

【解析】一般用途的砂轮卡盘直径不得小于砂轮直径的1/3。一台一般用途砂轮机,砂轮直径为150mm,砂轮卡盘直径不应小于50mm,选项A错误。切断用砂轮的卡盘直径不得小于砂轮直径的1/4。一台切断用砂轮机,砂轮直径为400mm,砂轮卡盘直径不小于100mm,

选项 B 正确。卡盘结构应均匀平衡,各表面平滑无锐棱,夹紧装配后,与砂轮接触的环形压紧面应平整、不得翘曲,选项 C 错误。卡盘与砂轮侧面的非接触部分应有不小于 1.5mm 的足够间隙,选项 D 错误。

答案:1.C 2.A 3.A 4.B

第二节 金属切削机床安全技术

金属切削机床(图 1-27)是用切削方法将毛坯加工成机器零件的设备。金属切削机床上装卡被加工工件和切削刀具,带动工件和刀具进行相对运动。在相对运动中,刀具从工件表面切去多余的金属层,使工件成为符合预定技术要求的机器零件。

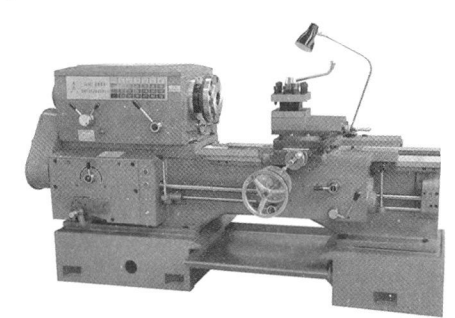 

图 1-27 金属切削机床

一、金属切削机床的危险因素、常见事故的原因及控制措施

(一)金属切削机床的危险因素

(1)静止部件。切削刀具与刀刃,突出较长的机械部分,毛坯、工具和设备边缘锋利飞边及表面粗糙部分,引起滑跌坠落的工作台。

(2)旋转部件。旋转部分,轴,凸块和孔,研磨工具和切削刀具。

(3)内旋转咬合。包括对向旋转部件、旋转部件和成切线运动部件面、旋转部件和固定部件的咬合。

(4)往复运动或滑动。单向运动,旋转与滑动组合,振动。

(5)飞出物。飞出的装夹具或机械部件,飞出的切屑或工件。

(二)金属切削机床常见事故的原因及控制措施

金属切削机床常见事故的原因以及控制措施见表 1-11。

表 1-11 金属切削机床常见事故的原因及控制措施

常见事故	事故原因	控制措施
触电	接地不良、漏电,照明未采用安全电压	设备可靠接地,照明采用安全电压
绞缠人体	旋转部位楔子、销子突出,没加防护罩	楔子、销子不能突出表面或加防护罩
刺割 崩伤眼球	清除铁屑无专用工具,操作者未戴护目镜	采用专用工具,戴护目镜

续表

常见事故	事故原因	控制措施
长料甩击伤人	加工细长杆轴料,尾部无防弯装置或托架	尾部安防弯装置及设料架
飞出击伤	零部件装卡不牢	零部件装卡牢固
绞伤、碾伤	防护保险装置、防护栏、保护盖不全或维修不及时	及时维修安全防护、保护装置
砂轮碎片伤人	砂轮有裂纹 装卡不合规定	选用合格砂轮,装卡合理
绞手事故	戴手套操作机床	加强检查,杜绝违章现象,穿戴好劳动防护用品

二、金属切削机床的安全技术措施

(一)防止机械危险安全措施

1. 机床结构

(1) 稳定性:防止意外倾倒措施。

(2) 机床外形:暴露部分不应有尖角、锐边,不应有凸出部分。

2. 运动部件

(1) 存在缠绕、吸入或卷入等危险的运动部件和传动装置:封闭、设置防护装置或使用信息提示。

(2) 上方有传送装置:设置防护网等。

(3) 运动部件与运动部件之间、运动部件与静止部件之间:满足最小距离要求,不应存在挤压危险和剪切危险。

(4) 运动部件在有限滑轨运行或有行程距离要求的:应设置可靠的限位装置。

(5) 对于有惯性冲击的机动往复运动部件:应设置缓冲装置。

(6) 对于可能超负荷(压力、起升量、温度等)的部件:应设置超负荷保护装置。

(7) 可能松脱的零部件必须采取有效措施加以紧固。

(8) 对于单向转动的部件应在明显位置标出转动方向,防止反向转动。

(9) 运动部件不允许同时运动时,其控制机构应联锁。

3. 夹持装置

(1) 应确保工件、刀具不会坠落或甩出,必要时限定其最高安全速度或转速。

(2) 机动夹持装置夹紧过程的结束应与机床运转的开始相联锁;夹持装置的放松过程应与机床运转的结束相联锁。

(3) 手动夹持装置应采取安全措施,防止产生挤压手指等危险。

4. 平衡装置

(1) 与机床部件及其运动有关的配重,如构成危险,应采取安全防护措施,如将其置于机床体内或置于固定式防护装置内。

(2) 动力平衡装置,应防止发生故障时机床部件坠落而造成的危险。

(3) 移动式平衡装置（如配重），应在其移动范围内采取防护措施，防止移动造成的碰撞、夹挤。

（二）排屑防喷溅措施

(1) 采取断屑措施防止产生长带状屑，设防护挡板；手工清除废屑采用专用工具，严禁手抠嘴吹。

(2) 机床输送高压流体的冷却系统、液压系统、气动系统及润滑系统，应设有防止超压的安全阀或调整压力变化的溢流阀。

（三）工作平台、通道、开口防止滑倒、绊倒和跌落的措施

(1) 当高度超过500mm时，应安装防坠落护栏、安全护笼及防护板等。

(2) 一般情况下，工作平台和通道上的最小净高度应为2100mm，通道的最小净宽度应为600mm。

(3) 为了避免绊倒危险，相邻地板构件之间的最大高度差应不超过4mm。

（四）防止电气系统危害安全措施

1. 防触电

(1) 设备可靠接地。

(2) 照明采用安全电压。

2. 控制系统

(1) 安全可靠，能经受预期的工作负荷。

(2) 设置在危险区以外，清晰可见，并设置紧急停止装置。

(3) 人为控制方可启动，急停装置保证瞬时动作的有效性。

(4) 数控系统正常工作。

（五）防止物质和材料危害安全措施及人机工程学要求

1. 防止物质和材料危害

(1) 优先采用无毒和低毒、难燃或不可燃的材料或物质。

(2) 大程度减少有害物质排放，雾浓度最大值不超过$5mg/m^3$，粉尘浓度最大值不超过$10mg/m^3$。

(3) 控制温度、粉尘浓度等火灾爆炸风险。

2. 人机工程学要求

(1) 工作强度、姿势、位置等应与人的能力尺寸和极限相适应。

(2) 友好的人机界面：显示器的视距应至少为0.3m，安装高度距地面或操作站台应为1.3~2m；报警装置配置在易发生故障或危险性较大的部位，优先采用声、光组合信号；操纵器设计合理，行程应不超过人的最佳用力范围。

（六）其他危险的安全措施

1. 热危险

降低表面温度、绝热材料包覆、设置保护装置（屏障或栅栏）、表面结构糙化（或用棱或散热片）、加设警示标志，必要时提供个人防护装备。

2. 噪声振动

普通机床噪声不得超过85dB；大型机床噪声不得超过90dB。

3. 电离和非电离辐射

时间防护、距离防护、屏蔽防护。

> ·典型例题·

1. 运动部件是金属切制机床安全防护的重点,当通过设计不能避免或不能充分限制危险时,应采取必要的安全防护装置,对于有行程距离要求的运动部件,应设置（   ）。

   A. 限位装置　　　　　　　　　　　B. 缓冲装置
   C. 超负荷保护装置　　　　　　　　D. 防挤压保护装置

   【解析】运动部件在有限滑轨运行或有行程距离要求的情况下,应设置可靠的限位装置。

2. 金属切削加工存在诸多危险因素,包括机械、电气、噪声与振动等。下列金属切削机床电气设备的安全要求中,正确的是（   ）。

   A. 电气设备应设置放电装置
   B. 紧急停止装置应设在操作区外
   C. 电气设备应设置防触电措施
   D. 数控机床应在无人控制下启动

   【解析】控制装置应设置在危险区以外（紧急停止装置、移动控制装置等除外）,选项 B 错误。电气设备应设置防触电措施,选项 A 错误,选项 C 正确。数控机床不应在无人控制下启动,选项 D 错误。

   答案:1. A　2. C

第三节　砂轮机安全技术

扫码听课

一、砂轮机加工的特点及危险因素

砂轮机是用来刃磨各种刀具、工具的常用设备,也用于普通小零件进行磨削、去毛刺及清理等工作。其主要由基座、砂轮、电动机或其他动力源、托架、防护罩和给水器等组成。可分为手持式砂轮机（图 1-28）、立式砂轮机（图 1-29）、悬挂式砂轮机、台式砂轮机等。

 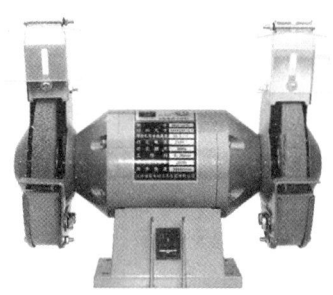

图 1-28　手持式砂轮机　　　　　图 1-29　立式砂轮机

（一）加工特点

（1）运动速度高,速度可高达 30～35m/s。

（2）砂轮的非均质结构:磨具是由磨粒、结合剂和孔隙三要素组成的复合结构,结构强度低。

（3）磨削产生大量热量和粉尘。

(二）危险因素

（1）机械伤害：砂轮破坏，碎块飞甩打击伤人，如图1-30所示，是后果最严重的伤害。

（2）噪声：噪声可达115dB以上。

（3）粉尘危害。

图1-30 砂轮机的机械伤害

二、砂轮机的安装与安全要求

（一）安装位置

砂轮机禁止安装在正对着附近设备及操作人员或经常有人过往的地方。如果因厂房地形的限制不能设置专用的砂轮机房，则应在砂轮机正面装设不低于1.8m的防护挡板，且挡板要牢固有效。

（二）砂轮的平衡

直径大于或等于200mm的砂轮装上法兰盘后应先进行平衡调试，砂轮在经过整形修整后或在工作中发现不平衡时，应重复进行调试直到平衡。

（三）砂轮机的安全要求

1. 砂轮主轴

砂轮主轴端部螺纹应满足防松脱的紧固要求，其旋向须与砂轮工作时旋转方向相反；端部螺纹应足够长，切实保证整个螺母旋入压紧（$L>1cm$）；主轴螺纹部分须延伸到压紧螺母的压紧面内，但不得超过砂轮最小厚度内孔长度的1/2（$h>H/2$）。

2. 砂轮卡盘

一般用途的砂轮卡盘直径不得小于砂轮（图1-31）直径的1/3，且规定砂轮磨损到直径比法兰盘直径大10mm时应更换新砂轮。此外，在砂轮与法兰盘之间还应加装直径大于卡盘直径2mm、厚度为1～2mm的软垫，如图1-32所示。切断用砂轮的卡盘直径不得小于砂轮直径的1/4；卡盘结构应均匀平衡，各表面平滑无锐棱，夹紧装配后，与砂轮接触的环形压紧面应平整、不得翘曲；卡盘与砂轮侧面的非接触部分应有不小于1.5mm的足够间隙。

 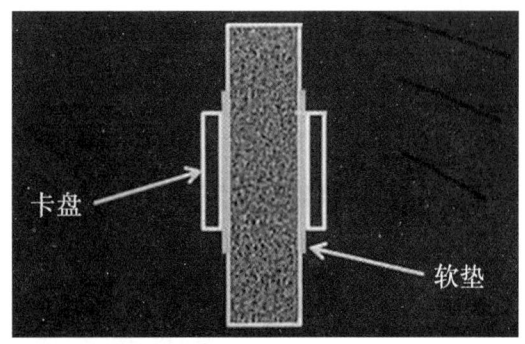

图 1-31 砂轮　　　　　　　图 1-32 卡盘与软垫示意图

3. 砂轮防护罩

砂轮机主要由砂轮、防护罩、基座等组成，如图 1-33 所示。砂轮机防护罩的要求如下：

(1) 砂轮防护罩的总开口角度应不大于 90°，使用砂轮安装轴水平面以下砂轮部分加工时，防护罩开口角度可以增大到 125°。而在砂轮安装轴水平面的上方，在任何情况下防护罩开口角度都应不大于 65°。

(2) 砂轮防护罩任何部位不得与砂轮装置各运动部件接触，砂轮卡盘外侧面与砂轮防护罩开口边缘之间的间距一般应不大于 15mm。

(3) 防护罩上方可调护板与砂轮圆周表面间隙应可调整至 6mm 以下；托架台面与砂轮主轴中心线等高，托架与砂轮圆周表面间隙应小于 3mm，如图 1-34 所示。

(4) 防护罩的圆周防护部分应能调节或配有可调护板，以便补偿砂轮的磨损。当砂轮磨损时，砂轮的圆周表面与防护罩可调护板之间的距离应不大于 1.6mm。

(5) 应随时调节工件托架以补偿砂轮的磨损，使工件托架和砂轮间的距离不大于 2mm。

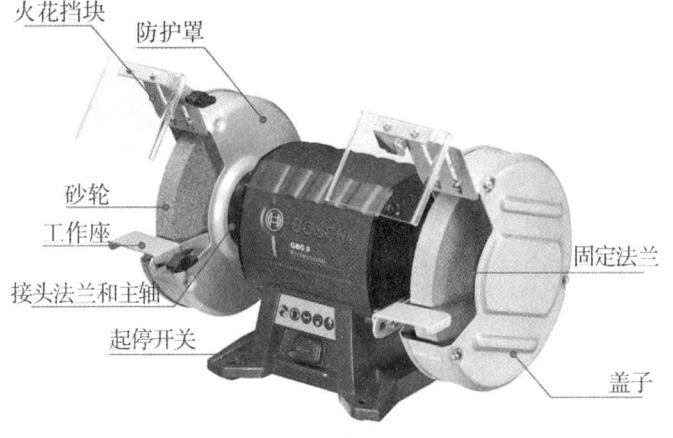 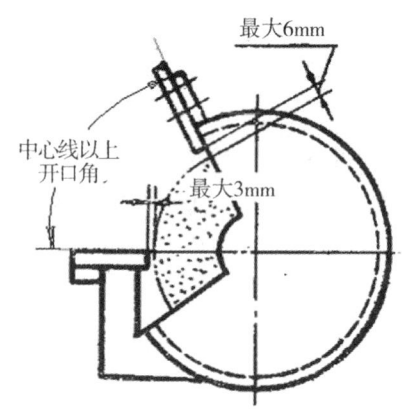

图 1-33 砂轮机　　　　　　　图 1-34 砂轮机防护罩

4. 其他安全要求

(1) 绝缘电阻：电源接线端子与保持接地端之间的绝缘电阻，其值不应小于 1MΩ。

(2) 噪声：台式、落地砂轮机在空运转条件下，噪声声压级不得超过 80dB。

(3) 粉尘：带除尘装置的砂轮机的粉尘浓度不应超过 $10mg/m^3$。

(4) 旋转：砂轮只可单向旋转，在砂轮机的明显位置上应标有砂轮旋转方向。

(5) 平衡：新砂轮、经第一次修整的砂轮以及发现运转不平衡的砂轮，都应进行平衡试验。

三、砂轮机的使用

砂轮机的正确操作如图 1-35 所示，使用时应注意：

（1）禁止侧面磨削：用圆周表面作工作面的砂轮不宜使用侧面进行磨削。

（2）不准正面操作：无论是正常磨削作业、空转试验还是修整砂轮，操作者都应站在砂轮主轴位置，不得在砂轮的正面操作。

（3）不准共同操作：严禁 2 人共用 1 台砂轮机同时操作。

（4）检查维修：及时清理通风管道内的粉尘。

（5）工作速度：任何情况均不能超过砂轮机的最高工作速度。

图 1-35　砂轮机正确操作

·典型例题·

1. 防护罩是砂轮机最主要的防护装置。下列关于砂轮机及其防护罩的说法中，错误的是（　　）。

A. 防护罩的开口角度在主轴水平面以上不允许超过 65°

B. 挡屑屏板安装于防护罩上开口正端，宽度应等于防护罩宽度

C. 防护罩在主轴水平面以上开口不小于 30°时必须设挡屑屏板

D. 砂轮圆周表面与挡板的间隙应小于 6mm

【解析】砂轮防护罩的开口角度在主轴水平面以上不允许超过 65°，选项 A 正确。防护罩在主轴水平面以上开口≥30°时必须设挡屑屏板，选项 C 正确。砂轮机圆周表面与挡板的间隙应小于 6mm，选项 D 正确。挡屑屏板安装于防护罩上开口正端，宽度应大于防护罩宽度，选项 B 错误。

2. 砂轮机属于危险性较大的生产设备，虽然结构简单，但使用频率高，一旦发生事故，后果严重，因此，砂轮机在使用过程中必须遵守安全操作要求。下列砂轮机使用安全要求中，正确的有（　　）。

A. 禁止多人共用一台砂轮机同时作业　　B. 应使用砂轮的圆周表面进行磨削作业

C. 操作者应站在砂轮机的正前方位　　　D. 操作者应站在砂轮机的侧方位

E. 砂轮机的除尘装置应定期检查和维修

【解析】禁止多人共用一台砂轮机同时操作，选项 A 正确。应使用砂轮的圆周表面进行磨削作业，不宜使用侧面进行磨削，选项 B 正确。操作者应站在砂轮机的斜前方进行操作，选项 C、D 错误。砂轮机的除尘装置应定期检查和维修，及时清除通风装置管道里的粉尘，保持有效的通风除尘能力，选项 E 正确。

3. 砂轮装置由砂轮、主轴、卡盘、垫片、紧固螺母组成。砂轮装置安全防护的重点是砂轮，砂轮的安全与主轴和卡盘等组成部分的安全技术措施直接相关。下列针对砂轮主轴和卡盘的安全要求中，正确的有（　　）。

A. 卡盘与砂轮侧面的非接触部分应有小于 1.5mm 的间隙

B. 砂轮主轴螺纹旋向与砂轮工作时旋转方向相同

C. 一般用途砂轮卡盘直径不得小于砂轮直径的 1/3

D. 主轴端部螺纹应足够长，保证整个螺母旋入压紧

E. 主轴螺纹部分延伸到紧固螺母的压紧面内，但不得超过砂轮最小厚度内孔长度的 1/2

【解析】根据《磨削机械安全规程》，卡盘与砂轮侧面的非接触部分应有不小于 1.5mm 的足够间隙；砂轮主轴螺纹旋向与砂轮工作时旋转方向相反；主轴螺纹部分延伸到紧固螺母的压紧面内，但不得超过设计允许使用的最小厚度砂轮内孔长度的 1/2。

答案：1.B　2.ABE　3.CDE

第四节　冲压（剪）机械安全技术

冲压（剪）是指靠压力机和模具对板材、带材、管材和型材等施加外力，使之产生塑性变形或分离，从而获得所需形状和尺寸的工件（冲压件）的成形加工方法。冲压机及其工作示意图如图 1-36 所示。

图 1-36　冲压机及工作示意图

一、冲压事故的特点、原因及对策

（一）冲压事故的特点

状态：滑块做上下往复运动。

危险区：冲模的垂直投影面。

危险时间：滑块的下行程。

危险事件：滑块下行过程中手仍处于危险区。

（二）冲压事故原因及对策

发生冲压事故的原因及对策见表 1-12。

表 1-12　冲压事故的原因及对策

冲压事故的原因	对策措施
操作简单，动作单一，产生厌烦情绪	提高送、取料的机械化和自动化水平，代替人工送、取料
作业频率高	采用手用工具送、取料，避免人的手部伸入模口区
冲压机械噪声和振动大	配备听力保护设备
设备原因：模具结构设计不合理；未安装安全装置或安全装置失效等	设计安全化模具，缩小模口危险区，设置滑块小行程，使人手无法伸进模口区

续表

冲压事故的原因	对策措施
人的手脚配合不一致，或多人操作彼此动作不协调	手拿工具送、取料，避免人的手部伸入模口区

二、冲压作业安全保护

(一) 操作控制系统

1. 离合器

（1）刚性离合器：刚性金属键作为接合零件，构造简单，不需要额外动力源，但不能使滑块停止在行程的任意位置，只能使滑块停止在上死点。

（2）摩擦离合器：借助摩擦副的摩擦力来传递扭矩，结合平稳，冲击和噪声小，可使滑块停止在行程的任意位置。

2. 制动器

（1）禁止在机械压力机上使用带式制动器来停止滑块。

（2）脚踏操作与双手操作规范应具有联锁控制。

（3）在离合器、制动器控制系统中，须有急停按钮。急停按钮停止动作应优先于其他控制装置。

(二) 安全防护装置

1. 安全防护装置的功能

安全防护装置应具备以下安全功能之一：

（1）在滑块运行期间，人体的任一部分不能进入工作危险区。

（2）在滑块向下行程期间，人体的任一部分不能进入工作危险区。

（3）在滑块向下行程期间，当人体的任一部分进入危险区之前，滑块能停止下行程或超过下死点。

2. 安全防护装置

安全防护装置包括活动式、固定栅栏式、推手式、拉手式等。安全保护控制装置包括双手操纵式、光电感应保护装置等。危险区开口小于6mm的压力机可不配置安全防护装置。

（1）固定式封闭防护装置。

固定式封闭防护装置，如防护栅栏（图1-37）、防护网（图1-38），其安装要求如下：

①应安装在固定的结构件或安装在地面上，不用专门工具不能拆除。

②固定式防护装置的送料开口、栅栏式防护装置的栅栏间隙应符合防止上下肢触及危险区的安全距离的标准要求。

③联锁式防护装置只有在活动护栏门关闭后才能启动工作行程。

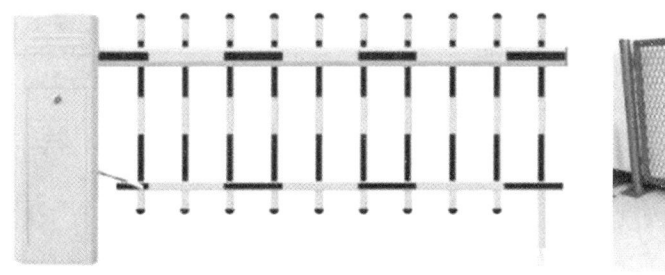
图1-37 防护栅栏

图1-38 防护网

（2）双手操纵式安全保护控制装置。

双手操纵式安全装置如图 1-39 所示。

①双手操纵的原则。必须双手同时推按操纵器，离合器才能接合滑块下行程；在滑块下行过程中，松开任一按钮，滑块立即停止下行程或超过下死点。

②重新启动的原则。被中断的操作控制需要恢复以前，应先松开全部按钮，然后再次双手按压后才能恢复运行。

③最小安全距离的原则。

④两个操纵器的内缘装配距离至少相隔 260mm。为防止意外触动，按钮不得凸出台面或加以遮盖。

⑤对需多人协同配合操作的压力机，应为每位操作者都配置双手操纵装置，并且只有全部操作者协同操作双手操纵装置时，滑块才能启动运行。

⑥双手操纵式安全装置只能保护使用该装置的操作者，不能保护其他人员的安全。

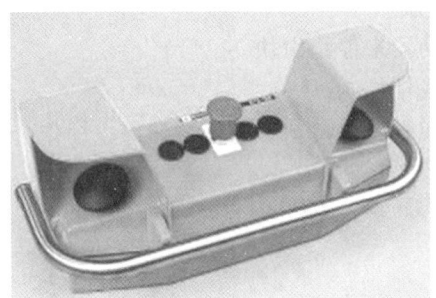

图 1-39　常见的双手操纵式安全保护控制装置

（3）光电保护装置。

光电保护装置的功能见表 1-13。常见光电保护装置如图 1-40 所示。

表 1-13　光电保护装置的功能

项目	内容
保护范围	保护高度不低于滑块最大行程与装模高度调节量之和，保护长度应能覆盖操作危险区
自保功能	在保护幕被遮挡，滑块停止运动后，即使人体撤出恢复通光，装置仍保持遮光状态，必须按动"复位"按钮，滑块才能再次启动
回程不保护功能	滑块回程时保护装置不起作用
自检功能	光电保护装置可对自身发生的故障进行检查和控制，使滑块处于停止状态，在故障排除以前不能恢复运行
响应时间	装置响应时间不得超过 20ms

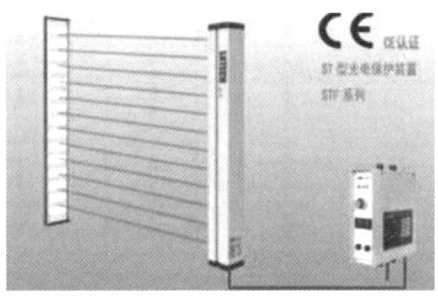

图 1-40　常见的光电保护装置

(4) 其他保护装置。

①拉（推或拨）手式安全装置。

②超载保护装置。

③安全支撑装置。

④紧急停止按钮和安全监控装置。

三、剪板机安全技术措施

不同类型剪板机如图 1-41 所示。

 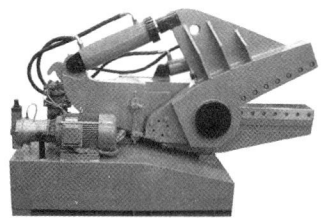

图 1-41　不同类型剪板机

（一）剪板机安全操作要求

（1）不应独自操作剪板机，应由 2～3 人协调进行送料、控制尺寸精度及取料等，并由 1 人统一指挥。

（2）应根据规定的剪板厚度，调整剪刀间隙。不准同时剪切两种不同规格、不同材质的板料，不得叠料剪切。剪切的板料要求表面平整，不准剪切无法压紧的较窄板料。

（3）剪板机的皮带、飞轮、齿轮以及轴等运动部位必须安装防护罩。

（4）剪板机操作者送料的手指离剪刀口的距离应至少保持 200mm，并且离开压紧装置。

（5）在剪板机上安置的防护栅栏不能使操作人员看不到剪切的部位。

（6）作业后产生的废料有棱角，操作者应及时清除，防止被刺伤、割伤。

（二）剪板机其他安全要求

1. 技术安全要求

（1）剪板机应有单次循环模式，单次循环模式下刀架和压料脚只能工作一个行程。

（2）剪板机后部落料危险区域一般应设置阻挡装置。

（3）剪板机上必须设置紧急停止按钮，一般应在剪板机的前面和后面分别设置。

（4）如果剪板机配有激光器（指示剪切线），应保证其不致对人身产生伤害。

2. 安全防护装置

如果剪板机完成工作需从多个侧面接触危险区域，每一个侧面都应设置防护。

（1）固定式防护装置。

固定式防护装置与冲压机固定式防护装置要求相同。

（2）联锁防护装置或联锁防护装置与固定式防护装置的组合

①如果联锁防护装置处于打开位置，任何危险运动都应停止。

②不带防护锁的联锁防护装置应安装在操作人员伤害发生前且没有足够时间进入危险区域的位置。

③不带防护锁的联锁防护装置应与固定式防护装置结合使用，在任何危险运动过程中应能防止进入危险区。

④安全距离应按照剪板机总响应时间和操作人员的速度进行计算确定。

(3) 光电保护装置。

采用光电保护装置应满足下列要求：

①确保只能从光电保护装置的检测区进入危险区，应提供附加的安全防护装置，阻止从其他方向进入危险区。如果现场有可能从剪板机其他任何侧面进入危险区，都应提供附加的安全防护装置。

②复位装置应放置在可以清楚观察危险区域的位置。每一个检测区域严禁安装多个复位装置。

· 典型例题 ·

1. 冲压机是危险性较大的设备，从劳动安全卫生角度看，冲压加工过程的危险有害因素来自机电、噪声、振动等方面。下列冲压机的危险有害因素中，危险性最大的是（　　）。

　　A. 噪声伤害　　　　B. 振动伤害　　　　C. 机械伤害　　　　D. 电击伤害

【解析】冲压机发生的最多的事故种类为冲手事故，冲手事故为机械伤害，故选择C选项。其次，压力机（包括剪切机）是危险性较大的机械，从劳动安全卫生角度看，压力加工的危险因素有机械危险、电气危险、热危险、噪声振动危险（对作业环境的影响很大）、材料和物质危险以及违反安全人机学原则导致危险等，其中以机械伤害的危险性最大。

2. 压力机危险性较大，其作业区应安装安全防护装置、以保护暴露于危险区的人员安全。下列安全防护装置中，属于压力机安全保护控制装置的是（　　）。

　　A. 推手式安全装置　　　　　　　　B. 拉手式安全装置

　　C. 光电式安全装置　　　　　　　　D. 栅栏式安全装置

【解析】安全防护装置分为保护装置、防护装置和补充装置，其中防护装置包括壳、罩、屏、门、盖、栅栏等结构和封闭式装置；保护装置包括联锁装置、双手操纵式装置、能动装置、限位装置等；补充装置以急停装置作为代表。保护装置的典型代表为光电保护装置和双手操纵式保护装置。

3. 剪板机借助于固定在刀架上的上刀片与固定在工作台上的下刀片作相对往复运动，从而使板材按所需的尺寸断裂分离。下列关于剪板机安全要求的说法，正确的是（　　）。

　　A. 剪板机不必具有单次循环模式

　　B. 压紧后的板料可以进行微小调整

　　C. 安装在刀架上的刀片可以靠摩擦安装固定

　　D. 剪板机后部落料区域一般应设置阻挡装置

【解析】剪板机应有单次循环模式，压料装置（压料脚）应确保剪切前将剪切材料压紧，压紧后的板料在剪切时不能移动，安装在刀架上的刀片应固定可靠，不能仅靠摩擦安装固定，在使用剪板机时，剪板机后部落料危险区域一般应设置阻挡装置，以防止人员发生危险。

4. 某厂李某在Q11-6X2500型剪板机上剪切钢板，作业过程中，李某在送钢板时，右手伸进了剪板机的剪切面，并在此时误动了脚踏开关，剪板机瞬间动作，将李某右手食指、中指、无名指剪断。为避免此类事故再次发生，该厂针对剪板机设计上的缺陷，拟定了下列改进措施，正确的有（　　）。

　　A. 剪板机的操作危险区增加光电保护装置

　　B. 剪板机的侧面设置一个紧急停止按钮

　　C. 剪板机的操作危险区设置安全监控装置

　　D. 剪板机的操作危险区设置联锁防护装置

　　E. 将剪板机的后挡料装置调整到刀口下方

【解析】 剪板机的前后分别设置紧急停止按钮,选项 B 错误。安全监控装置的作用是对机器的安全运行状况进行监控,并非安全保护功能,选项 C 错误。挡料装置是落料危险区的防护装置,其后挡料装置的设计不允许将后挡料调整到刀口之间,选项 E 错误。

答案:1.C 2.C 3.D 4.AD

第五节 木工机械安全技术

常用的木工机械有跑车带锯机、轻型带锯机、纵锯圆锯机、横截锯机、平刨床、压刨机、木铣床、木磨床等,其中带锯机(图1-42)、圆锯机(图1-43)、平刨机(图1-44)事故发生率较高。

图 1-42 带锯机

图 1-43 圆锯机

图 1-44 平刨机

一、木工机械危险因素

(一)机械伤害

机械伤害主要包括刀具的切割伤害、木料的冲击伤害、飞出物的打击伤害。

(二)火灾和爆炸

悬浮在空间的木粉尘会发生爆炸,也能引起火灾。

(三)木材的生物、化学危害

(1)木材的生物效应可分有毒性、过敏性、生物活性等,可引起皮肤症状、视力失调、对呼吸道黏膜的刺激和病变、过敏病状,以及各种混合症状。

(2)化学危害是指木材防腐和粘接时采用了多种化学物质,其中很多会引起中毒、皮炎或损害呼吸道黏膜,甚至诱发癌症。

(四)木粉尘危害

木料加工产生大量的粉尘,小颗粒木尘沉积在鼻腔或肺部,可导致鼻黏膜功能下降,甚至导致尘肺病。

(五)噪声和振动危害

木工机械是高噪声和高振动机械,加工过程会产生职业危害,引起噪声聋和手臂振动病。

二、木工机械安全技术措施

(一)木工机械安全技术要求

(1)按照"有轮必有罩、有轴必有套"和"锯片有罩、锯条有套、刨(剪)切有挡"的安全要求,以及安全器送料的安全要求,对各种木工机械应配置相应的安全防护装置。徒手操作人员必须有安全防护措施。

（2）对产生噪声、木粉尘或挥发性有害气体的机械设备，应配置与其机械运转相联锁的消声、吸尘或通风装置。

（3）木工机械的刀轴与电器应有安全联控装置，在装卸或更换刀具及维修时，能切断电源并保持断开位置，以防止误触电源开关或突然供电启动机械，造成伤害事故。

（4）针对木材加工作业中的木料反弹危险，应采用安全送料装置或设置分离刀、防反弹安全屏护装置。

（5）在装设正常启动和停机操纵装置的同时，还应专门设置遇事故紧急停机的安全控制装置。

（6）对缺少安全装置或安全装置失效的木工机械，应禁止使用。

（二）带锯机安全装置

带锯机（图1-42）是以一条开出锯齿的无端头的带状锯条为刀具，锯条由高速回转的上、下锯轮带动，实现直线纵向剖解木材的木工机械。

1. 带锯条

带锯条的锯齿齿深不得超过锯宽的1/4，锯条焊接应牢固平整，接头不得超过3个，两接头之间长度应为总长的1/5以上。严格控制带锯条的横向裂纹，裂纹超长应切断重新焊接。

2. 升降机构

上锯轮机动升降机构应与锯机起动操纵机构联锁；下锯轮应装有有效制动的装置，必须设置急停控制按钮。

3. 锯轮

上锯轮内衬应有缓冲材料；上锯轮处于任何位置，防护罩均应能罩住锯轮3/4以上表面，上锯轮处于最高位置时，其上端与防护罩内衬表面应有不小于100mm的足够间隔；锯轮、主运动的带轮应作平衡试验。

4. 噪声粉尘

机床应设置有效的排屑口、吸尘器，锯轮应设置除屑装置。在空运转条件下，机床噪声最大声压级不得超过90 dB（A）。

（三）圆锯机安全装置

圆锯机（图1-43）是以圆锯片对木材进行锯切加工的机械设备，电动机通过皮带传动将动力传给锯轴，带动锯片高速旋转来锯切木料。圆锯机剖面图如图1-45所示。

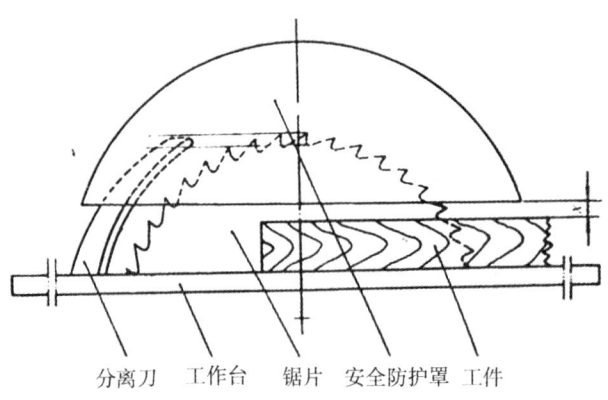

图1-45 圆锯机剖面图

1. 锯片与锯轴

(1) 锯轴的额定转速不得超过圆锯片的最大允许转速。

(2) 锯片与法兰盘应与锯轴的旋转中心线垂直，防止锯片旋转时的摆动。转动时，锯片与法兰盘之间不得出现相对滑动。

(3) 圆锯片连续断裂 2 齿或出现裂纹时应停止使用，圆锯片有裂纹不允许修复使用。

(4) 若更换锯片时必须锁定主轴，应提供主轴锁定装置。

2. 安全装置

(1) 安全防护罩：应有足够的强度、刚度，其防护功能必须可靠，罩体表面应光滑，不得有锐边尖角和毛刺。应采用部分封闭式结构，要便于锯片的更换和锯机的调整维修。

(2) 分料刀。

①应采用优质碳素钢 45 或同等机械性能的其他钢材制造。

②应有足够的宽度以保证其强度和刚度，其宽度应介于锯身厚度与锯料宽度之间，在全长上厚度要一致。

③分料刀的引导边应是楔形的，以便于导入。其圆弧半径不应小于圆锯片半径。

④锯片与锯料最近点的距离不超过 3mm，其他各点不得超过 8mm。

（四）木工刨床安全装置

刨床对操作人员的人身伤害：一是徒手推木料容易伤害手指，二是刨床噪声会造成职业危害。降低噪声可采用开有小孔的定位垫片，能降低噪声 10～15dB（A）。为了安全，手压平刨刀轴的设计与安装须符合下列要求：

(1) 必须使用圆柱形刀轴，绝对禁止使用方刀轴。

(2) 压力片的外缘应与刀轴外圆相合，当手触及刀轴时，只会碰伤手指皮，不会被切断。

(3) 刨刀刃口伸出量不能超过刀轴外径 1.1mm。

(4) 刨口开口量应符合规定。

(5) 组装后的刀轴须经强度试验和离心试验，试验后的刀片不得有卷刃、崩刃或显著磨钝现象。

(6) 刀轴的驱动装置所有外露旋转件都必须有牢固可靠的防护装置，并在罩上标出单向转动的明显标志。

(7) 平刨床的安全防护装置不得涂耀眼颜色、不得反射光泽。

木工刨床的刨口及刀轴如图 1-46、1-47 所示。

图 1-46 木工刨床刨口

图 1-47 木工刨床刀轴

> • 典型例题 •

1. 为了避免或减小在木工平刨床作业中的伤害风险，操作危险区应安装安全防护装置。下列针对木工平刨床安全防护装置的要求中，正确的是（　　）。

   A. 刨刀轴应采用装配式方形结构
   B. 导向板和升降机构不得自锁
   C. 刀轴外漏区域应尽量增大
   D. 组装后的刀轴应经离心试验

   【解析】刀轴必须是装配式圆柱形结构，严禁使用方形刀轴，选项 A 错误。导向板和升降机构应能自锁或被锁紧，防止受力后其位置自行变化引起危险，选项 B 错误。开口量应尽量小，使刀轴外露区域小，从而降低危险，选项 C 错误。组装后的刀轴须经强度试验和离心试验，选项 D 正确。

2. 使用木工机械进行木材加工过程中，危险因素多、伤害程度严重，因此应通过安全设计减少危险源，并采取有限的安全技术措施。下列对木工机械采取的安全技术措施中，错误的是（　　）。

   A. 木工压刨床上安装止逆器
   B. 木工圆锯上安装防反弹安全装置
   C. 木工带锯机上安装分料刀
   D. 木工平刨床上安装遮盖式安全装置

   【解析】分料刀是圆锯机中的重要安全防护装置，选项 C 错误。带锯机中的安全防护装置主要包括锯轮防护和锯齿防护罩。

   答案：1.D　2.C

第六节　铸造安全技术

铸造作为一种金属热加工工艺，是将熔融金属浇注、压射或吸入铸型型腔中，待其凝固后而得到一定形状和性能铸件的方法。铸造作业一般按造型方法来分类，习惯上分为普通砂型铸造和特种铸造。铸造作业流程图如图 1-48 所示。

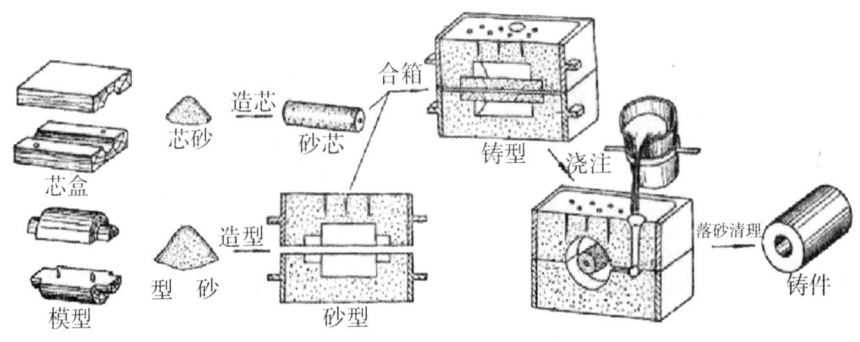

图 1-48　铸造作业流程图

一、铸造设备简介

（1）砂处理设备。如碾轮式混砂机、逆流式混砂机（图1-49）、叶片沟槽式混砂机、多边筛（图1-50）等。

图1-49　逆流式混砂机

图1-50　多边筛

（2）造型机（图1-51）、造芯机（图1-52）主要用来造型、造芯。如高、中、低压造型机、抛砂机、无箱射压造型机、射芯机、冷和热芯盒机等。

图1-51　造型机

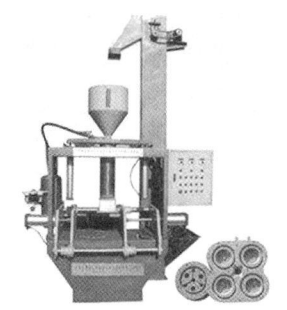
图1-52　造芯机

（3）金属冶炼设备。如冲天炉、电弧炉、感应炉、电阻炉、反射炉等。

（4）铸件清理设备。如落砂机（图1-53）、抛丸机（图1-54）、清理滚筒机（图1-55）等。

图1-53　落砂机

图1-54　抛丸机

图1-55　清理滚筒机

二、铸造作业危险因素

（一）火灾及爆炸

红热的铸件、飞溅的铁水等遇到易燃易爆物品，极易引发火灾和爆炸事故。

（二）灼烫

浇注的可能被熔融金属烫伤；经过熔炼炉时，可能被飞溅的铁水烫伤；经过高温铸件时，也可能被烫伤。

（三）机械伤害

机械设备、工具或工件的非正常选择和使用，人的违章操作等，都可导致机械伤害，如造型机压伤，设备修理时误启动导致砸伤、碰伤。

（四）高处坠落

由于工作环境恶劣、照明不良，加上车间设备立体交叉，工人在维护、检修和使用时，易从高处坠落。

（五）尘毒危害

1. 粉尘

型砂、芯砂运输、加工过程中，打箱、落砂及铸件清理中，都会产生大量的粉尘。

2. 一氧化碳

主要存在于冲天炉、电炉产生的烟气中。

3. 二氧化硫

主要在焦炭熔化金属，以及铸型、浇包、砂芯干燥和浇铸过程中产生。

（六）噪声振动

在铸造车间使用的振实造型机、铸件打箱时使用的振动器，以及在铸件清理工序中，利用风动工具清铲毛刺，利用滚筒清理铸件等都会产生大量噪声和强烈的振动。

（七）高温和热辐射

铸造生产在熔化、浇铸、落砂工序中都会散发出大量的热量。

三、铸造作业安全技术措施

（一）工艺要求

1. 工艺布置

（1）污染较小的造型、制芯工段在集中采暖地区应布置在非采暖季节最小频率风向的下风侧，在非集中采暖地区应位于全面最小频率风向的下风侧。

（2）砂处理、清理等工段宜用轻质材料或实体墙等设施与其他部分隔开；大型铸造车间的砂处理、清理工段可布置在单独的厂房内。

（3）造型、落砂、清砂、打磨、切割、焊补等工序宜固定作业工位或场地，以方便采取防尘措施。

（4）在布置工艺设备和工作流程时，应为除尘系统的合理布置提供必要条件。

2. 工艺设备

（1）凡产生粉尘污染的定型铸造设备（如混砂机、筛砂机、带式运输机等），制造厂应配置密闭罩。

（2）型砂准备及砂的处理应密闭化、机械化；输送散料状干物料的带式运输机应设封闭罩；混砂宜采用带称量装置的密闭混砂机；炉料准备的称量、送料及加料应实现机械化。

3. 工艺方法

在采用新工艺、新材料时，应防止产生新污染。冲天炉熔炼不宜加萤石。应改进各种加热炉窑的结构、燃料和燃烧方法，以减少烟尘污染。回用热砂应进行降温去灰处理。

4. 工艺操作

在工艺可能的条件下，宜采用湿法作业。落砂、打磨、切割等操作条件较差的场合，宜采用机械手遥控隔离作业。

(1) 炉料准备。炉料包括金属块料（如铸铁块料、废铁等）、焦炭及各种辅料。在准备过程中最容易发生事故的是破碎金属块料。

(2) 熔化设备。用于机器制造工厂的熔化设备主要是冲天炉（化铁）和电弧炉（炼钢）。

(3) 浇注作业。浇注作业一般包括烘包、浇注和冷却三个工序。浇包包括钢水包（图1-56）、铁水包等，盛铁水不得超过容积的80%，以免洒出伤人；浇注时，所有与金属溶液接触的工具，如扒渣棒、火钳等均需预热，防止与冷工具接触产生飞溅。浇筑作业现场如图1-57所示。

图1-56 钢水包

图1-57 浇筑作业现场

(4) 配砂作业。配砂作业的不安全因素有粉尘污染；钉子、铁片、铸造飞边等杂物扎伤。

(5) 造型和制芯作业。部分造型机、造芯机都是以压缩空气为动力源，在结构、气路系统和操作中，应设有相应的安全装置，如限位装置、联锁装置、保险装置。

(6) 落砂清理作业。铸件冷却到一定温度后，将其从砂型中取出，并从铸件内腔中清除芯砂和芯骨的过程称为落砂。为提高生产率，若过早取出尚未完全凝固的铸件，可能会导致烫伤事故。

（二）建筑要求

(1) 铸造车间应安排在高车间、动力车间的建筑群内，建在厂区其他不释放有害物质的生产建筑的下风侧。

(2) 厂房主要朝向宜为南北向。

(3) 铸造车间除设计有局部通风装置外，还应利用天窗排风或设置屋顶通风器。

(4) 熔化、浇注区和落砂、清理区应设避风天窗。

（三）除尘

1. 炉窑

(1) 炼钢电弧炉。排烟宜采用炉外排烟、炉内排烟、炉内外结合排烟。电弧炉的烟气净化设备宜采用干式高效除尘器。

(2) 冲天炉。冲天炉的排烟净化宜采用机械排烟净化设备，包括高效旋风除尘器、颗粒层除尘器、电除尘器。

2. 破碎与碾磨设备

(1) 颚式破碎机上部，直接给料，落差小于1m时，可只做密闭罩而不排风。无论上部有无排风，当下部落差大于或等于1m时，下部均应设置排风密封罩。

(2) 球磨机的旋转滚筒应设在全密闭罩内。

3. 砂处理设备、筛选设备、输送设备

以上所列设备及制芯、造型、落砂及清理、铸件表面清理等均应通风除尘。

· 典型例题 ·

1. 铸造作业工程中存在诸多的不安全因素，可能导致多种危害，因此应从工艺、建筑、除尘等方面采取安全技术措施，工艺安全技术措施包括工艺布置、工艺设备、工艺方法、工艺操作。下列安全技术措施中，属于工艺方法的是（ ）。

A. 浇包盛铁水不得超过容积的 80%

B. 球磨机的旋转滚筒应设在全封闭罩内

C. 大型铸造车间的砂处理工段应布置在单独的厂房内

D. 冲天炉熔炼不宜加萤石

【解析】选项 A 属于工艺操作过程；选项 B 属于工艺设备；选项 C 属于工艺布置。

2. 为降低铸造作业安全风险，在不同工艺阶段应采取不同的安全操作措施。下列铸造作业各工艺阶段安全操作的注意事项中，错误的是（ ）。

A. 配砂时应注意钉子、铸造飞边等杂物伤人

B. 落砂清理时应在铸件冷却到一定温度后取出

C. 造芯时应设有相应的安全装置

D. 浇注时浇包内盛铁水不得超过其容积的 85%

【解析】配砂作业的不安全因素有粉尘污染，钉子、铁片、铸造飞边等杂物扎伤；落砂清理作业，若过早取出铸件，易导致烫伤事故。浇注作业时，浇包盛铁水不得太满，不得超过容积的 80%。

3. 区别于3D打印造型，金属铸造是一种传统的金属热加工造型工艺，主要包括砂处理、造型、金属熔炼、浇铸、铸件处理等工序。下列关于铸造工艺安全健康措施的说法，正确的有（ ）。

A. 铸造工艺用球磨机的旋转滚筒应设在全密闭罩内

B. 铸造车间应布置在厂区不释放有害物质的生产建筑物的上风侧

C. 铸造用熔炼炉的烟气净化设备宜采用干式高效除尘器

D. 铸造工艺用压缩空气的气罐、气路系统应设置限位、连锁和保险装置

E. 铸造工艺用颚式破碎机的上部直接给料，落差小于1m时，可只做密闭罩而不排风

【解析】球磨机的旋转滚筒应设在全密闭罩内，选项 A 正确。铸造车间应安排在高温车间、动力车间的建筑群内，建在厂区其他不释放有害物质的生产建筑的下风侧，选项 B 错误。熔炼炉主要是冲天炉（化铁）和电弧炉（炼钢）。电弧炉的烟气净化设备宜采用干式高效除尘器，选项 C 正确。很多造型机、造芯机都是以压缩空气为动力源，为保证安全，防止设备发生事故或造成人身伤害，在结构、气路系统和操作中应设有相应的安全装置，如限位装置、联锁装置、保险装置，选项 D 正确。颚式破碎机上部，直接给料，落差小于1m时，可只做密闭罩而不排风，选项 E 正确。

答案：1. D 2. D 3. ACDE

第七节 锻造安全技术

锻造是金属压力加工的方法之一，根据锻造加工时金属材料所处温度状态的不同，锻造又可分为热锻、温锻和冷锻。热锻指被加工的金属材料处在红热状态（锻造温度范围内），通过锻造设备对金属施加的冲击力或静压力，使金属产生塑性变形而获得预想的外形尺寸和组织结构。

一、锻造的危险因素

锻造的危险因素见表1-14。

表1-14 锻造的危险因素

危险因素		内涵
伤害事故	机械伤害	锻锤锤头击伤；打飞锻件伤人；辅助工具打飞击伤；模具、冲头打崩、损坏伤人；原料、锻件等在运输过程中造成的砸伤；操作杆打伤、键杆断裂击伤
	火灾爆炸	红热的坯料、锻件及飞溅氧化皮等一旦遇到易燃易爆物品，极易引发火灾和爆炸事故
	灼烫	操作者接触到红热的坯料、锻件及飞溅氧化皮等，产生烫伤
职业危害	噪声和振动	锻锤以巨大的力量冲击坯料，产生强烈的低频率噪声和振动
	尘毒危害	火焰炉使用的各种燃料燃烧生产的炉渣、烟尘；空气中存在的有毒有害物质和粉尘微粒
	热辐射	加热炉和灼热的工件辐射大量热能

二、锻造的安全技术措施

（1）锻压机械的机架和突出部分不得有棱角或毛刺。

（2）外露的传动装置（齿轮传动、摩擦传动、曲柄传动或皮带传动等）必须有防护罩。防护罩需用铰链安装在锻压设备的不动部件上。

（3）锻压机械的启动装置必须能保证对设备进行迅速开关，并保证设备运行和停车状态的连续可靠。

（4）启动装置的结构应能防止锻压机械意外地开动或自动开动。

（5）电动启动装置的按钮盒，其按钮上需标有"启动""停车"等字样。停车按钮为红色，其位置比启动按钮高10~12mm。

（6）高压蒸汽管道上必须装有安全阀和凝结罐，以消除水击现象，降低突然升高的压力。

（7）蓄力器通往水压机的主管上必须装有当水耗量突然增高时能自动关闭水管的装置。

（8）任何类型的蓄力器都应有安全阀。安全阀必须由技术检查员加铅封，并定期进行检查。

（9）安全阀的重锤必须封在带锁的锤盒内。

（10）安设在独立室内的重力式蓄力器必须装有荷重位置指示器，使操作人员能在水压机的工作地点上观察到荷重的位置。

（11）新安装和经过大修理的锻压设备应该根据设备图样和技术说明书进行验收和试验。

（12）操作人员应认真学习锻压设备安全技术操作规程，加强设备的维护、保养，保证设备的正常运行。

> • 典型例题 •

1. 蓄力器是锻压机械的重要部件,其设置应能保证自身运行、拆卸和检修等各项工作的安全,因此蓄力器应设置(   )。

A. 截止阀　　　　　　　　　　　　B. 安全阀
C. 减压阀　　　　　　　　　　　　D. 止逆阀

【解析】任何类型的蓄力器都应有安全阀。安全阀必须由技术检查员加铅封,并定期进行检查。

2. 锻造是一种利用锻压机械对金属坯料施加压力,使其产生塑性变形以获得具有一定机械性能、一定形状和尺寸的锻件的加工方法,锻造生产中存在多种危险因素。下列关于锻造生产危险因素的说法中,错误的是(   )。

A. 噪声、振动、热辐射带来职业危害,但无中毒危险
B. 红热的锻件遇可燃物可能引燃成灾
C. 红热的锻件及飞溅的氧化皮可造成人员烫伤
D. 锻锤撞击、锻件或工具被打飞、模具或冲头打崩可导致人员受伤

【解析】锻造作业过程中存在诸多的不安全因素,危险因素主要有机械伤害、火灾爆炸、灼烫、噪声和振动、尘毒危害、热辐射。选项A"无中毒危险"是错误的;选项B属于火灾及爆炸;选项C属于灼烫事故;选项D属于机械伤害事故。

3. 锻造机械的结构不但应保证设备运行中的安全,而且应能确保安装、拆卸和检修等环节的人身安全。因此,在锻造机械上采取了很多安全措施,保证操作人员的安全。下列关于锻造机械安全技术措施的说法,正确的有(   )。

A. 启动装置的结构应能防止锻造机械意外动作
B. 大修后的锻造设备可以直接使用
C. 高压蒸汽管道上必须装有安全阀和凝结罐
D. 模锻锤的脚踏板应置于挡板之上
E. 安全阀的重锤必须封在带锁的锤盒内

【解析】新安装和经过大修理的锻压设备应根据设备图样和技术说明书进行验收和试验,而不是直接使用,选项B错误。模锻锤的脚踏板应置于某种挡板之下,操作者脚伸入挡板内操作才能保证安全,选项D错误。

答案:1. B　2. A　3. ACE

第八节　安全人机工程基本知识

一、安全人机工程学的定义、研究内容和人机系统的类型

(一)定义

安全人机工程学是从安全的角度出发,运用人机工程学的原理和方法去解决人机结合面安全问题的一门学科。其立足点放在安全上,以工效为限制条件,以活动过程中对人实行保护为

目的，研究人、机、环境三者之间的相互关系，探讨如何使机械、环境符合人的形态学、生理学、心理学方面的特性，使人、机、环境相互协调以达到人的能力与作业活动要求相适应，创造安全、高效、舒适、健康的劳动环境和条件的学科。

（二）研究内容

安全人机工程学的研究内容与人机工程学的研究内容基本一致，只是研究的着眼点和角度不同，包括以下几个方面：

（1）人的因素：主要包括人体的人机学参数，人的生理、心理因素与安全生产，作业疲劳以及安全生产，人的可靠性。

（2）机的因素：主要包括显示装置、控制装置等机械设备的安全设计、安全防护装置、机械设备的可靠性。

（3）环境因素：主要包括光环境、噪声环境、振动环境、微气候等作业环境安全设计。

（4）人机系统综合研究因素：主要包括人机分工匹配、人机界面安全设计、作业空间安全布局、环境因素对人机系统可靠性的影响等。

（三）人机系统的类型

人机系统主要分两类，一类为机械化、半机械化控制的人机系统；另一类为全自动化控制的人机系统。

在机械化、半机械化控制的人机系统中，人在系统中主要充当生产过程的操作者与控制者，即控制器主要由人来操作。系统的安全性主要取决于人机功能分配的合理性、机器的本质安全性及人为失误状况。

在全自动化控制的人机系统中，以机为主体，机器的正常运转完全依赖于闭环系统的机器自身的控制，人只是一个监视者和管理者。系统的安全性主要取决于机器的本质安全性、机器的冗余系统失灵以及人处于低负荷时应急反应变差等。

二、人的特性

（一）人的生理特性

1. 人体供能与劳动强度分级

（1）人体特性参数。

人体特性的参数及内容见表1-15。

表1-15　人体特性的参数及内容

参数	内容
尺度参数	指人体在静止状态下测得的形态参数，如身高及各部位长度尺寸等
动态参数	指人体运动状态下，人体的动作范围，主要包括肢体的活动角度和肢体的活动范围两方面的参数，如手臂、腿脚活动时测得的参数等
生理参数	主要指有关人体各种活动和工作时的参数及其变化，如人体耗氧量、心跳频率、呼吸频率及人体表面积和体积等
生物力学参数	主要指人体各部分，如手掌、前臂、上臂、躯干（包括头、颈）、大腿和小腿、脚等肌肉收缩的力学规律，如握力、拉力、推力、推举力、转动惯量等

(2) 劳动强度及分级。

劳动强度是以作业过程中人体的能耗、氧耗、心率、直肠温度、排汗率或相对代谢率等指标分级的。

①我国的劳动强度分级。

我国工作场所不同体力劳动强度分级见表 1-16。

表 1-16 工作场所不同体力劳动强度 WBGT 限值

接触时间率	体力劳动强度/℃			
	Ⅰ	Ⅱ	Ⅲ	Ⅳ
100%	30	28	26	25
75%	31	29	28	26
50%	32	30	29	28
25%	33	32	31	30

WBGT 指数又称湿球黑球温度，是综合评价人体接触作业环境热负荷的一个基本参量，单位为℃。

寒冷环境下作业时，一定的体力劳动强度对应的环境温度要求，见表 1-17。

表 1-17 冬季工作地点的采暖温度（干球温度）

体力劳动强度级别	采暖温度/℃
Ⅰ	≥18
Ⅱ	≥16
Ⅲ	≥14
Ⅳ	≥12

②劳动强度指数 I。

劳动强度指数 I 是区分体力劳动强度等级的指标，指数大反映劳动强度大，指数小反映劳动强度小。体力劳动强度 I 按大小分为 4 级，见表 1-18。

表 1-18 体力劳动强度分级表

体力劳动强度级别	体力劳动强度指数	劳动强度
Ⅰ级	I≤15	轻
Ⅱ级	15<I≤20	中
Ⅲ级	20<I≤25	重
Ⅳ级	I>25	过重

③常见职业体力劳动强度分级。

常见职业体力劳动强度分级见表 1-19。

表 1-19 常见职业体力劳动强度分级

体力劳动强度分级	职业描述
Ⅰ（轻劳动）	坐姿：手工作业或腿的轻度活动（正常情况下，如打字、缝纫、脚踏开关等） 立姿：操作仪器，控制、查看设备，上臂用力为主的装配工作
Ⅱ（中等劳动）	手和臂持续动作（如锯木头等）；臂和腿的工作（如卡车、拖拉机或建筑设备等运输操作）；臂和躯干的工作（如锻造、风动工具操作、粉刷、间断搬运中等重物、除草、锄田、摘水果和蔬菜等）
Ⅲ（重劳动）	臂和躯干负荷工作（如搬重物、铲、锤锻、锯刨或凿硬木、割草、挖掘等）
Ⅳ（极重劳动）	大强度的挖掘、搬运，快到极限节律的极强活动

2.疲劳

（1）疲劳的定义。

疲劳分为肌肉疲劳（或称体力疲劳）和精神疲劳（或称脑力疲劳）两种。

（2）疲劳产生的原因。

疲劳产生的原因有工作条件因素、作业者本身的因素，见表 1-20。

表 1-20 疲劳产生的原因

产生原因	具体内容
工作条件的因素	（1）劳动制度和生产组织不合理。如作业时间过久、强度过大、速度过快、体位欠佳等 （2）机器设备和工具条件差，设计不良。如控制器、显示器不符合人的心理及生理要求 （3）工作环境很差。如照明欠佳、噪声太强、振动、高温、高湿以及空气污染等
作业者本身的因素（造成心理疲劳）	（1）劳动效果不佳。在相当长时期内没有取得满意的成果，会引发心理疲劳 （2）劳动内容单调。作业动作单一、乏味，不能引起作业者的兴趣。如流水线上分工过细的专门操作，显示器前的监视工作等 （3）劳动环境缺少安全感。涉及技术方面的安全防护设施和职业的稳定性，以及不适的督导和过分的暗示，造成心理压力与精神负担 （4）劳动技能不熟练。当工作任务的繁复程度远远超过了劳动者能力水平，困难大，负担重，压力大，力不能负时，也易产生心理疲劳 （5）劳动者本人的思维方式及行为方式导致的精神状态欠佳、人际关系不好，上下级关系紧张，以及家庭生活的不顺等都可能引起心理疲劳

（3）消除疲劳的途径。

①在进行显示器和控制器设计时应充分考虑人的生理心理因素。

②通过改变操作内容、播放音乐等手段克服单调乏味的作业。

③改善工作环境，保证合理的温湿度、充足的光照等。

④避免超负荷的体力或脑力劳动，合理安排作息时间，注意劳逸结合等。

（二）人的心理特性

安全心理学的主要研究内容和范畴包括如下几个方面。

1.能力

能力是指那些直接影响活动效率，使活动顺利完成的个性心理特征。影响能力的因素很多，主要有感觉、知觉、观察力、注意力、记忆力、思维想象力和操作能力等。

2. 性格

性格是人们在对待客观事物的态度和社会行为的方式中,区别于他人所表现出的那些比较稳定的心理特征的总和。人的性格主要表现形式可归纳为冷静型、活泼型、急躁型、轻浮型和迟钝型等。

3. 气质

气质是一个人生来就有的心理活动的动力特征。心理活动的动力指心理过程的程度、心理过程的速度和稳定性以及心理活动的指向性。气质又叫作脾气、禀性。不同气质表现出的典型特征如下:

(1) 精力旺盛、热情直率、刚毅不屈,往往倾向于性情急躁、主观任性。

(2) 灵活机智、活泼好动、善于交际、性格开朗,亦倾向于情绪多变。

(3) 安静、不外露、沉着、从容不迫、耐心谨慎,亦倾向于因循守旧、动作缓慢、难以沟通。

(4) 孤僻、消沉、行动迟缓、自卑退让,亦倾向于平易近人、容易相处、谦虚谨慎。

为达到安全生产目的,劳动组织管理中,要充分考虑人的气质特征的作用。进行安全教育时,必须注意从人的气质出发,施用不同的教育手段。

4. 需要与动机

人的存在和发展必然需求一定的事物,如衣、食、住房、劳动、人际交往等,都是作为社会成员的个人及社会存在和发展所必需的。这种必需的事物反映在个人的头脑中就成为他的需要。

动机是一种由需要所推动的达到一定目的的动力,简单地说,它是人们为达到任何目标而付出的努力。它起着激发、调节、维持和停止行为的作用。动机是一种内部的心理过程,也是一种心理状态,这种心理状态称为激励。

5. 情绪与情感

情绪是人对客观现实的一种特殊反映形式,是人对于客观事物是否符合人的需要而产生的态度。任何情绪都是由客观现实引起的,当客观现实符合人的需要时就产生满意、愉快、热情等积极的情绪;相反,就产生不满意、郁闷、悲伤等消极的情绪。在生产实践中常会出现以下不安全情绪:

(1) 急躁情绪。急躁情绪的表现特征是干活利索但毛躁,求成心切但欠谨慎,工作不够仔细,有章不循,手与心不一致等。

(2) 烦躁情绪。烦躁情绪的表现特征为沉闷、不愉快、精神不集中,严重时自身器官及生理机能往往不能很好地协调,更难以与外界条件协调一致。

6. 意志

意志是人自觉地确定目的,并支配和调节行为,克服困难以实现目的的心理过程,也可以说是一种规范自己的行为,抵制外部影响,战胜身体失调和精神紊乱的抵抗能力。人们在日常生活和工作中,尤其是在恶劣环境中工作时,必须有意志活动的参与,才能顺利地完成任务。所谓有志者事竟成,就是这个道理。

三、人机的特性

依据对人的特性的描述,以下从 7 个方面对比人机的特性,见表 1-21。

表 1-21 人机特性的对比

特性项目	机械特性	人的特性
信息接收	检测度量的范围非常广，能够检测电磁波，能在视觉范围以外使用红外线或者其他电磁波进行工作	无法监测电磁波等物理量，人的某些感官的感受能力比机器优越（如听觉、嗅觉），人能够运用多种渠道接收信息，可使用的力量小、输出功率较小
信息处理	对于信息处理，机器若按预先编程，可快速、准确地进行工作。记忆正确并能长时间储存，调出速度快；能连续进行超精密的重复操作和按程序的大量常规操作，可靠性较高；对处理液体、气体和粉状体等比人优越；能够正确地进行计算，但难以修正错误；图形识别能力弱；能进行多通道的复杂动作	善于处理柔软物体，能长期大量储存信息并能综合利用记忆的信息进行分析和判断
信息的交流与输出	机器与人之间的信息交流只能通过特定的方式进行，能够输出极大的和极小的功率，难做精细的调整，只能按程序运转，不能随机应变	善于做精细调整，能够总结和利用经验，除旧创新，改进工作
学习与归纳能力	机器学习能力和灵活性较差，只能理解特定的事物，决策方式只能通过预先编程确定	人具有高度的灵活性和可塑性，能随机应变，采取灵活的程序和策略处理问题
可靠性和适应性	可连续、稳定、长期地运转，但是也需要适当地进行维修和保养；机器可进行单调的重复性作业而不会疲劳和厌烦；机器对设定的作业有很高的可靠性，但对意外事件则无能为力	人能进行归纳、推理，在获得实际观察资料的基础上，归纳出一般结论，形成概念，并能创造、发明
环境适应性	机器能非常好地适应不良的环境条件，可在具有放射性气体、有毒气体、粉尘、噪声、黑暗、强风暴雨等恶劣、危险的环境下工作	人的工作易受身心因素和环境的影响，在感受外界作用和操作的稳定性方面不如机器，无法耐受恶劣的环境
成本	一次性投资可能过高，包括购置费、运转和保养维修费；但是在寿命期限内的运行成本较人工成本要低	长期成本较高

四、人机系统和人机作业环境

（一）人机系统

1. 人机系统的概念

系统是由相互作用、相互依存的要素（部分）组成的、具有特定功能的有机整体。人机系统是由相互作用、相互依存的人和机器两个子系统构成，能完成特定目标的一个整体系统。

2. 人机系统的类型

人机系统按自动化程度可分为人工操作系统、半自动化系统和自动化系统三种。

在人工操作系统、半自动化系统中，人机共体，或机为主体，系统的动力源由机器提供，人在系统中主要充当生产过程的操作者与控制者。其系统的安全性主要取决于人机功能分配的合理性、机器的本质安全性及人为失误状况。

在自动化系统中，则以机为主体，机器的正常运转完全依赖于闭环系统的机器自身的控制，人只是一个监视者和管理者。该系统的安全性主要取决于机器的本质安全性、机器的冗余系统是否失灵以及人处于低负荷时的应急反应变差等情形。

人机系统按系统中人机结合的方式可分为人机串联系统、人机并联系统和人机串、并联混合系统等类型。

3. 人机系统的可靠度计算

（1）串联系统可靠度计算。

人机系统组成的串联系统的可靠度表达，按式（1-1）计算：

$$R_S = R_H \times R_M \tag{1-1}$$

式中，R_S——人机系统可靠度；

R_H——人的操作可靠度；

R_M——机器设备可靠度。

（2）并联系统可靠度计算。

当系统由两人监控时，一旦发生异常情况应立即切断电源。该系统有以下两种控制情形：

①异常状况时，相当于两人并联，可靠度比一人控制的系统增大，这时操作者切断电源的可靠度为 R_{Hb}（正确操作的概率），按式（1-2）计算：

$$R_{Hb} = 1 - (1 - R_1)(1 - R_2) \tag{1-2}$$

②正常状况时，相当于两人串联，可靠度比一人控制的系统减小，即产生误操作的概率增大，操作者不切断电源的可靠度 R_{Sr}（不产生误动作的概率）为 R_{Hc}，按式 1-3 计算：

$$R_{Hc} = R_1 \times R_2 \tag{1-3}$$

从监视的角度考虑，首要问题是避免异常状况时的危险，即保证异常状况时切断电源的可靠度，而提高正常状况下不误操作的可靠度则是次要的，因此这个监控系统是可行的。所以两人监控的人机系统的可靠度 R_{Sr} 为：

正常情况时，按式（1-4）计算：

$$R_{Sr} = R_{Hc} \times R_M = R_1 \times R_2 \times R_M \tag{1-4}$$

异常情况时，按式（1-5）计算：

$$R_{Sr} = R_{Hb} \times R_M = [1 - (1 - R_1) \times (1 - R_2)] \times R_M \tag{1-5}$$

（二）人机作业环境

人机作业环境包括的因素很多，如照明环境、声环境、色彩环境、气候环境、空气中的气体成分环境等。

1. 照明环境

（1）照明环境、光通量、照度的概念。

照明环境即光环境，又称为光照环境。光通量是最主要的物理量和最基本的光度量。

光通量是人眼所能感觉到的辐射功率，是单位时间内可到达、离开或通过某曲面的光强。其单位是流明（lm）。

照度即光照强度，是单位面积上接受可见光的能力。其单位是勒克斯（lx）。

（2）照明条件与疲劳。

照明条件与作业疲劳有一定的联系。适当的照明条件能提高近视力和远视力。因为在亮光下，瞳孔缩小，视网膜上成像更为清晰，视物清楚。

（3）照明条件与事故。

照明不良的一种极端情况是对象目标与背景亮度的对比过大，或者物体周围背景发出刺目耀眼的光线，这被称为眩光。眩光条件下，人们会因瞳孔缩小而影响视网膜的视物，导致视物模糊。眩光在眼球介质内可散射，进而进一步减弱物体与背景间的对比，造成不舒适的视觉条件，并迅速导致视觉疲劳；汽车驾驶员高速驾驶途中遇不良眩光条件，可导致重大道路交通事故的发生。

（4）光环境控制要求。

使用的各种视觉显示器之间的亮度差应避免大于10∶1；确保显示器使用时无闪烁；出于减少反射光引起视物不清及安全保密等理由，工作场所应不设或少设窗户。

2. 色彩环境

（1）色彩对人的影响。

色彩可以引起人的情绪反应，也会一定程度影响人的行为。

（2）色彩的生理作用。

色彩的生理作用主要表现为导致视觉疲劳的影响。对引起视觉疲劳而言，蓝、紫色最易引起视觉疲劳，红、橙色次之，黄绿、绿、绿蓝等色调不易引起视觉疲劳且认读速度快、准确度高。色彩对人体其他系统的机能和生理过程也有一定的影响。例如，红色色调会使人的各种器官兴奋和不稳定，有促使血压升高及脉搏加快的作用；而蓝色、绿色等色调则会抑制各种器官的兴奋并使其机能稳定，可起到一定的降低血压及减缓脉搏的作用。

· 典型例题 ·

1. 安全人机工程应用人机工程学的理论和方法研究"人—机—环境"系统，并使二者在安全的基础上达到最优匹配。下列人与机器的功能中，机器优于人的是（　　）。

A. 高度的灵活性

B. 高度的可塑性

C. 同时完成多种操作

D. 突发事件应对能力

【解析】机器优于人的功能：①机器能平稳而准确地输出巨大的动力，输出值域宽广；②机器的动作速度极快，信息传递、加工和反应的速度也极快；③机器运行的精度高；④机器的稳定性好；⑤机器对特定信息的感受和反应能力一般比人高；⑥机器能同时完成多种操作，且可保持较高的效率和准确度；⑦机器能在恶劣的环境条件下工作。

2. 色彩对人的生理作用主要表现为导致视觉疲劳。下列颜色中，最容易引起眼睛疲劳的是（　　）。

A. 黄色　　　　　　　　　　　　B. 蓝色

C. 绿色　　　　　　　　　　　　D. 红色

【解析】蓝、紫色最易引起视觉疲劳，红、橙色次之，黄绿、绿、绿蓝等色调不易引起视觉疲劳且认读速度快、准确度高。

3. 人机功能分配指根据人和机器各自的长处和局限性，把人机系统中任务分解，合理分配给人和机器去承担，使人与机器能够取长补短，相互匹配和协调，使系统安全、经济、高效地完成人和机器往往不能单独完成的工作任务。根据人机特性和人机功能分配的原则,下列人机系统的工作中,适合人来承担的有( )。

A. 系统运行的监督控制　　　　　　B. 机器设备的维修与保养

C. 长期连续不停的工作　　　　　　D. 操作复杂的重复工作

E. 意外事件的应急处理

【解析】长期不停的工作适合机器完成,机器能够稳定地输出功率并且长时间连续工作,选项 C 错误。复杂操作的重复工作适合机器完成,选项 D 错误。

答案：1. C　2. B　3. ABE

同步强化训练

一、单项选择题

1. 机械的可靠性设计原则主要包括：使用已知可靠性的组件、关键组件安全性冗余、操作的机械化自动化设计、机械设备的可维修四项原则。下列关于这四项原则及其对应性的说法,错误的是( )。

   A. 操作的机械化自动化设计——一个组件失效时,另一个组件可继续执行相同功能

   B. 使用已知可靠性的组件——考虑冲击、振动、温度、湿度等环境条件

   C. 关键组件安全性冗余——采用多样化设计或技术,以避免共因失效

   D. 机械设备的可维修——一旦出现故障,易拆卸、易检修、易安装

2. 机械伤害风险的大小除取决于机器的类型、用途、使用方法和人员的知识、技能、工作态度等因素外,还与人们对危险的了解程度和所采取的避免危险的措施有关。下列措施中,属于实现机械本质安全的是( )。

   A. 通过培训,提高人们辨别危险的能力

   B. 通过培训,提高避免伤害的能力

   C. 减少接触机器危险部件的次数

   D. 通过对机器的重新设计,使危险部位更加醒目

3. 在机械安全设计与机器安装中,车间中设备的合理布局可以减少事故发生。车间布局应考虑的因素是( )。

   A. 照明、空间、管线布置、维护时的出入安全

   B. 预防电器危害、空间、维护时的出入安全、管线布置

   C. 预防电器危害、照明、空间、降低故障率

   D. 空间、管线布置、照明、降低故障率

4. 为了保证厂区内车辆行驶、人员流动、消防灭火、救灾以及安全运送材料等需要,企业的厂区和车间都必须设置完好的通道。冷加工车间内人行通道宽度至少应大于( )。

   A. 0.5m　　　　　B. 0.8m　　　　　C. 1.0m　　　　　D. 1.2m

5. 长期在采光照明不良的条件下作业,容易使操作者出现眼睛疲劳、视力下降,甚至可能由于误操作而导致意外事故的发生。同时,合理的采光与照明对提高生产效率和保证产品质量有直接的作用。下列关于生产场所采光与照明设置的说法中,正确的是( )。

   A. 厂房跨度大于 12m 时,单跨厂房两边应有采光侧窗,窗户宽度应小于开间长度的 1/2

   B. 多跨厂房相连,相连各跨应有天窗,跨与跨之间应用墙封死

C. 车间通道照明灯要覆盖所有通道，覆盖长度应大于车间安全通道长度的80%

D. 近窗的灯具单设开关，充分利用自然光

6. 机床常见事故与机床的危险因素有密切关系。下列事故中，不属于机床常见事故的是（　　）。

   A. 工人违规戴手套操作时，旋转部件绞伤手指

   B. 零部件装卡不牢导致飞出击伤他人

   C. 机床漏电导致操作工人触电

   D. 工人检修机床时被工具绊倒摔伤

7. 运动机械的故障往往是易损件的故障。因此，应该对在设的机械设备易损件进行检测。下列机械设备的零部件中，应重点检测的部位是（　　）。

   A. 轴承和工作台　　　　　　　　B. 叶轮和防护罩

   C. 传动轴和工作台　　　　　　　D. 齿轮和滚动轴承

8. 机械设备旋转的部件容易成为危险部位，下列关于机械旋转部件的说法中，正确的是（　　）。

   A. 对向旋转式轧辊应采用全封闭式防护罩以保证操作者身体任何部位无法接触危险

   B. 所有辊轴都是驱动轴的辊式输送机，卷入风险高，应安装带有金属骨架的防护网

   C. 轴流通风机的防护网孔尺寸既要能够保证通风，又要保证人体不受伤害

   D. 无论径流通风机还是轴流通风机，管道内部都是最有可能发生危险的部位

9. 砂轮机是机械工厂最常用的机械设备之一。砂轮易碎、转速高、使用频繁，容易发生伤人事故。某单位对砂轮机进行了一次例行安全检查，下列检查记录中不符合安全要求的是（　　）。

   A. 砂轮机无专用砂轮机房，砂轮机正面装设有高度2m的固定防护挡板

   B. 砂轮法兰盘（卡盘）的直径为100mm，砂轮直径为200mm

   C. 左右砂轮各有一个工人在磨削工具

   D. 砂轮防护罩与主轴水平线的开口角为60°

10. 消除或减少相关风险是实现机械安全的主要对策和措施，一般通过本质安全技术、安全防护措施、安全信息来实现。下列实现机械安全的对策和措施中，属于安全防护措施的是（　　）。

    A. 采用易熔塞、限压阀　　　　　B. 设置信号和警告装置

    C. 采用安全可靠的电源　　　　　D. 设置双手操纵装置

11. 剪板机用于各种板材的裁剪，下列关于剪板机操作与防护的要求中，正确的是（　　）。

    A. 不同材质的板料不得叠料剪切，相同材质不同厚度的板料可以叠料剪切

    B. 剪板机的皮带、齿轮必须有防护罩，飞轮则不应装防护罩

    C. 操作者的手指离剪刀口至少保持100mm的距离

    D. 根据被裁剪板料的厚度调整剪刀口的间隙

12. 人机系统是由相互作用、相互依存的人和机器两个子系统构成，构成特定目标的一个整体系统。在自动化系统中，人机功能分配的原则是（　　）。

    A. 以机为主　　　B. 以人为主　　　C. 人机同等　　　D. 人机共体

13. 木工机器刀具运动速度高，容易造成伤害事故。木工加工过程的危险因素是（　　）。

    A. 模具的危险伤害，木工设备结构具有的危险伤害，木粉尘危害

    B. 模具的危险伤害，噪声和振动危害，火灾和爆炸

    C. 噪声和振动危害，电动机转速降低，木粉尘危害

D. 机械伤害，木材的生物和化学危害，火灾和爆炸

14. 在木材加工的诸多危险因素中，木料反弹的危险性大，发生概率高，下列木材加工安全防护的措施中，不适于防止木料反弹的是（　　）。
   A. 采用安全送料装置　　　　　　　　B. 装设锯盘制动控制器
   C. 设置防反弹安全屏护装置　　　　　D. 设置分离刀

15. 金属铸造是将熔融的金属注入、压入或吸入铸模的空腔中使之成型的加工方法。铸造作业中存在着多种危险因素。下列危险因素中，不属于铸造作业危险因素的是（　　）。
   A. 机械伤害　　　　　　　　　　　　B. 高处坠落
   C. 噪声与振动　　　　　　　　　　　D. 氢气爆炸

16. 铸造车间的厂房建筑设计应符合专业标准要求。下列有关铸造车间建筑要求的说法中，错误的是（　　）。
   A. 熔化、浇铸区不得设置任何天窗
   B. 铸造车间应建在厂区中不释放有害物质的生产建筑物的下风侧
   C. 厂房平面布置在满足产量和工艺流程的前提下应综合考虑建筑结构和防尘等要求
   D. 铸造车间除设计有局部通风装置外，还应利用天窗排风或设置屋顶通风器

17. 人机系统组成串联系统，若人的操作可靠度为0.99，机器设备可靠度也为0.99，人机系统可靠度为（　　）。
   A. 0.999 9　　　　B. 0.980 1　　　　C. 0.990 0　　　　D. 0.975 0

18. 基于传统安全人机工程学理论，下列关于人与机器特性比较的说法，正确的是（　　）。
   A. 在环境适应性方面，机器能更好地适应不良环境条件
   B. 在做精细调整方面，多数情况下机器会比人做得更好
   C. 机器虽可连续、长期地工作，但是稳定性方面不如人
   D. 使用机器的一次性投资较低，但在寿命期限内的运行成本较高

19. 人机系统按自动化程度可分为人工操作系统、半自动化系统和自动化系统。在自动化系统中，以机为主体，机器的正常运转完全依赖于闭环系统的机器自身的控制，人只是一个监视者和管理者，监视自动化机器的工作。只有在自动控制系统出现差错时，人才进行干预，采取相应的措施。自动化系统的安全性主要取决于（　　）。
   A. 人机功能分配的合理性、机器的本质安全性及人为失误
   B. 机器的本质安全性、机器的冗余系统是否失灵及人为失误
   C. 机器的本质安全性、机器的冗余系统是否失灵及人处于低负荷时的应急反应变差
   D. 人机功能分配的合理性、机器的本质安全性及人处于低负荷时的应急反应变差

二、多项选择题

1. 机械制造场所是发生机械伤害最多的地方，因此，机械制造车间的安全直接或间接涉及设备和人的安全。下列关于机械制造生产车间安全技术的说法中，正确的有（　　）。
   A. 采光：应设有一般照明和局部照明，安全照明的照度值标准值另有规定的除外，不低于该场所一般照明照度标准值的10%
   B. 通道：冷加工车间，人行通道宽度不得小于1m
   C. 设备布局：小型机床操作面间距必须大于1.1m，机床距离后墙的距离大于0.8m
   D. 物料堆放：当物资直接存放在地面上时，堆垛高度不应超过1.4m，且高与底边长之比不应大于1

E. 噪声：中小型机床的噪声极限不得超过 85dB

2. 砂轮机是机械工厂最常用的机械设备之一，其主要特点是易碎、转速高、使用频繁和易伤人。砂轮在使用时有严格的操作程序和规定，违反操作规程将给操作人员造成伤害。下列关于砂轮机操作要求的说法中，正确的有（　　）。
   A. 不许站在砂轮正面操作
   B. 允许在砂轮侧前方操作
   C. 不允许多人共同操作
   D. 禁止侧面磨削
   E. 允许砂轮正反转

3. 在木材加工过程中，刀轴转动的自动化水平低，存在较多危险因素。下列关于木材加工安全技术措施的说法中，正确的有（　　）。
   A. 木工机械的刀轴与电器应有安全联控装置
   B. 圆锯机上应安装分离刀和活动防护罩
   C. 刨床采用开有小孔的定位垫片降低噪声
   D. 手压平刨刀轴必须使用方刀轴
   E. 带锯机应装设锯盘制动控制器

4. 铸造作业中存在火灾、爆炸、尘毒危害等多种危险。为了保障铸造作业的安全，应从建筑、工艺、除尘等方面全面考虑安全技术措施。下列对安全技术措施的说法中，正确的有（　　）。
   A. 带式运输机应配置封闭罩
   B. 砂处理工段宜与造型工段直接毗邻
   C. 在允许的条件下应采用湿式作业
   D. 与高温金属溶液接触的火钳接触溶液前应预热
   E. 浇铸完毕后不能等待其温度降低，而应尽快取出铸件

5. 金属铸造是将熔融的金属注入、压入或吸入铸模的空腔中使之成型的加工方法。铸造作业中存在着火灾及爆炸、灼烫、高温和热辐射等多种危险因素。因此，铸造作业应有完善的安全技术措施。下列关于浇注作业的安全措施中，正确的有（　　）。
   A. 浇注前检查浇包、升降机构、自锁机构、抬架是否完好
   B. 所有与铁水接触的工具使用前烘干
   C. 浇包盛铁水不得超过容积的 90%
   D. 操作工穿戴好防护用品
   E. 现场有人统一指挥

6. 劳动过程中工作条件因素和劳动者本身的因素都可能是导致疲劳的原因。下列造成疲劳的原因中，属于工作条件因素的有（　　）。
   A. 劳动者连续作业时间过长
   B. 劳动者未经过专业训练
   C. 劳动者的心理压力过大
   D. 作业环境噪声过大
   E. 显示器不便观察

>>> 参考答案及解析 <<<

一、单项选择题

1.【答案】A
【解析】所谓可靠性，是指系统或产品在规定的条件和规定的时间内，完成规定功能的能力。这里所说的规定条件包括产品所处的环境条件（温度、湿度、压力、振动、冲击、尘

埃、雨淋、日晒等)、使用条件(载荷大小和性质、操作者的技术水平等)、维修条件(维修方法、手段、设备和技术水平等),选项B正确。安全冗余,通常指通过多重备份来增加系统的可靠性,即采用多样化设计或技术,以避免共因失效,选项C正确。维修性设计是指产品设计时,设计师从维修的观点出发,保证当产品一旦出现故障,能容易地发现故障、易拆卸、易检修、易安装,即可维修度高,选项D正确。系统故障安全,就是即使个别零部件发生故障或失效,系统性能不变,仍能可靠工作,选项A错误。

2. 【答案】C

【解析】实现机械本质安全的措施是:①消除产生危险的原因;②减少或消除接触机器的危险部件的次数;③使人们难以接近机器的危险部位(或提供安全装置,使得接近这些部位不会导致伤害);④提供保护装置或者个人防护装备。选项A、B、D属于保护操作者和有关人员的安全措施。

3. 【答案】A

【解析】车间合理的机器布局可以使事故明显减少。车间机器合理的布局应考虑空间、照明、管线布置、维护时的出入安全等因素。

4. 【答案】C

【解析】冷加工车间人行通道的宽度应大于1.0m。

5. 【答案】D

【解析】厂房跨度大于12m时,单跨厂房的两边应有采光侧窗,窗户的宽度不应小于开间长度的一半。多跨厂房相连,相连各跨应有天窗,跨与跨之间不得有墙封死。车间通道照明灯应覆盖所有通道,覆盖长度应大于90%的车间安全通道长度。

6. 【答案】D

【解析】机床常见事故有:①设备接地不良、漏电,照明没采用安全电压,发生触电事故;②旋转部位楔子、销子突出,没加防护罩,易绞缠人体;③清除铁屑无专用工具,操作者未戴护目镜,发生刺割事故及崩伤眼球;④加工细长杆轴料时,尾部无防弯装置或托架,导致长料甩击伤人;⑤零部件装卡不牢,可飞出击伤人体;⑥防护保险装置、防护栏、保护盖不全或维修不及时,造成绞伤、碾伤;⑦砂轮有裂纹或装卡不合规定,发生砂轮碎片伤人事故;⑧操作旋转机床戴手套,易发生绞手事故。

7. 【答案】D

【解析】零部件故障检测的重点包括传动轴、轴承、齿轮、叶轮,其中滚动轴承和齿轮的损坏更为普遍。

8. 【答案】C

【解析】机械旋转部件危险部位说明:①对旋式轧辊应采用钳型防护罩保证人员安全;②对于辊轴交替驱动的辊式输送机,应在驱动轴的下游安装防护罩,如果所有辊都驱动,则不存在卷入危险,无需安装防护罩;③轴流通风机防护罩网孔应足够大,保证通风机散热正常,同时网孔应足够小,保证人体不受伤害;④轴流风机在管道内的部分无风险,径流通风机被管道包裹的内部也无风险,径流通风机通风口应被导管保护。

9. 【答案】C

【解析】砂轮机使用时应注意严禁2人共用1台砂轮机同时操作。

10. 【答案】D

【解析】安全防护装置分为保护装置、防护装置和补充装置,其中防护装置包括壳、罩、屏、门、盖、栅栏等结构和封闭式装置；保护装置包括联锁装置、双手操纵式装置、能动装置、限位装置等；补充装置以急停装置作为代表。

11. 【答案】D

【解析】不准同时剪切两种不同规格、不同材质的板料，不得叠料剪切；剪板机的皮带、飞轮、齿轮以及轴等运动部位必须安装防护罩；操作者的手指离剪刀口至少保持200mm的距离，选项D正确。

12. 【答案】A

【解析】在自动化系统中，则以机为主体，机器的正常运转完全依赖于闭环系统的机器自身的控制，人只是一个监视者和管理者，监视自动化机器的工作。

13. 【答案】D

【解析】木工机械危险因素包括：①机械伤害；②火灾和爆炸；③木材的生物、化学危害；④木粉尘危害；⑤噪声的振动危害。

14. 【答案】B

【解析】针对木材加工作业中的木料反弹危险，应采用安全送料装置或设置分离刀、防反弹安全屏护装置，以保障人身安全。

15. 【答案】D

【解析】铸造作业危险因素有火灾及爆炸、灼烫、机械伤害、高处坠落、尘毒危害、噪声振动、高温和热辐射。

16. 【答案】A

【解析】铸造车间应安排在高温车间、动力车间的建筑群内，建在厂区其他不释放有害物质的生产建筑的下风侧。厂房主要朝向宜南北向。厂房平面布置应在满足产量和工艺流程的前提下同建筑、结构和防尘等要求综合考虑。铸造车间四周应有一定的绿化带。铸造车间除设计有局部通风装置外，还应利用天窗排风或设置屋顶通风器。熔化、浇注区和落砂、清理区应设避风天窗。有桥式起重设备的边跨，宜在适当高度位置设置能启闭的窗扇。

17. 【答案】B

【解析】$R_S = R_H \times R_M$。R_S——人机系统可靠度；R_H——人的操作可靠度；R_M——机器设备可靠度。本题中，人机系统可靠度$R_S = 0.9900 \times 0.9900 = 0.9801$。

18. 【答案】A

【解析】人的特性：在操作能力方面，输出功率有限，效率低，但能作精细调整；机器输出功率可大可小，效率高，但较难进行精细调整；机器稳定性较人高；机器的一次性投资较高，长期运行成本较低。

19. 【答案】C

【解析】在自动化系统中，以机为主体，机器的正常运转完全依赖于闭环系统的机器自身的控制，人只是一个监视者和管理者，监视自动化机器的工作。只有在自动控制系统出现差错时，人才进行干预，采取相应的措施。该系统的安全性主要取决于机器的本质安全性、机器的冗余系统是否失灵以及人处于低负荷时的应急反应变差等情形。

二、多项选择题

1. 【答案】ABCE

【解析】当物资直接存放在地面上时，堆垛高度不应超过1.4m，且高与底边长之比不应大于3，选项D错误。

2. 【答案】ACD

【解析】砂轮机的使用：①禁止侧面磨削；用圆周表面做工作面的砂轮不宜使用侧面进行磨削。②不准正面操作：操作者应站在砂轮的斜前方，不得在砂轮的正面进行操作，以免砂轮破碎飞出伤人。③不准共同操作：严禁2人共用1台砂轮机同时操作。

3. 【答案】ABCE

【解析】手压平刨刀轴必须使用圆柱形刀轴，绝对禁止使用方刀轴，选项D错误。

4. 【答案】ACD

【解析】砂处理、清理等工段宜用轻质材料或实体墙等设施与其他部分隔开；输送散料状干物料的带式运输机应设封闭套；在工艺可能的条件下，宜采用湿法作业；浇铸时，所有与金属溶液接触的工具，均需要预热；铸件冷却到一定温度后，将其从砂型中取出。

5. 【答案】ADE

【解析】浇注作业一般包括烘包、浇注和冷却三个工序。浇注前检查浇包是否符合要求，升降机构、倾转机构、自锁机构及抬架是否完好、灵活、可靠；浇包盛铁水不得太满，不得超过容积的80%，以免洒出伤人；浇注时，所有与金属溶液接触的工具，如扒渣棒、火钳等均需预热，防止与冷工具接触产生飞溅。

6. 【答案】ADE

【解析】造成疲劳的工作条件因素主要有：①劳动制度和生产组织不合理。如作业时间过久、强度过大、速度过快、体位欠佳等；②机器设备和工具条件差，设计不良。如控制器、显示器不适合于人的心理及生理要求；③工作环境很差。如照明欠佳、噪声太强、振动、高温、高湿以及空气污染等。

第二章
电气安全技术

运用电气安全相关技术和标准,辨识、分析、评价作业场所和作业过程中存在的电气安全风险,解决防触电、防静电、防雷击、电气防火防爆和其他电气安全技术问题。

第一节　电气危险因素及事故种类

一、电气事故分类

电气事故的分类见表 2-1。

表 2-1　电气事故分类

事故类别	内容
触电事故	触电事故分为电击和电伤。电击是电流直接通过人体造成的伤害；电伤是电流转换成热能、机械能等其他形态的能量作用于人体造成的伤害。在触电伤亡事故中，尽管大约85%以上的死亡事故是电击造成的，但其中大约70%含有电伤的因素
电气火灾爆炸事故	电气火灾爆炸事故是源自电气引燃源（电火花和电弧；电气装置危险温度）的能量所引发的火灾爆炸事故
雷击事故	雷击事故是由自然界正、负电荷形态的能量在强烈放电时造成的事故
静电事故	静电事故是工艺过程中或人们活动中产生的相对静止的正电荷和负电荷形态的电能造成的事故
电磁辐射事故	电磁辐射事故是由电磁波形态的能量造成的事故。辐射电磁波指频率 100kHz 以上的电磁波
电路事故	断线、短路、接地、漏电、突然停电、误合闸送电和电气设备损坏等都属于电路故障

二、触电分类及人体阻抗

触电可分为电击和电伤两种伤害形式。

（一）电击

电流通过人体或动物躯体而引起的生理效应，包括使肌体产生针刺感、压迫感、打击感、痉挛、疼痛、血压异常、昏迷、心律不齐、心室颤动等造成伤害的形式。严重时会破坏人的心脏、肺部、神经系统的正常工作，危及生命。

1. 电流效应

电流对人体的伤害程度与通过人体电流值、电流持续时间、电流种类、电流通过途径及个体特征等多种因素有关。

（1）电流值。①感知电流。感知电流是指在一定概率下，通过人体引起人的任何感觉的最小电流。感知电流与个体生理特征、人体与电极的接触面积等因素有关。对应于概率为50%的平均感知电流，成年男子约为 1.1mA，成年女子约为 0.7mA。②摆脱电流。摆脱电流是指人体可以忍受而一般不致造成不良后果的电流。电流超过摆脱电流以后，触电者会感到异常痛苦、恐慌和难以忍受；如时间过长，则可能造成昏迷、窒息，甚至死亡。对应于概率为50%的摆脱电流，成年男子约为 16mA，成年女子约为 10.5mA，对应于概率 99.5% 的摆脱电流则分别为 9mA 和 6mA。③室颤电流。室颤电流是指通过人体引起心室发生纤维性颤动的最小电流。在心室颤动状态，心脏每分钟颤动 800~1 000 次以上，但幅值很小，而且没有规则，血液实际上中止循环，一旦发生心室颤动，数分钟内即可导致死亡。当电流持续时间超过心脏周期时，室颤电流仅为 50mA 左右；当持续时间短于心脏周期时，室颤电流为数百毫安。室颤电流与电流持续时间的关系如图 2-1 所示。正常心电图如图 2-2 所示。室颤心电图如图 2-3 所示。

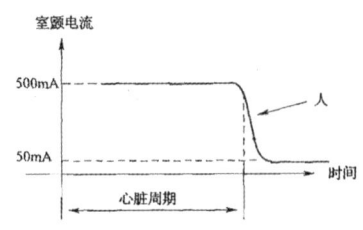 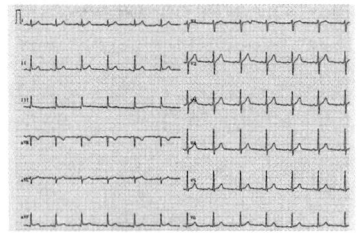 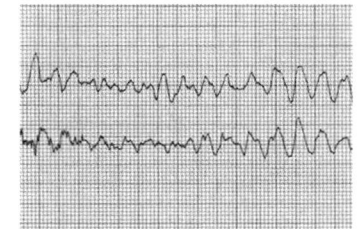

图 2-1 室颤电流与电流持续时间关系　　图 2-2 正常心电图　　图 2-3 室颤心电图

（2）电流持续时间。通过人体的电流持续时间越长越容易引起心室颤动，危险性也越大。

（3）电流通过途径。流经心脏的电流多、电流路线短的途径的危险性最大，其中最危险的途径是左手到前胸。

（4）电流种类。直流电流、高频交流电流、冲击电流以及特殊波形电流也都对人体具有伤害作用，工频电流的伤害程度最重。

（5）个体特征。因人而异，包括健康情况、性别、年龄等。

2．人体阻抗数值及变动范围

人体阻抗受皮肤状态、接触电压、电流、接触面积、接触压力等多种因素的影响，在很大的范围内变化。例如，在干燥的情况下，人体电阻约为 1000～3000Ω；在潮湿的情况下，人体电阻约为 500～800Ω。

3．电击的类型及特点

电击的类型及特点如表 2-2 所示。

表 2-2　电击的类型及特点

分类根据	类型	定义及特点
所触及的带电体是否为正常带电状态	直接接触电击	人体触及正常状态下带电的带电体时发生的电击
	间接接触电击	人体触及正常状态下不带电而故障状态下带电的带电体时发生的电击
人体触及带电体的方式	单线电击（图 2-4）	人体接触到地面或其他接地导体，同时，人体另一部位触及某一相带电体所引起的电击
	两线电击（图 2-5）	人体的两个部位同时触及两相带电体所引起的电击 人体所承受的电压为线路电压，电压相对较高，危险性也较大
	跨步电压电击（图 2-6）	出现于人体两脚之间的电压即跨步电压作用所引起的电击

  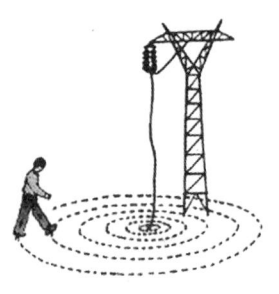

图 2-4 单线电击　　　　图 2-5 两线电击　　　　图 2-6 跨步电压电击

（二）电伤

电伤是指电对人体外部造成局部伤害，即由电流的热效应、化学效应、机械效应对人体外部组织或器官的伤害，包括电烧伤、电烙印、皮肤金属化、机械损伤、电光性眼炎等多种伤害。电伤的分类及特点见表2-3。

表2-3 电伤的分类及特点

电伤分类			定义及特点
电烧伤	电流灼伤		人体与带电体接触，电流通过人体时，因电能转换成的热能引起的伤害，一般发生在低压电气设备上
	电弧烧伤	直接电弧烧伤	电弧发生在带电体与人体之间，有电流通过人体的烧伤
		间接电弧烧伤	电弧发生在人体附近对人体形成的烧伤以及被熔化金属溅落物烫伤
电烙印			电流通过人体后，在皮肤表面接触部位留下与接触带电体形状相似的斑痕，如同烙印
皮肤金属化			高温电弧使周围金属熔化、蒸发并飞溅渗透到皮肤表层内部所造成的，受伤部位呈现粗糙、张紧，可致局部坏死
机械损伤			电流作用于人体，使肌肉产生非自主的剧烈收缩所造成的损伤，包括肌腱、皮肤、血管、神经组织断裂以及关节脱位乃至骨折等
电光性眼炎			紫外线可以引起电光性眼炎，主要表现为角膜和结膜发炎

触电伤亡事故中，纯电伤性质的及带有电伤性质的占比最大，尽管大部分的触电死亡事故是由电击造成，但其中大约70%含有电伤成分。

（三）人体阻抗

1. 人体阻抗的组成

人体阻抗是由皮肤、血液、肌肉、细胞组织及其结合部所组成的，是含有电阻和电容的阻抗。人体电阻是皮肤电阻与体内电阻之和，表皮电阻高达数万欧。但表皮有很多微孔保持内外相通，而且容易受到机械破坏和电击穿，一般不予考虑，体内电阻约数百欧。

在通电瞬间，人体各部电容由于尚未充电而相当于短路状态，此时的人体电阻近似等于体内电阻。

2. 人体电阻的范围

在干燥条件下，当接触电压在100~220V范围内时，人体电阻大致上在2 000~3 000Ω。

3. 人体电阻的影响因素

随着接触电压升高，角质层和表皮被击穿，人体电阻下降。随着电流增加，皮肤局部发热增加，汗腺增多，人体电阻下降。

皮肤状态对人体电阻的影响很大。如皮肤长时间湿润和大量出汗后，人体电阻明显降低。金属粉、煤粉等导电性物质污染皮肤，也会大大降低人体电阻。角质层或表皮破损，也会明显降低人体电阻。电流持续时间延长，人体电阻由于出汗等原因而下降。接触面积增大、接触压力增大、温度升高时人体电阻也会降低。

三、电气火灾和爆炸

(一) 电气引燃源

电气引燃源主要包括电气设备及装置在运行中产生的危险温度、电火花和电弧。在火灾和爆炸事故中，电气火灾爆炸事故占有很大的比例，就引起火灾的原因而言，电气原因已居首位。

1. 危险温度

造成危险温度的主要原因见表 2-4。

表 2-4 造成危险温度的主要原因

分类	主要原因
短路	(1) 电气设备安装和检修中的接线和操作错误 (2) 电气设备或线路失去绝缘能力 (3) 外壳防护等级不够，导电性粉尘或纤维进入电气设备内部 (4) 防范措施不到位，小动物、霉菌及其他植物导致的 (5) 雷击过电压、操作过电压的作用，电气设备的绝缘击穿
过载	(1) 电气线路或设备设计选型不合理，或没有考虑足够的裕量 (2) 电气设备或线路使用不合理，负载超过额定值或连续使用时间过长，超过线路或设备的设计能力 (3) 设备故障运行造成设备和线路过载，如三相电动机单相运行或三相变压器不对称运行 (4) 电气回路谐波使线路电流增大。其中三次谐波的非线性负载大量使用会导致中性线的严重过载。产生三次谐波的设备主要有节能灯、荧光灯、计算机、变频空调、微波炉、镇流器、焊接设备、UPS 电源等
漏电	电气设备或线路发生的漏电电流一般较小，不能促使线路上的熔断器的熔丝动作。当漏电电流集中在某一点时，可能引起比较严重的局部发热
接触不良	(1) 电气接头连接不牢、焊接不良或接头处夹有杂物，会增加接触电阻而导致接头过热 (2) 刀开关、断路器、接触器的触点、插销的触头等接触压力不足或表面粗糙不平 (3) 使用铜、铝接头，由于铜和铝的理化性能不同，接触状态会逐渐恶化
铁心过热	铁心短路（片间绝缘破坏）或线圈电压过高，造成铁心过热并产生危险温度，主要发生在电动机、变压器、接触器等带有铁心的电气设备上
散热不良	电气设备在运行时散热或通风措施失效，如通风道堵塞、风扇损坏、散热油管堵塞、安装位置不当、环境温度过高或距离外界热源太近等
机械故障	(1) 交流异步电动机转动部分被卡死或轴承损坏，造成堵转或负载转矩过大，会导致电流显著增大而使电动机过热 (2) 交流电磁铁在通电后，若衔铁被卡死，不能吸合，则线圈中的大电流持续不降低 (3) 由电气设备相关的机械摩擦导致的发热
电压异常	(1) 电压过高时，对于恒阻抗设备，会使电流增大而发热 (2) 电压过低时，造成电动机堵转、电磁铁衔铁吸合不上，使线圈电流大大增加而发热；对于恒功率设备，还会使电流增大而发热
电热和照明器具	正常情况下的工作温度就可能形成危险温度，例如电炉、电熨斗、白炽灯等

续表

分类	主要原因
电磁辐射能量	在连续发射或脉冲发射的射频（9kHz～60GHz）源的作用下，可燃物吸收辐射能量可能形成危险温度

2. 电火花和电弧

电火花是电极间的击穿放电，电弧是由大量电火花汇集而成的。电火花和电弧分为工作电火花及电弧、事故电火花及电弧。电火花和电弧的分类、内涵和举例见表2-5。

表2-5 电火花和电弧的分类、内涵和举例

分类	内涵	举例
工作电火花及电弧	电气设备正常工作或操作中所产生	（1）刀开关、断路器、接触器、控制器接通和断开线路时会产生电火花 （2）插销拔出或插入时会产生火花 （3）直流电动机的电刷与换向器的滑动接触处、绕线式异步电动机的电刷与滑环的滑动接触处等会产生电火花 （4）切断感性电路时，断口处火花能量较大，危险性较大
事故电火花及电弧	线路或设备发生故障时出现的火花	（1）绝缘损坏、导线断线或连接松动导致短路或接地时产生的火花 （2）电路发生故障，熔丝熔断时产生的火花 （3）沿绝缘表面发生的闪络 （4）电力线路和电气设备在投切过程中由于受感性和容性负荷的影响，可能会产生铁磁谐振和高次谐波，并引起过电压造成绝缘击穿，并产生电弧 （5）外部原因产生的火花，如雷电直接放电及二次放电火花、静电火花、电磁感应火花等 （6）碰撞引起的机械性质的火花，如电动机转子与定子发生摩擦（扫膛），风扇与其他部件相碰

（二）电气装置及电气线路发生燃爆

（1）油浸式变压器火灾爆炸。变压器发生故障时，在高温或电弧的作用下，变压器内部故障点附近的绝缘油和固态有机物发生分解，产生易燃气体。如故障持续时间过长，易燃气体愈来愈多，使变压器内部压力急剧上升，导致油箱炸裂，发生喷油燃烧。

（2）充油设备发生爆炸。充油设备的绝缘油在高温电弧作用下气化和分解，喷出大量油雾和可燃气体，还可引起空间爆炸。

（3）电动机着火。异步电动机火灾的原因主要有电源电压波动、频率过低；电机运行中发生过载、堵转、扫膛（转子与定子相碰）；电机绝缘破坏，发生相间、匝间短路；绕组断线或接触不良；选型和启动方式不当等。

（4）电缆火灾爆炸。电缆火灾的常见起因如下：

①电缆绝缘损坏。电缆绝缘机械损伤、运行中的过载、接触不良、短路故障造成绝缘损坏，导致绝缘击穿而发生电弧。

②电缆头故障使绝缘物自燃。施工不规范、质量差、电缆头不清洁等降低线间绝缘。

③电缆接头隐患。中间接头因压接不紧、焊接不良和接头材料选择不当，导致运行中接头氧化、发热、流胶；绝缘剂质量不合格，灌注时盒内存有空气，电缆盒密封不好，水或潮气进入等，引起绝缘击穿，形成短路，发生爆炸。

④堆积在电缆上的粉尘起火。可燃性粉尘在外界高温或电缆过负荷时，在电缆表面的高温

作用下，发生自燃起火。

⑤电缆沟与变、配电室的连通处未采取严密封堵措施，可燃气体通过电缆沟窜入变、配电室，引起火灾爆炸事故。

⑥电缆起火蔓延。电缆起火后火焰沿电缆延燃，使危害扩大，同时会产生有毒气体威胁在场人员。

四、雷电的特点及危害

(一) 雷电的种类、危害形式和事故后果

1. 雷电的种类

(1) 直击雷。带电云层（雷云）与建筑物、其他物体、大地或防雷装置之间发生的迅猛放电现象，并由此伴随而产生的电效应、热效应或机械力等一系列的破坏作用。直击雷的每次放电过程包括先导放电、主放电、余光放电三个阶段。一次直击雷的全部放电时间一般不超过 500ms。

(2) 闪电静电感应（图 2-7）。雷云的作用，使附近导体上感应出与雷云符号相反的电荷，雷云主放电时，先导通道中的电荷迅速中和，在导体上的感应电荷得到释放，如没有就近泄入地中就会产生很高的电位。

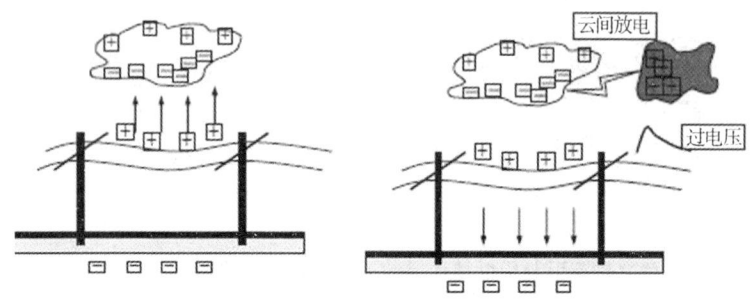

图 2-7 闪电静电感应

(3) 闪电电磁感应（图 2-8）。雷电流迅速变化在其周围空间产生瞬变的强电磁场，使附近导体上感应出很高的电动势。

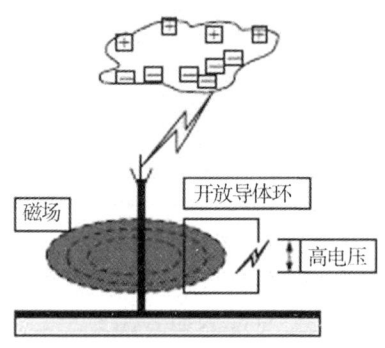

图 2-8 闪电电磁感应

(4) 球雷。球雷是雷电放电时形成的发红光、橙光、白光或其他颜色光的火球。

2. 雷电的危害形式

雷电具有雷电流幅值大、雷电流陡度大、冲击性强、冲击过电压高的特点。雷电具有电性质、热性质和机械性质三方面的破坏作用。雷电破坏作用的分类及举例见表 2-6。

表 2-6 雷电破坏作用的分类及举例

分类	举例说明
电性质的破坏作用	(1) 破坏高压输电系统，毁坏发电机、电力变压器等电气设备的绝缘，烧断电线或劈裂电杆，造成大规模停电事故 (2) 绝缘损坏可能引起短路，导致火灾或爆炸事故 (3) 二次放电的电火花也可能引起火灾或爆炸，也可能造成电击，伤害人命；形成接触电压电击和跨步电压导致触电事故 (4) 雷击产生的静电场突变和电磁辐射，干扰电视电话通信，甚至使通信中断；造成飞行事故
热性质的破坏作用	(1) 直击雷放电的高温电弧能直接引燃邻近的可燃物 (2) 巨大的雷电流通过导体能够烧毁导体 (3) 使金属熔化、飞溅引发火灾或爆炸 (4) 球雷侵入可引起火灾
机械性质的破坏作用	(1) 巨大的雷电流通过被击物，使被击物缝隙中的气体剧烈膨胀，缝隙中的水分也急剧蒸发，汽化为大量气体，导致被击物破坏或爆炸 (2) 雷击产生的冲击波 (3) 同性电荷之间的静电斥力、同方向电流的电磁作用力

3. 雷电危害事故及后果

雷电危害事故及后果见表 2-7。

表 2-7 雷电危害事故及后果

雷电危害	事故及后果
火灾和爆炸	直接引起火灾和爆炸：直击雷放电的高温电弧、二次放电、巨大的雷电流、球雷侵入 间接引起火灾和爆炸：冲击电压击穿电气设备的绝缘
触电	积云直接对人体放电、二次放电、球雷打击、雷电流产生的接触电压和跨步电压可直接使人触电 电气设备绝缘因雷击而损坏，也可使人遭到电击
设备和设施毁坏	雷击产生的高电压、大电流伴随的汽化力、静电力、电磁力可毁坏重要电气装置和建筑物及其他设施
大规模停电	电力设备或电力线路破坏后可能导致大规模停电

（二）雷电参数

（1）雷暴日。指某地区一年中有雷电放电的天数，一天中只要听到一次以上的雷声就算一个雷暴日。雷暴日通常指一年内的平均雷暴日数，即年平均雷暴日，单位 d/a。

（2）雷电流幅值。指雷云主放电时冲击电流的最大值。雷电流幅值可达数十千安至数百千安。

（3）雷电流陡度。指雷电流随时间上升的速度。雷电流冲击波波头陡度可达 $50kA/\mu s$，平均陡度约为 $30kA/\mu s$。

(4) 雷电冲击过电压。直击雷冲击过电压很高，可达数千千伏。

五、静电的特点及危害

（一）静电的起电方式

1. 接触－分离起电

根据双电层和接触电位差的理论，可以推知两种物质紧密接触再分离时，即可能产生静电。

2. 破断起电

材料破断后能在宏观范围内导致正、负电荷的分离，即产生静电。这种起电称为破断起电。固体粉碎、液体分离过程的起电属于破断起电。

3. 感应起电

物体在静电场的作用下，发生的电荷再分布的现象。例如，先将两导体相连接放入电场中产生静电感应，在两导体感应出正、负电荷后，使两导体分离再移出电场，两导体分别带正、负电荷。

4. 电荷迁移

当带电体与非带电体接触时，电荷将发生迁移而使非带电体带电。例如，当带电雾滴或粉尘撞击导体时，便会产生电荷迁移；当气体离子流射在不带电的物体上时，也会产生电荷迁移。

（二）常见静电的特点及产生原因

1. 固体静电

固体静电可用双电层和接触电位差的理论来解释。橡胶、塑料、纤维等行业工艺过程中的静电高达数十千伏，甚至数百千伏，很容易引起火灾。

2. 人体静电

人体静电的产生主要由摩擦、接触－分离和感应所致，人体静电可达 10 000V 以上。

3. 粉体静电

当粉体物料被研磨、搅拌、筛分或处于高速运动时，粉体颗粒与颗粒之间及粉体颗粒与管道壁、容器壁或其他器具之间的碰撞、摩擦，粉体破断等都会产生危险的静电。

4. 液体静电

液体在流动、过滤、搅拌、喷雾、喷射、飞溅、冲刷、灌注和剧烈晃动等过程中，静电荷的产生速度高于静电荷的泄漏速度，从而积聚静电荷。

5. 蒸汽和气体静电

蒸汽或气体在管道内高速流动，以及由阀门、缝隙高速喷出时也会产生危险的静电。类似液体，蒸汽产生静电也是由接触－分离和分裂等原因产生的。

完全纯净的气体即使高速流动或高速喷出一般不会产生静电，但气体内若含有固体颗粒或液体颗粒，颗粒的碰撞、摩擦、分裂等过程会产生静电。例如，喷漆的过程实质上是将含有大量杂质的气体高速喷出，就会伴随比较强的静电产生。

(三) 静电的危害形式和事故后果

在生产工艺过程中以及操作人员的操作过程中产生的静电能量不大，不会直接致人死亡。但是，其电压可能高达数十千伏以上，容易发生放电，产生放电火花。静电的危害形式和事故后果有以下几个方面：

(1) 在有爆炸和火灾危险的场所，静电放电火花会成为可燃性物质的点火源，造成爆炸和火灾事故。

(2) 人体因受到静电电击的刺激，可能引发二次事故，如坠落、跌伤等。此外，对静电电击的恐惧心理还对工作效率产生不利影响。

(3) 静电的物理现象会导致产品质量不良、电子设备损坏。

(四) 静电的影响因素

1. 材质和杂质的影响

(1) 一般情况下，杂质有增加静电的趋势。但如杂质能降低原有材料的电阻率，加入杂质则有利于静电的泄漏。

(2) 液体内含有高分子材料（如橡胶、沥青）的杂质时，会增加静电的产生。

(3) 液体内含有水分时，在液体流动、搅拌或喷射过程中会产生静电。液体内水珠在沉降过程中也会产生静电。如果油罐或油槽底部积水，经搅动后可能由静电引发爆炸事故。

2. 工艺设备和工艺参数的影响

接触面积越大，接触压力越大或摩擦越强烈，会导致产生较多的静电。工艺速度越高，产生的静电越强。下列是容易产生和积累静电典型工艺过程：

(1) 纸张与辊轴摩擦、传动皮带与皮带轮或辊轴摩擦等；橡胶的碾制、塑料压制、上光等；塑料的挤出、赛璐珞的过滤等。

(2) 固体物质的粉碎、研磨过程；粉体物料的筛分、过滤、输送、干燥过程；悬浮粉尘的高速运动等。

(3) 在混合器中各种高电阻率物质的搅拌。

(4) 高电阻率液体在管道中流动且流速超过 1m/s 时；液体喷出管口；液体注入容器发生冲击、冲刷和飞溅等。

(5) 液化气体、压缩气体或高压蒸汽在管道中流动和由管口喷出，如从气瓶放出压缩气体、喷漆等。

(五) 静电的消散

中和与泄漏是使静电消失的两种主要方式。

(1) 静电中和主要是通过空气发生。空气中自然存在的带电粒子极为有限，中和是极为缓慢的。带电体上的静电通过空气迅速中和发生在放电时。

(2) 静电泄漏主要是通过带电体本身及其相连接的其他物体发生表面泄漏和内部泄漏是绝缘体上静电泄漏的两种途径。

· 典型例题 ·

1. 间接接触电击是触及正常状态下不带电，而在故障状态下意外带电的带电体时（如触及漏电设备的外壳）发生的电击，也称为故障状态下的电击。下列触电事故中，属于间接接触触电的是（　　）。

A. 小张在带电更换空气开关时，使用改锥不规范造成触电事故
B. 小李清扫配电柜的电闸时，使用绝缘的毛刷清扫精力不集中造成触电事故
C. 小赵在带电作业时，无意中触碰带电导线的裸露部分发生触电事故
D. 小王使用手持电动工具时，使用时间过长，绝缘破坏造成设备外壳漏电、造成触电事故

【解析】直接接触触电是正常状态下导致的触电，选项 A 中更换空气开关的过程，用电线路在正常输电，小张使用改锥触碰到正常输电线路导致触电属于直接接触触电。选项 B 中配电柜也是正常输电状态，小李触碰到正常输电的配电柜也是直接接触触电。选项 C 中带电导线属于正常输电状态，小赵触碰触电也是属于直接接触触电。前三者均是正常状态下的触电，无故障状态存在。选项 D 中，使用时间过长绝缘破坏是故障状态，故障状态下产生的电击称作间接接触触电。

2. 在电流途径从左手到右手、大接触面积（50～100cm²）且干燥的条件下，当接触电压在 100～220V 时，人体阻抗大致在（　　）。

A. 500～1 000Ω　　　　　　　　B. 2 000～3 000Ω
C. 4 000～5 000Ω　　　　　　　D. 6 000～7 000Ω

【解析】在电流途径从左手到右手、大接触面积（50～100cm²）且干燥的条件下，当接触电压在 100～220V 时，人体阻抗大致在 2 000～3 000Ω。

3. 按照人体触及带电体的方式，电击可分为单线电击、两线电击、跨步电压电击。关于下图所示电击类型的说法，正确的是（　　）。

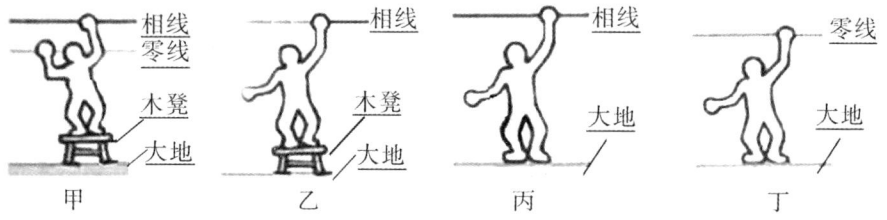

A. 甲可能发生单线电击　　　　　B. 乙可能发生单线电击
C. 丙可能发生单线电击　　　　　D. 丁可能发生单线电击

【解析】单线电击是人体站在导电性地面或接地导体上，人体某一部位触及带电导体，由接触电压造成的电击，选项 C 正确。

答案：1.D　2.B　3.C

第二节　触电防护技术

一、直接接触电击防护措施

（一）绝缘

绝缘是带电体被绝缘物封闭起来。

1. 绝缘材料

（1）绝缘材料的分类。

绝缘材料的分类见表 2-8。

表 2-8 绝缘材料的分类

种类	举例	实物
固体绝缘材料	瓷、玻璃、云母、石棉等无机绝缘材料；橡胶、塑料、纤维制品等有机绝缘材料；玻璃漆布等复合绝缘材料	
液体绝缘材料	矿物油、硅油等液体	
气体绝缘材料	六氟化硫、氮等气体	

（2）绝缘材料的性能。

绝缘材料有电性能、热性能、机械性能、化学性能、吸潮性能、抗生物性能等多项性能指标。

①电性能的相关参数见表 2-9。

表 2-9 电性能的相关参数

参数	内容
泄漏电流	稳定直流状态下材料所表现的电阻率
介电常数（介质损耗）	表明绝缘极化特征的性能参数。介电常数越大，极化过程越慢
耐压强度	电阻耐电压强度
绝缘电阻	导电流遇到的电阻，是直流电阻，是判断绝缘质量最基本、最简易的指标

②机械性能。绝缘材料的机械性能指强度、弹性等性能。随着使用时间延长，机械性能将逐渐降低。

③热性能。绝缘材料的热性能包括耐热性能、耐弧性能、阻燃性能、软化温度和黏度。

a. 绝缘材料的耐热性能用允许工作温度来衡量。

b. 绝缘材料的耐弧性能指接触电弧时表面抗炭化的能力。无机绝缘材料的耐弧性能优于有机绝缘材料的耐弧性能。

c. 绝缘材料的阻燃性能用氧指数表示。氧指数是在规定的条件下，材料在氧、氮混合气体中恰好能保持燃烧状态所需要的最低氧浓度。氧指数用百分数表示，见表 2-10。

表 2-10 氧指数

可燃性材料	自熄性材料	阻燃性材料
氧指数＜21%	21%＜氧指数＜27%	氧指数＞27%

d. 软化温度是指固体绝缘在较高温度下维持不变形的能力。

e. 粘度指绝缘液体的流动性。

④吸潮性能。吸潮性能包括吸水性能和亲水性能。木材属于吸水性材料，而玻璃属于非吸水性材料。玻璃表面能凝结水膜，属于亲水性材料；而蜡和聚四氟乙烯表面不能凝结水膜，属于非亲水性材料。

⑤抗生物性能。抗生物性能是材料抵御霉菌等生物性破坏的能力。

2. 绝缘破坏

(1) 绝缘击穿。

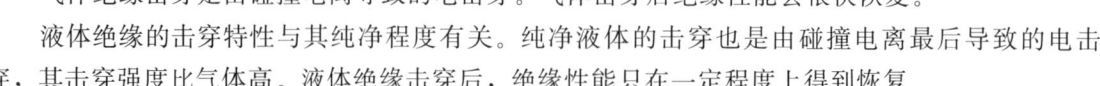

气体绝缘击穿是由碰撞电离导致的电击穿。气体击穿后绝缘性能会很快恢复。

液体绝缘的击穿特性与其纯净程度有关。纯净液体的击穿也是由碰撞电离最后导致的电击穿，其击穿强度比气体高。液体绝缘击穿后，绝缘性能只在一定程度上得到恢复。

固体绝缘的击穿有电击穿、热击穿、电化学击穿、放电击穿等击穿形式。电击穿也是碰撞电离导致的击穿。电击穿的特点是作用时间短、击穿电压高。热击穿是固体绝缘温度上升、局部熔化、烧焦或烧裂导致的击穿。热击穿的特点是电压作用时间较长，而击穿电压较低。电化学击穿是由电离、发热和化学反应等因素综合作用造成的击穿。电化学击穿的特点是电压作用时间很长、击穿电压往往很低。固体绝缘击穿后将失去其原有性能。

(2) 绝缘老化。

(3) 绝缘损坏。

3. 绝缘检测

绝缘检测包括绝缘试验和外观检查。现场绝缘试验指绝缘电阻试验。

(二) 屏护和间距

1. 屏护

屏护是采用护罩、护盖、栅栏、箱体、遮栏等将带电体同外界隔绝开来。固定式屏护装置所用材料应有足够的力学强度和良好的耐燃性能。网眼屏护装置的网眼不应大于 20mm×20mm ～ 40mm×40mm。

屏护装置须符合以下安全条件：

(1) 遮栏与栅栏的高度应满足表 2-11 的要求。电力遮栏如图 2-9 所示。

表 2-11 遮栏与栅栏的高度要求

遮栏高度	下部边缘离地面高度	户内栅栏高度	户外栅栏高度
≥1.7m	≤0.1m	≥1.2m	≥1.5m

(2) 对于低压设备遮栏，其安全距离应符合表 2-12 的规定。

表 2-12 低压设备遮栏的安全距离

遮栏与裸导体	栏条间	网眼遮栏与裸导体之间
≥0.8m	≤0.2m	≥0.15m

(3) 屏护装置应安装牢固。凡用金属材料制成的屏护装置，为了防止屏护装置意外带电造成触电事故，必须接地（或接零）。

(4) 遮栏、栅栏等屏护装置上应根据被屏护对象挂上"止步！高压危险！""禁止攀登！"等标示牌，如图 2-10 所示。

(5) 遮栏出入口的门上应根据需要安装信号装置和联锁装置。前者一般用灯光或仪表指示有电；后者是采用专门装置，当人体将要越过屏护装置时，被屏护装置自动断电。屏护装置上锁的钥匙应有专人保管。

图 2-9　电力遮栏

图 2-10　"止步，高压危险！"标牌

2. 间距

间距是将可能触及的带电体置于可能触及的范围之外。其安全作用与屏护的安全作用基本相同。

(1) 架空线路间距。

架空线路应避免跨越建筑物，架空线路不应跨越可燃材料屋顶的建筑物。架空线路必须跨越建筑物时，应与有关部门协商并取得该部门的同意。导线与建筑物和树木的最小距离应分别符合表 2-13、表 2-14 的规定。

表 2-13　导线与建筑物的最小距离

线路电压/kV	≤1	10	35
垂直距离/m	2.5	3.0	4.0
水平距离/m	1.0	1.5	3.0

表 2-14　导线与树木的最小距离

线路电压/kV	≤1	10	35
垂直距离/m	1.0	1.5	3.0
水平距离/m	1.0	2.0	—

架空线路应与有爆炸危险的厂房和有火灾危险的厂房保持必须的防火间距。

架空线路断线接地时，为防跨步电压伤人，离接地点 4～8m 范围内，不能随意进入。起重机具与线路导线的最小距离如表 2-15 所示。

表 2-15　起重机具与线路导线的最小距离

线路电压/kV	≤1	10	35
最小距离/m	1.5	2	4

(2) 与带电体之间距离。

在低压作业中，人体及其所携带工具与带电体的距离不应小于 0.1m。在 10kV 作业中，无遮栏时，人体及其所携带工具与带电体的距离不应小于 0.7m；有遮栏时，遮栏与带电体之间的距离不应小于 0.35m。

二、间接接触电击防护措施

（一）IT 系统（保护接地系统）

IT 系统就是保护接地系统，其构成如图 2-11 所示。图中，L_1、L_2、L_3 是相线，N 是中性点，R_P 是人体电阻，R_E 是保护接地电阻，I_E 是接地电流。

IT 系统的安全原理是将电气设备在故障情况下可能呈现危险电压的金属部位通过低电阻接地，把故障电压限制在安全范围以内。但应注意漏电状态并未因保护接地而消失。

IT 系统的字母"I"表示配电网不接地或经高阻抗接地，字母"T"表示电气设备外壳接地。

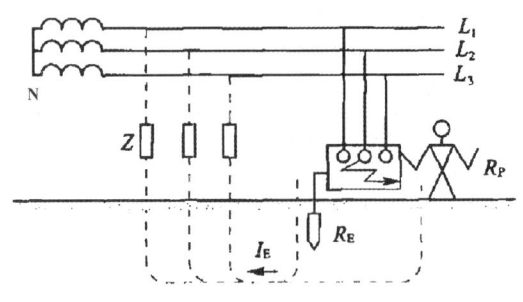

图 2-11 IT 系统

保护接地适用于各种不接地配电网，如某些 1~10kV 配电网，煤矿井下低压配电网等。

在 380V 不接地低压系统中，一般要求保护接地电阻 $R_E \leqslant 4\Omega$。当配电变压器或发电机的容量不超过 100kV·A 时，要求 $R_E \leqslant 10\Omega$。

在不接地的 10kV 配电网中，如果高压设备与低压设备共用接地装置，要求接地电阻不超过 10Ω，并满足式（2-1）要求：

$$R_E \leqslant \frac{120}{I_E} \qquad (2\text{-}1)$$

（二）TT 系统

TT 系统如图 2-12 所示。图中，中性点的接地叫作工作接地，中性点引出的导线叫作中性线（也叫作工作零线）。TT 系统的第一个字母"T"表示配电网直接接地，第二个字母"T"表示电气设备外壳接地。

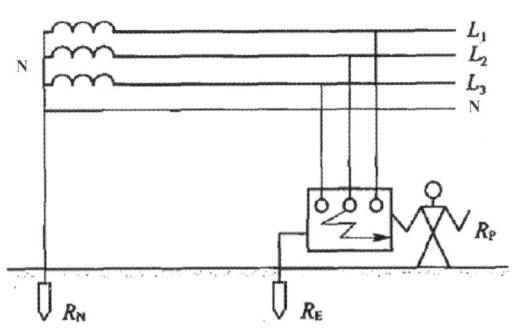

图 2-12 TT 系统

TT 系统的接地 R_E 可以大幅度降低漏电设备上的故障电压，使触电危险性降低，但不能将触电危险性降低到安全范围以内；故障电流不会很大，不足以保护电器动作，故障得不到迅速切除。因此，TT 系统通常采用剩余电流动作保护装置或过电流保护装置，并优先采用前者。

TT 系统主要用于低压用户，即用于未装备配电变压器，从外面引进低压电源的小型用户。

（三）TN 系统（保护接零系统）

1. TN 系统的工作原理及特点

TN 系统是保护接零系统，典型的 TN 系统如图 2-13 所示。图中，PE 是保护零线，R_S 是重复接地。TN 系统中的字母 N 表示电气设备在正常情况下不带电的金属部分与配电网中性点之间直接连接。

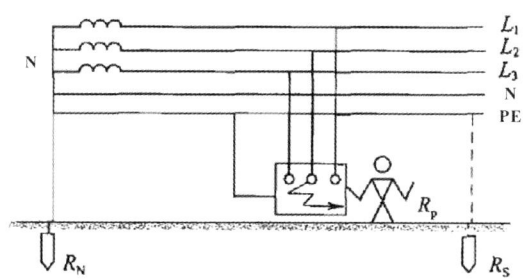

图 2-13　典型 TN 系统

保护接零的安全原理是当某相带电部分碰连设备外壳时，形成该相对零线的单相短路，短路电流促使线路上的短路保护元件迅速动作，从而把故障设备电源断开。保护接零也能降低漏电设备上的故障电压，但一般不能降低到安全范围以内，其第一位的安全作用是迅速切断电源。

2. TN 系统的分类及适用范围

（1）TN 系统的分类。

TN 系统分为 TN-S、TN-C-S、TN-C 三种类型，如图 2-14 所示。

TN-S 系统是 PE 线与 N 线完全分开的系统。

TN-C-S 系统是干线部分的前一段 PE 线与 N 线共用为 PEN 线，后一段线 PE 线与 N 线分开。

TN-C 系统是干线部分 PE 线与 N 线完全共用，支线部分的 PE 线是不能与 N 线共用的。

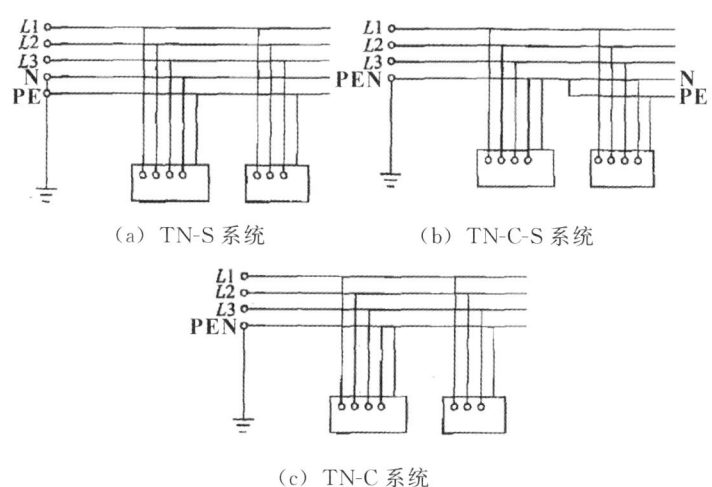

（a）TN-S 系统　　　　（b）TN-C-S 系统

（c）TN-C 系统

图 2-14　TN 系统三种类型

（2）TN 系统的适用范围。

TN-S 系统适用于有爆炸危险、火灾危险性大及其他安全要求高的场所。

TN-C-S 系统适用于厂内低压配电的场所及民用楼房。

TN-C 系统适用于触电危险性小、用电设备简单的场合。

(3) 应用保护接零安全要求。

①在同一接零系统中,一般不允许部分或个别设备只接地、不接零的做法;如确有个别设备无法接零而只能接地时,则该设备必须安装剩余电流动作保护装置。

②重复接地合格。重复接地指 PE 线或 PEN 线上除工作接地以外的其他点再次接地,其安全作用是:减轻 PE 线和 PEN 线断开或接触不良的危险性;进一步降低漏电设备对地电压;缩短漏电故障持续时间;改善架空线路的防雷性能。

电缆或架空线路引入车间或大型建筑物处,配电线路的最远端及每 1km 处,高低压线路同杆架设时共同敷设的两端应作重复接地。每一重复接地的接地电阻不得超过 10Ω;在低压工作接地的接地电阻允许不超过 10Ω 的场合,每一重复接地的接地电阻允许不超过 30Ω,但不得少于 3 处。

③发生对 PE 线的单相短路时能迅速切断电源。对于相线对地电压 220V 的 TN 系统,手持式电气设备和移动式电气设备末端线路或插座回路的短路保护元件应保证故障持续时间不超过 0.4s;配电线路或固定式电气设备的末端线路应保证故障持续时间不超过 5s。

④工作接地合格。工作接地的接地电阻一般不应超过 4Ω,在高土壤电阻率地区允许放宽至不超过 10Ω。

⑤PE 线和 PEN 线上不得安装单极开关和熔断器;PE 线和 PEN 线应有防机械损伤和化学腐蚀的措施;PE 线支线不得串联连接,即不得用设备的外露导电部分作为保护导体的一部分。

⑥保护导体截面面积合格。根据《施工现场临时用电安全技术规范》(JGJ 46—2005),当 PE 线所用材质与相线、工作零线(N 线)相同时,其最小截面应符合表 2-16 要求。

表 2-16 保护零线截面选择表

相线截面 S_L/mm^2	保护零线最小截面 S_{PE}/mm^2
$S_L \leqslant 16$	S_L
$16 < S_L \leqslant 35$	16
$S_L > 35$	$S_L/2$

除应采用电缆心线或金属护套做保护线外,有机械防护的 PE 线不得小于 2.5mm²,没有机械防护的不得小于 4mm²。铜质 PEN 线截面积不得小于 10mm²,铝质的不得小于 16mm²,如系电缆芯线,则不得小于 4mm²。

⑦等电位联结。

等电位联结即为多个可导电部分间为达到等电位进行的联结,也是防雷的保护措施之一。等电位联结实现的手段分为总等电位联结和辅助等电位联结。

a. 总等电位联结。在保护等电位联结中,将总保护导体、总接地导体或总接地端子、建筑物内的金属管道和可利用的建筑物金属结构等可导电部分联结到一起。

b. 辅助等电位联结。在导电部分间用导线直接连通,使其电位相等或接近,而实施的保护等电位联结,可作为主等电位联结的补充。

(四)双重绝缘和加强绝缘

1. 双重绝缘和加强绝缘的结构、定义和特点

双重绝缘和加强绝缘是在基本绝缘的直接接触电击防护基础上,通过附加绝缘或绝缘的加强,使之具备了间接接触电击防护功能的安全措施。双重绝缘和加强绝缘典型结构如图 2-15 所示。

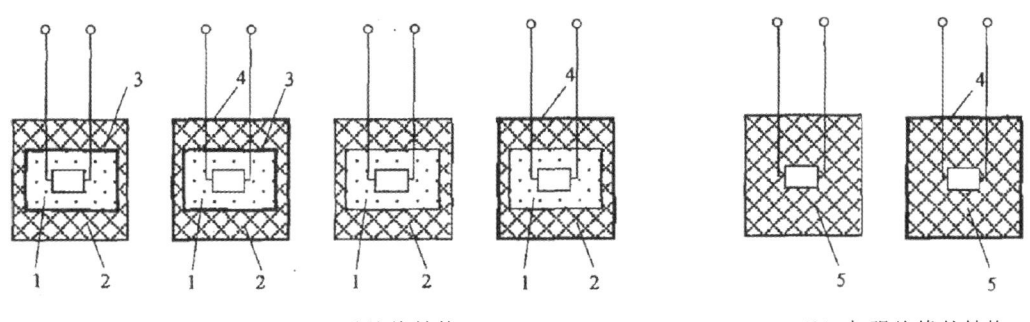

(a) 双重绝缘结构　　　　　　（b) 加强绝缘的结构

1—工作绝缘；2—保护绝缘；3—不可触及的金属；4—可触及的金属；5—加强绝缘

图 2-15　双重绝缘和加强绝缘典型结构

绝缘的定义及特点见表 2-17。

表 2-17　绝缘的定义及特点

绝缘名称	定义及特点
工作绝缘（基本绝缘）	保证电气设备正常工作和防止触电的基本绝缘，位于带电体与不可触及的金属之间
保护绝缘（附加绝缘）	在工作绝缘因机械破损或击穿等失效的情况下，可防止触电的独立绝缘，位于不可触及的金属与可触及的金属件之间
双重绝缘	兼有工作绝缘和附加绝缘
加强绝缘	在绝缘强度和机械性能上具备与双重绝缘同等防触电能力的单一绝缘，可以包含一层或多层绝缘材料

2. 双重绝缘和加强绝缘的安全条件

具有双重绝缘和加强绝缘的设备属于Ⅱ类设备，"回"作为Ⅱ类设备技术信息一部分标在设备明显位置上。双重绝缘和加强绝缘的设备其工作绝缘的绝缘电阻不得低于 2MΩ；保护绝缘的绝缘电阻不得低于 5MΩ；加强绝缘的绝缘电阻不得低于 7MΩ。无须再采取接地、接零等安全措施。

三、兼防直接接触和间接接触电击的措施

(一) 电气设备的防触电保护分类

1. 0 类设备

仅靠基本绝缘作为防触电保护的设备，当设备有能触及的可导电部分时，该部分不与设施固定布线中的保护线相连接，一旦基本绝缘失效，则安全性完全取决于使用环境。这就要求设备只能在不导电环境中使用。例如，所在地方采用木质地板和墙壁，且环境干燥的场所等。

2. 0Ⅰ类设备和Ⅰ类设备

设备的防触电保护不仅靠基本绝缘，还包括一种附加的安全措施，即将能触及的可导电部分与设施固定布线中的保护线相连接。一旦基本绝缘失效，由于能够触及的可导电部分已经与保护线连接，因而人员的安全可以得到保护。0Ⅰ类设备的金属外壳上有接地端子；Ⅰ类设备的金属外壳上没有接地端子，但引出带有保护端子的电源插头。

3. Ⅱ类设备

设备的防触电保护不仅靠基本绝缘还具备像双重绝缘或加强绝缘类型的附加安全措施。因此，这种设备不采用保护接地的措施，也不依赖于安装条件。

4．Ⅲ类设备

设备的防触电保护依靠安全特低电压（SELV）供电，且设备内可能出现的电压不会高于安全电压限值。Ⅲ类设备是从电源方面就保证了安全。应注意Ⅲ类设备不得具有保护接地手段。

（二）安全电压和剩余电流动作保护

安全电压、剩余电流动作保护这两种是兼防直接接触和间接接触电击的主要措施。

1．安全电压

通过对系统中可能会作用于人体的电压进行限制，从而使触电时流过人体的电流受到抑制，将触电危险性控制在安全的范围内。由特低电压供电的设备属于Ⅲ类设备。

（1）安全电压额定值及选用。

我国国家标准特低电压的限值规定，其额定值（工频有效值）的等级为 42V、36V、24V、12V 和 6V。不同条件下的电压值选择如下：

①特别危险环境中使用的手持电动工具应采用 42V 特低电压。

②有电击危险环境中使用的手持照明灯和局部照明灯应采用 36V 或 24V 特低电压。

③金属容器内、特别潮湿处等特别危险环境中使用的手持照明灯应采用 12V 特低电压。

④水下作业等场所应采用 6V 特低电压。

（2）特低电压安全条件。

①安全电源的要求。

a．安全隔离变压器或其等效的具有多个隔离绕组的电动发电机组，其绕组的绝缘至少相当于双重绝缘或加强绝缘。

b．电化电源或与高于特低电压回路无关的电源，如蓄电池及独立供电的柴油发电机等。

c．即使在故障时仍能够确保输出端子上的电压（用内阻不小于 3kΩ 的电压表测量）不超过特低电压值的电子装置电源等。

②回路配置要求。

a．回路的带电部分相互之间、回路与其他回路之间应实行电气隔离，其隔离水平不应低于安全隔离变压器输入与输出回路之间的电气隔离。

b．回路的导线应与其他任何回路的导线分开敷设，保持适当的物理上的隔离。

2．剩余电流动作保护

剩余电流动作保护是利用剩余电流动作保护装置来防止电气事故的一种安全技术措施。剩余电流是指流过剩余电流动作保护装置主回路电流瞬时值的相量和（用有效值表示）。

剩余电流动作保护装置（RCD）又称漏电保护装置，其主要功能是提供间接接触电击保护，而额定漏电动作电流不大于 30mA 的剩余电流动作保护装置，在其保护措施失效时，也可以作为直接接触电击的补充保护，但不能作为基本的保护措施。

（1）剩余电流动作保护装置的工作原理。

①剩余电流动作保护装置的组成。

剩余电流动作保护装置由检测元件、中间环节（包括放大元件和比较元件）、执行机构三个基本环节及辅助电源和试验装置构成，如图 2-16 所示。

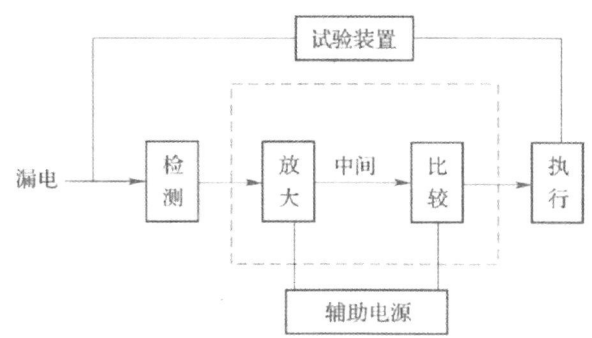

图 2-16 剩余电流动作保护装置组成

a. 检测元件即零序电流互感器，如图 2-17 所示。图中，N_1 是互感器的一次边，由被保护的主电路的相线和中性线穿过环行铁心构成；N_2 为互感器的二次边，由均匀缠绕在环行铁心上的绕组构成。检测元件的作用是将漏电电流信号转换为电压或功率信号并输出给中间环节。

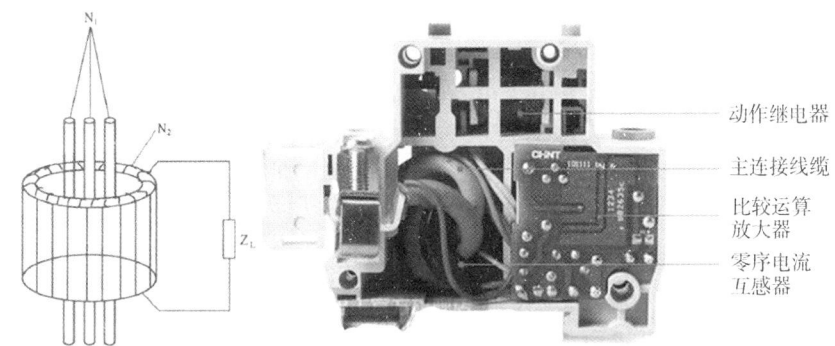

图 2-17 零序电流互感器

b. 中间环节。通常含有放大器、比较器等，对来自零序电流互感器的漏电信号进行处理。
c. 执行机构。指漏电动作脱扣器等，用于接收中间环节的指令信号，实施动作。
d. 辅助电源。提供电子电路工作所需的低压电源。
e. 试验装置。利用模拟漏电的路径，以检验装置是否能够正常动作。
② 剩余电流动作保护装置的工作原理。

在电路正常的情况下，通过 TA 一次边电流的相量和等于零，TA 铁心中磁通的相量和也为零，TA 二次边不产生感应电动势，剩余电流动作保护装置（图 2-18）不动作，系统保持正常供电，如图 2-19 所示。

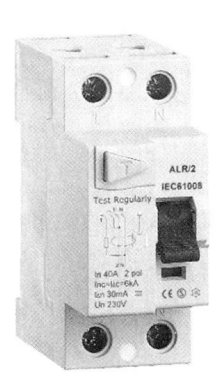 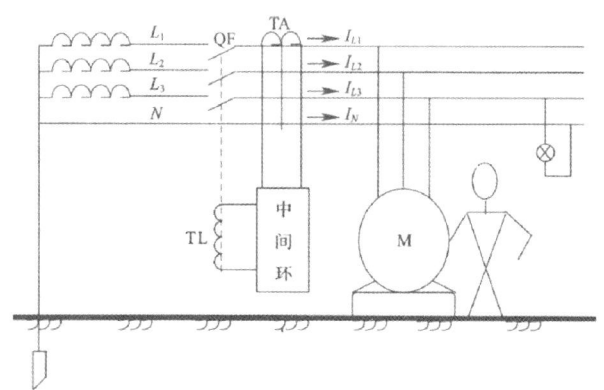

图 2-18 剩余电流动作保护装置　　　图 2-19 剩余电流动作保护工作原理

当电路发生漏电或有人触电时，漏电电流的存在使通过 TA 一次边各相负荷电流的相量和不再等于零，即产生了剩余电流。此时，TA 铁心中出现了交变磁通。由此，使 TA 二次边线圈产生感应电动势，即得到漏电信号。经中间环节对此漏电信号进行处理和比较，当达到预定值时，漏电脱扣器动作，驱动主开关 QF 自动跳闸，从而迅速切断被保护电路的供电电源，实现保护。

（2）剩余电流动作保护装置的主要技术参数。

剩余电流动作保护装置最基本的技术参数包括额定剩余电流动作电流和分断时间。

①额定剩余动作电流（$I_{\Delta n}$）。

制造商对剩余电流动作保护装置规定的剩余动作电流值，在该电流值时，剩余电流动作保护装置应在规定的条件下动作。该值反映了剩余电流动作保护装置的灵敏度。

我国标准规定的额定剩余动作电流优选值是 0.006A、0.01A、0.03A、0.05A、0.1A、0.3A、0.5A、1A、3A、5A、10A、20A、30A 共 13 个等级。其中，0.03A 及其以下者属高灵敏度、主要用于防止各种人身触电事故；0.03A 以上至 1A 者属中灵敏度，用于防止触电事故和漏电火灾；1A 以上者属低灵敏度，用于防止漏电火灾和监视一相接地事故。

②分断时间。

漏电保护装置的动作时间指动作时最大分断时间。漏电保护装置的动作时间应根据保护要求确定。按照动作时间，漏电保护装置有快速型、定时限型和反时限型之分。延时型只能用于动作电流 30mA 以上的漏电保护装置，其动作时间可选为 0.2s、0.8s、1s、1.5s 和 2s。

（3）必须安装剩余电流动作保护装置的设备和场所。

下列设备和场所应安装末端保护 RCD：

①属于Ⅰ类的移动式电气设备及手持式电动工具。

②工业生产用的电气设备。

③施工工地的电气机械设备。

④安装在户外的电气装置。

⑤临时用电的电气设备。

⑥机关、学校、宾馆、饭店、企事业单位和住宅等除壁挂式空调电源插座外的其他电源插座或插座回路。

⑦游泳池、喷水池、浴室、浴池的电气设备。

⑧安装在水中的供电线路和设备。

⑨医院中可能直接接触人体的医用电气设备。

⑩农业生产用的电气设备。

⑪水产品加工用电。

此外，低压配电线路根据具体情况采用二级或三级保护时，在电源端、负荷群首端或线路末端（农业生产设备的电源配电箱）安装 RCD。

· 典型例题 ·

1. 电气隔离是指工作回路与其他回路实现电气上的隔离。其安全原理是在隔离变压器的二次侧构成了一个不接地的电网，防止在二次侧工作的人员被电击。下列关于电气隔离技术的说法，正确的是（　　）。

   A. 隔离变压器一次侧应保持独立，隔离回路应与大地有连接

   B. 隔离变压器二次侧线路电压高低不影响电气隔离的可靠性

C. 为防止隔离回路中各设备相线漏电，各设备金属外壳采用等电位接地

D. 隔离变压器的输入绕组与输出绕组没有电气连接，并具有双重绝缘的结构

【解析】电气隔离的回路必须符合以下条件：①二次边保持独立，为保证安全，被隔离回路不得与其他回路及大地有任何连接（选项 A 错误）。②二次边线路电压过高或二次边线路过长，都会降低这种措施的可靠性（选项 B 错误）。③为防止隔离回路中两台设备不同相漏电时的故障电压带来的危险，各台设备金属外壳之间应采取等电位连接措施。等电位连接解决的是电位差带来的危险，而不是单纯的漏电（选项 C 错误）。④与安全隔离变压器一样，隔离变压器的输入绕组与输出绕组没有电气连接，并且具有双重绝缘的结构（选项 D 正确）。

2. 良好的绝缘是保证电气设备和线路正常运行的必要条件之一，材料的绝缘性能受电气、高温、潮湿、机械、化学、生物等因素的影响，严重时会导致绝缘击穿。下列关于绝缘击穿的说法，正确的是（　　）。

A. 气体的击穿场强与电场的均匀程度无关

B. 固体绝缘的电击穿是碰撞电离导致的击穿

C. 液体比气体密度大、击穿强度比气体低

D. 固体绝缘击穿后，绝缘性能可以得到恢复

【解析】气体的平均击穿场强随着电场不均匀程度的增加而下降，选项 A 错误。液体的密度大，电子自由行程短，积聚能量的难度大，其击穿强度比气体高，选项 C 错误。固体绝缘击穿后将失去其原有性能，选项 D 错误。

3. 在保护接零系统中，对于配电线路、供给手持式电动工具或移动式电气设备的线路，故障持续时间的要求各不相同。下列对线路故障持续时间的要求中，正确的有（　　）。

A. 对于配电线路，故障持续时间不宜超过 5.0s

B. 仅供给固定式电气设备的线路，故障持续时间不宜超过 8.0s

C. 手持式电动工具的 220V 的线路故障持续时间不应超过 0.4s

D. 移动式电动工具的 380V 的线路故障持续时间不应超过 0.2s

E. 移动式电动工具的 220V 的线路故障持续时间不应超过 1.0s

【解析】对于配电线路或仅供给固定式电气设备的线路，故障持续时间不宜超过 5.0s；对于供给手持式电动工具、移动式电气设备的线路或插座回路，电压 220V 者故障持续时间不应超过 0.4s，380V 者不应超过 0.2s。

答案：1.D　2.B　3.ACD

第三节　电气防火防爆技术

一、危险物质及危险环境

（一）爆炸危险物质的分类、分组

（1）爆炸危险物质的分类。

Ⅰ类：矿井甲烷（煤矿瓦斯）。

Ⅱ类：爆炸性气体、蒸汽。

Ⅲ类：爆炸性粉尘、纤维或飞絮。

（2）对于Ⅱ类爆炸性气体，按最大试验安全间隙（MESG）和最小引燃电流比（MICR）进一步划分为ⅡA、ⅡB和ⅡC三类，对应的典型气体分别是丙烷、乙烯和氢气，其危险性ⅡC＞ⅡB＞ⅡA。爆炸性气体MESG和MICR对应关系见表2-18。

表2-18 各类爆炸性气体MESG和MICR对应表

类别	MESG/mm	MICR/mm
ⅡA	MESG≥0.9	MICR＞0.8
ⅡB	0.9＞MESG＞0.5	0.8≥MICR≥0.45
ⅡC	MESG≤0.5	MICR＜0.45

（3）对于Ⅲ类爆炸性粉尘、纤维或飞絮，进一步划分为ⅢA、ⅢB和ⅢC三类。

ⅢA：可燃性飞絮。指正常规格大于$500\mu m$的固体颗粒（包括纤维），可悬浮在空气中，也可依靠自身质量沉淀下来，例如人造纤维、棉花（包括棉绒纤维、棉纱头）、剑麻、黄麻、麻屑、可可纤维、麻絮、废打包木丝绵。

ⅢB：非导电粉尘。指电阻系数＞$10^3 \Omega \cdot m$的可燃性粉尘。

ⅢC：导电粉尘。指电阻系数≤$10^3 \Omega \cdot m$的可燃性粉尘。

就其危险性而言，ⅢC＞ⅢB＞ⅢA。其中，ⅢC类导电粉尘一旦进入电气装置外壳可直接产生电火花形成引燃源，是最为危险的粉尘。

（4）Ⅱ类、Ⅲ类爆炸危险物质的分组。

Ⅱ类爆炸性气体、蒸汽和Ⅲ类爆炸性粉尘、纤维或飞絮按引燃温度（自燃点）分为六组，分别为T1、T2、T3、T4、T5、T6。各组分别对应的引燃温度见表2-19。

表2-19 引燃温度分组

组别	引燃温度 T/℃
T1	450＜T
T2	300＜T≤450
T3	200＜T≤300
T4	135＜T≤200
T5	100＜T≤135
T6	85＜T≤100

（二）危险物质性能参数

危险物质的主要性能参数包括闪点、燃点、爆炸极限、引燃温度、最大试验安全间隙、最小点燃电流比，具体内容见表2-20。

表2-20 危险物质性能参数

参数	内容
闪点	闪点是在规定的试验条件下，易燃液体能释放出足够的蒸汽并在液面上方与空气形成爆炸性混合物，点火时能发生闪燃的最低温度。闪点越低危险性越大
燃点	燃点是物质在空气中点火时发生燃烧，移开火源仍能继续燃烧的最低温度。对于闪点不超过45℃的易燃液体一般只考虑闪点，不考虑燃点

续表

爆炸极限	爆炸极限分为爆炸浓度极限和爆炸温度极限,通常所指的都是爆炸浓度极限。该极限是指在一定的温度和压力下,气体、蒸汽、薄雾或粉尘、纤维与空气形成的能够被引燃并传播火焰的浓度范围。该范围的最低浓度称为爆炸下限、最高浓度称为爆炸上限。例如,甲烷的爆炸极限为5%~15%,汽油的为1.4%~7.6%,乙炔的为1.5%~82%等
引燃温度	引燃温度又称自燃点或自燃温度,是在规定试验条件下,可燃物质不需外来火源即发生燃烧的最低温度
最大试验安全间隙	最大试验安全间隙的代号为MESG,是在规定试验条件下,两个经长25mm的间隙连通的容器,一个容器内燃爆不引起另一个容器内燃爆的最大连通间隙
最小点燃电流比	最小点燃电流比的代号为MICR,是在规定试验条件下,气体、蒸汽、薄雾爆炸性混合物的最小点燃电流与甲烷爆炸性混合物的最小点燃电流之比 除最小点燃电流外,还经常用到最小引燃能量。最小引燃能量是在规定的试验条件下,能使爆炸性混合物燃爆所需最小电火花的能量。例如,甲烷的最小引燃能量为0.33mJ,乙炔的为0.02mJ等

(三) 爆炸危险环境

1. 气体、蒸汽爆炸危险环境

根据爆炸性气体、蒸汽混合物出现的频繁程度和持续时间将此类危险场所分为0区、1区和2区,见表2-21。

表2-21 气体、蒸汽爆炸危险环境

分类	含义	举例
0区	正常运行时持续出现或长时间出现或短时间频繁出现爆炸性气体、蒸汽或薄雾,能形成爆炸性混合物的区域	密闭的容器、储油罐等内部气体空间
1区	指正常运行时可能出现(预计周期性出现或偶然出现)爆炸性气体、蒸汽或薄雾,能形成爆炸性混合物的区域	油罐顶部呼吸阀附近
2区	正常运行时不出现,即使出现也只可能是短时间偶然出现爆炸性气体、蒸汽或薄雾,能形成爆炸性混合物的区域	油罐外3m内

2. 粉尘、纤维爆炸危险环境

根据爆炸性粉尘、纤维混合物出现的频繁程度和持续时间将此类危险场所分为20区、21区和22区,见表2-22。

表2-22 粉尘、纤维爆炸危险环境

分类	含义	举例
20区	空气中的可燃性粉尘云持续或长期或频繁地出现于爆炸性环境中的区域	粉尘容器、旋风除尘器、搅拌器等设备内部的区域
21区	在正常运行时,空气中的可燃性粉尘云很可能偶尔出现于爆炸性环境中的区域	频繁打开的粉尘容器出口附近、传送带附近等设备外部邻近区域

续表

分类	含义	举例
22区	在正常运行时,空气中的可燃性粉尘云一般不可能出现于爆炸性粉尘环境中的区域,即使出现,持续时间也是短暂的	尘袋、取样点等周围的区域

3. 爆炸危险区域

释放源是划分爆炸危险区域的基础。释放源及危险环境分区见表2-23。

表2-23 释放源及危险环境分区

分类	含义	分区
连续级释放源	连续释放、长时间释放或短时间频繁释放	0区
一级释放源	正常运行时周期性释放或偶然释放	1区
二级释放源	正常运行时不释放或不经常且只能短时间释放	2区

危险环境通风要求:

(1) 分为自然通风、一般机械通风和局部机械通风等类型。

(2) 良好的通风标志是混合物中危险物质的浓度被稀释到爆炸下限的1/4以下。

(3) 如通风良好,应降低爆炸危险区域等级;如通风不良,应提高爆炸危险区域等级。在障碍物、凹坑和死角处,应局部提高爆炸危险区域等级。

(4) 利用堤或墙等障碍物,限制比空气重的爆炸性气体混合物的扩散,可缩小爆炸危险区域的范围。

二、防爆电气设备和防爆电气线路

(一)防爆电气设备

(1) 在爆炸性环境内,应根据下列因素选择电气设备:

①爆炸危险区域的分区。

②可燃性物质和可燃性粉尘的分级。

③可燃性物质的引燃温度。

④可燃性粉尘云、可燃性粉尘层的最低引燃温度。

(2) 爆炸性环境用电气设备与爆炸危险物质的分类对应。

①Ⅰ类电气设备。用于煤矿瓦斯气体环境。

②Ⅱ类电气设备。用于煤矿甲烷以外的爆炸性气体环境,具体分为ⅡA、ⅡB、ⅡC三类。

③Ⅲ类电气设备。用于爆炸粉尘环境,分为ⅢA、ⅢB、ⅢC三类。

④防爆电气设备的级别不应低于该爆炸性气体环境内爆炸性气体混合物的级别,并应符合下列规定:

气体、蒸汽或粉尘分级与电气设备类别的关系应符合表2-24的规定。

表 2-24　气体、蒸汽或粉尘分级与电气设备类别的关系

气体、蒸汽或粉尘分级	设备类别
ⅡA	ⅡA、ⅡB 或 ⅡC
ⅡB	ⅡB 或 ⅡC
ⅡC	ⅡC
ⅢA	ⅢA、ⅢB 或 ⅢC
ⅢB	ⅢB 或 ⅢC
ⅢC	ⅢC

当存在有两种以上可燃性物质形成的爆炸性混合物时，应按照混合后的爆炸性混合物的级别和组别选用防爆设备，无据可查又不可能进行试验时，可按危险程度较高的级别和组别选用防爆电气设备。

对于标有适用于特定的气体、蒸汽环境的防爆设备，没有经过鉴定，不得使用于其他的气体环境内。

（3）爆炸性环境内电气设备保护级别的选择应符合表 2-25 的规定。

表 2-25　爆炸性环境内电气设备保护级别的选择

危险区域	设备保护级别（EPL）
0 区	Ga
1 区	Ga 或 Gb
2 区	Ga、Gb 或 Gc
20 区	Da
21 区	Da 或 Db
22 区	Da、Db 或 Dc

（4）防爆电气设备的标志。
防爆电气设备的型式和标志见表 2-26。

表 2-26　防爆电气设备的型式和标志

防爆型式	隔爆型	增安型	本质安全型	正压型	充油型	充砂型	无火花型	浇封型
防爆型式标志	d	e	i	p	o	q	n	m

（5）防爆电气设备的标志。
防爆电气设备的标志应设置在设备外部主体部分的明显地方，且应设置在设备安装之后能看到的位置，标志编码要求如下：

①对只允许使用一种爆炸性气体或蒸汽环境中的电气设备，其标志可用该气体或蒸汽的化学分子式或名称表示，可不必注明级别与温度级别。例如，Ⅱ类用于氨气环境的隔爆型：Ex d Ⅱ（NH$_3$）Gb 或 Ex db Ⅱ（NH$_3$）。

②对于Ⅱ类电气设备的标志，可以标温度组别，也可以标最高表面温度或两者都标，例如，最高表面温度为 125℃的工厂用增安型电气设备：Ex eⅡ T5 Gb 或 Ex eⅡ（125℃）Gb 或 Ex eⅡ（125℃）T5 Gb。

③应用于爆炸性粉尘环境的电气设备，将直接标出设备的最高表面温度，不再划分温度组

别。例如，用于具有导电性粉尘的爆炸性粉尘环境ⅢC等级ia（EPL Da）电气设备，最高表面温度低于120℃的表示方法为Ex ia ⅢC T120℃或Ex ia ⅢC T120℃ IP20。

（二）防爆电气线路

1. 敷设位置

（1）环境要求——电气线路宜在爆炸危险性较小的环境或远离释放源的地方敷设。

（2）爆炸粉尘——电缆应沿粉尘不易堆积并且易于粉尘清除的位置敷设。

（3）可燃物质——当可燃物质比空气重时，电气线路宜在较高处敷设或直接埋地。

2. 敷设方式

（1）电气线路穿越不同区域时，之间的墙或楼板处的孔洞应采用非燃性材料严密堵塞；

（2）钢管配线可采用无护套的绝缘单芯或多芯导线；

（3）架空电力线路严禁跨越爆炸性气体环境，架空线路与爆炸性气体环境的水平距离，不应小于杆塔高度的1.5倍。

3. 导线材料

应优先采用铜线作为导线材料。

· 典型例题 ·

1. 电气防火防爆技术包括消除或减少爆炸性混合物、消除引燃源、隔离和间距、爆炸危险环境接地和接零等。下列爆炸危险环境电气防火燃爆技术的要求中，正确的是（ ）。

A. 在危险空间充填清洁的空气，防止形成爆炸性混合物

B. 隔墙上与变、配电室连通的沟道、孔洞等，应使用难燃性材料严密封堵

C. 设备的金属部分、金属管道以及建筑物的金属结构必须分别接地

D. 低压侧断电时，应先断开闸刀开关，再断开电磁起动器或低压断路器

【解析】选项A错误，应在危险空间充填惰性气体，空气中的氧含量有可能导致爆炸。选项C错误，将所有设备的金属部分、金属管道以及建筑物的金属结构全部接地（或接零），并连接成连续整体。选项D错误，高压应先断开断路器，后断开隔离开关；低压应先断开电磁起动器或低压断路器，后断闸刀开关。

2. 接地装置是接地体和接地线的总称，运行中的电气设备的接地装置要保持在良好状态下。下列关于接地装置技术要求的说法，正确的是（ ）。

A. 自然接地体应由三根以上导体在不同地点与接地网相连

B. 交流电气设备应优先利用人工导体接地线

C. 当自然接地体的接地电阻符合要求时，可不敷设人工接地体

D. 为了减小自然因素对接地电阻的影响，接地体上端离地面深度不应小于10mm

【解析】选项A错误，自然接地体至少有两根导体在不同地点与接地网相连。选项B错误，交流电气设备应优先利用自然导体作接地线。选项C正确，当自然接地体的接地电阻符合要求时，可不敷设人工接地体（发电和变电所除外）。选项D错误，为了减小自然因素对接地电阻的影响，接地体上端离地面深度不应小于0.6m（农田地带不应小于1m），并应在冰冻层以下。

3. 爆炸危险环境的电气设备和电气线路不应产生能构成引燃源的火花、电弧或危险温度。下列对防爆电气线路的安全要求中，正确的有（ ）。

A. 当可燃物质比空气重时，电气线路宜在较高处敷设或在电缆沟内敷设

B. 在爆炸性气体环境内PVC管配线的电气线路必须做好隔离封堵

C. 在1区内电缆线路严禁中间有接头

D. 钢管配线可采用无护套的绝缘单芯导线

E. 电气线路宜在有爆炸危险的建（构）筑物的墙外敷设

【解析】选项A错误，当可燃物比空气重时，电气线路宜在较高处敷设或直接埋地。选项B错误，在爆炸性气体环境内钢管配线的电气线路必须做好隔离封堵，而非PVC管线，PVC管线容易累积静电，故严禁在爆炸性环境中明敷。

答案：1.B 2.C 3.CDE

第四节 雷击和静电防护技术

一、防雷

（一）建筑物防雷的分类

根据《建筑物防雷设计规范》（GB 50057—2019）的相关要求，建筑物应根据建筑物的重要性、使用性质、发生雷电事故的可能性和后果，按防雷要求分为三类。

（1）在可能发生对地闪击的地区，遇下列情况之一时，应划为第一类防雷建筑物：

①凡制造、使用或贮存火炸药及其制品的危险建筑物，因电火花而引起爆炸、爆轰，会造成巨大破坏和人身伤亡者。

②具有0区或20区爆炸危险场所的建筑物。

③具有1区或21区爆炸危险场所的建筑物，因电火花而引起爆炸，会造成巨大破坏和人身伤亡者。

（2）在可能发生对地闪击的地区，遇下列情况之一时，应划为第二类防雷建筑物：

①国家级重点文物保护的建筑物。

②国家级的会堂、办公建筑物、大型展览和博览建筑物、大型火车站和飞机场、国宾馆、国家级档案馆、大型城市的重要给水泵房等特别重要的建筑物。

注：飞机场不含停放飞机的露天场所和跑道。

③国家级计算中心、国际通信枢纽等对国民经济有重要意义的建筑物。

④国家特级和甲级大型体育馆。

⑤制造、使用或贮存火炸药及其制品的危险建筑物，且电火花不易引起爆炸或不致造成巨大破坏和人身伤亡者。

⑥具有1区或21区爆炸危险场所的建筑物，且电火花不易引起爆炸或不致造成巨大破坏和人身伤亡者。

⑦具有2区或22区爆炸危险场所的建筑物。

⑧有爆炸危险的露天钢质封闭气罐。

⑨预计雷击次数大于0.05次/a的部、省级办公建筑物和其他重要或人员密集的公共建筑物以及火灾危险场所。

⑩预计雷击次数大于0.25次/a的住宅、办公楼等一般性民用建筑物或一般性工业建筑物。

(3) 在可能发生对地闪击的地区，遇下列情况之一时，应划为第三类防雷建筑物：
①省级重点文物保护的建筑物及省级档案馆。
②预计雷击次数大于或等于 0.01 次/a，且小于或等于 0.05 次/a 的部、省级办公建筑物和其他重要或人员密集的公共建筑物，以及火灾危险场所。
③预计雷击次数大于或等于 0.05 次/a，且小于或等于 0.25 次/a 的住宅、办公楼等一般性民用建筑物或一般性工业建筑物。
④在平均雷暴日大于 15d/a 的地区，高度在 15m 及以上的烟囱、水塔等孤立的高耸建筑物；在平均雷暴日小于或等于 l5d/a 的地区，高度在 20m 及以上的烟囱、水塔等孤立的高耸建筑物。

（二）防雷技术的分类

防雷技术的分类及相关说明见表 2-27。

表 2-27 防雷技术的分类及相关说明

防雷技术	相关说明
外部防雷	针对直击雷的防护，不包括防止外部防雷装置受到直接雷击时向其他物体的反击
内部防雷	包括防闪电感应、防反击以及防闪电电涌侵入和防生命危险
防雷击电磁脉冲	对建筑物内系统（包括线路和设备）防雷电流引发的电磁效应，它包含防经导体传导的闪电电涌和防辐射脉冲电磁场效应

（三）防雷装置

建筑物防雷装置是由外部防雷装置和内部防雷装置组成的。

1. 外部防雷装置

外部防雷装置包括用于防直击雷的防雷装置，由接闪器、引下线和接地装置组成。

（1）接闪器。由拦截闪击的接闪杆、接闪带、接闪线、接闪网以及金属屋面、金属构件等组成。

接闪器的保护范围按滚球法确定。滚球法是假设以一定半径的球体，沿需要防直击雷的部位滚动，当球体只触及接闪器（包括被利用作为接闪器的金属物）和地面（包括与大地接触并能承受雷击的金属物），而不触及需要保护的部位时，则该部分就得到接闪器的保护。此时对应的球面线即保护范围的轮廓线。滚球的半径按建筑物防雷类别确定，一类为 30m、二类为 45m、三类为 60m。图 2-20 为单支接闪杆的保护范围 $1-xx'$ 平面上保护范围的截面示意图。

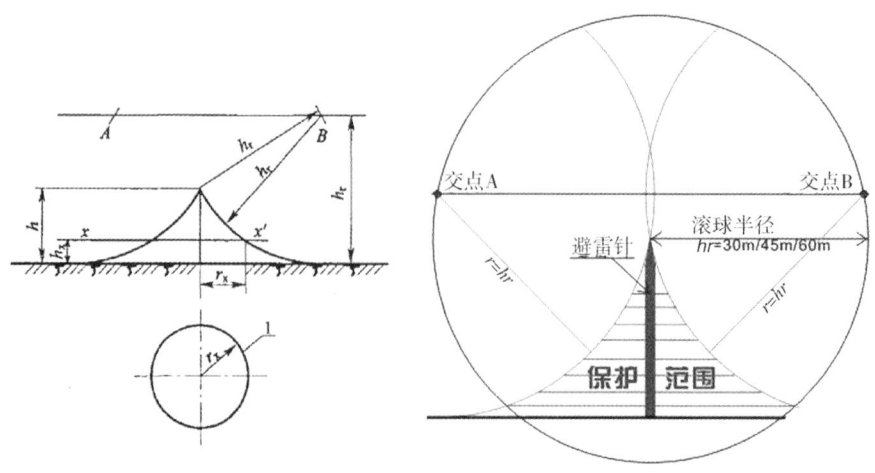

图 2-20 单支接闪杆的保护范围 $1-xx'$ 平面上保护范围的截面

（2）引下线。用于将雷电流从接闪器传导至接地装置的导体。引下线宜采用热镀锌圆钢或扁钢，宜优先采用圆钢。防直击雷的专设引下线距建筑物出入口或人行道边沿不宜小于3m。

（3）接地装置。从引下线断接卡或换线处至接地体的连接导体；或从接地端子、等电位连接带至接地体的连接导体。

防雷接地电阻通常指冲击接地电阻，独立接闪杆的冲击接地电阻不宜大于10Ω；附设接闪器每根引下线的冲击接地电阻不应大于10Ω。为了防止跨步电压伤人，防直击雷的人工接地体距建筑物出入口和人行道不应小于3m。

2. 内部防雷装置

由防雷等电位连接和与外部防雷装置的间隔距离组成，应防止由于雷电流流经外部防雷装置或建筑物的其他导电部分而在需要保护的建筑物内发生危险的火花放电。由屏蔽导体、等电位连接件和电涌保护器等组成。对于变配电设备，常采用避雷器作为防止雷电波侵入的装置。

（1）屏蔽导体。通常指电阻率小的良导体材料，如建筑物的钢筋及金属构件；电气设备及电子装置金属外壳；电气及信号线路的外设金属管、线槽、外皮、网、膜等。由屏蔽导体可构成屏蔽层，当空间干扰电磁波入射到屏蔽层金属体表面时，会产生反射和吸收，电磁能量衰减，从而起到屏蔽作用。

（2）等电位连接件。包括等电位连接带、等电位连接导体等。利用其可将分开的装置、诸导电物体连接起来以减小雷电流在它们之间产生的电位差。

（3）电涌保护器（SPD）。指用于限制瞬态过电压和分泄电涌电流的器件。其作用是把窜入电力线、信号传输线的瞬态过电压限制在设备或系统所能承受的电压范围内，或将强大的雷电流泄流入地，防止设备或系统遭受闪电电涌冲击而损坏。

（4）避雷器。避雷器是用来防护雷电产生的过电压沿线路侵入变配电所或建筑物内，以免危及被保护电气设备的绝缘。按其结构，避雷器主要分为阀型避雷器和氧化锌避雷器等。

正常时，避雷器对地保持绝缘状态；当雷电冲击波到来时，避雷器被击穿，将雷电引入大地；冲击波过去后，避雷器自动恢复绝缘状态。

（四）防雷措施

各类防雷建筑物均应设置防直击雷的外部防雷装置并应采取防闪电电涌侵入的措施。此外，各类防雷建筑物还应设内部防雷装置。根据不同雷电种类，各类防雷建筑物所应采取的主要防雷措施要求如下。

1. 直击雷防护

（1）第一类防雷建筑物、第二类防雷建筑物和第三类防雷建筑物均应设置防直击雷的外部防雷装置；高压架空电力线路、变电站等也应采取防直击雷的措施。

（2）直击雷防护的主要措施是装设接闪杆、架空接闪线或网。接闪杆分独立接闪杆和附设接闪杆。独立接闪杆是离开建筑物单独装设的，接地装置应当单设。

（3）第一类防雷建筑物的直击雷防护，要求装设独立接闪杆、架空接闪线或网。

（4）第二类和第三类防雷建筑物的直击雷防护措施，宜采用装设在建筑物上的接闪网、接闪带或接闪杆，或由其混合组成的接闪器。

2. 闪电感应防护

第一类防雷建筑物和具有爆炸危险的第二类防雷建筑物均应采取防闪电感应的防护措施。闪电感应的防护主要有静电感应防护和电磁感应防护两方面，其相关要求见表2-28。

表 2-28 闪电感应防护类型及要求

防护类型	相关要求
静电感应防护	(1) 建筑物内的设备、管道、构架、钢屋架、钢窗、电缆金属外皮等较大金属物和突出屋面的放散管、风管等金属物，均应与防闪电感应的接地装置相连 (2) 对第二类防雷建筑物可就近接至防直击雷接地装置或电气设备的保护接地装置上，可不单接接地装置
电磁感应防护	(1) 平行敷设的管道、构架和电缆金属外皮等长金属物，其净距小于 100mm 时，应采用金属线跨接，跨接点之间的距离不应超过 30m；交叉净距小于 100mm 时，其交叉处也应跨接 (2) 长金属物的弯头、阀门、法兰盘等连接处的过渡电阻大于 0.03Ω 时，连接处也应用金属线跨接 (3) 在非腐蚀环境下，对于不少于 5 根螺栓连接的法兰盘可不跨接 (4) 防电磁感应的接地装置也可与其他接地装置共用

3．闪电电涌侵入防护

(1) 第一类防雷建筑物、第二类防雷建筑物和第三类防雷建筑物均应采取防闪电电涌侵入的防护措施。

(2) 室外低压配电线路宜全线采用电缆直接埋地敷设，在入户处应将电缆的金属外皮、钢管接到等电位连接带或防闪电感应的接地装置上。在入户处的总配电箱内是否装设电涌保护器应根据具体情况按雷击电磁脉冲防护的有关规定确定。

(3) 当难以全线采用电缆时，不得将架空线路直接引入屋内，允许从架空线上换接一段有金属铠装（埋地部分的金属铠装要直接与周围土壤接触）的电缆或护套电缆穿钢管直接埋地引入。这时，电缆首端必须装设户外型电涌保护器并与绝缘子铁脚、金具、电缆金属外皮等共同接地，入户端的电缆金属外皮、钢管必须接到防闪电感应接地装置上。

4．人身防雷

(1) 为了防止直击雷伤人，应减少在户外活动的时间，尽量避免在野外逗留。应尽量离开山丘、海滨、河边、池旁，不要暴露于室外空旷区域。不要骑在牲畜上或骑自行车行走；不要用金属杆的雨伞；不要把带有金属杆的工具，如铁锹、锄头扛在肩上。避开铁丝网、金属晒衣绳。如有条件应进入有宽大金属构架、有防雷设施的建筑物或金属壳的汽车和船只。

(2) 为了防止二次放电和跨步电压伤人，要远离建筑物的接闪杆及其接地引下线；远离各种天线、电线杆、高塔、烟囱、旗杆、孤独的树木和没有防雷装置的孤立小建筑等。

(3) 人体最好离开可能传来雷电侵入波的照明线、动力线、电话线、广播线、收音机和电视机电源线、收音机和电视机天线，距离 1.5m 以上。尽量暂时不用电器，最好拔掉电源插头。

(4) 不要靠近室内的金属管线，如暖气片、自来水管、下水管等，以防止这些导体对人体的二次放电。

(5) 关好门窗，防止球形雷窜入室内造成危害。

二、静电防护

(一) 环境危险程度的控制

1．取代易燃介质

例如，用三氯乙烯、四氯化碳、苛性钠或苛性钾代替汽油、煤油作洗涤剂，能够具有良好的防爆效果。

2. 降低爆炸性气体、蒸汽混合物的浓度

在爆炸和火灾危险环境，采用机械通风装置及时排出爆炸性危险物质。

3. 减少氧化剂含量

充填氮、二氧化碳或其他不活泼的气体，减少爆炸性气体、蒸汽或爆炸性粉尘中氧的含量，以消除燃烧条件。混合物中氧含量不超过8%时即不会引起燃烧。

(二) 工艺控制

工艺控制是消除静电危害的重要方法，主要是从工艺上采取适当的措施，限制和避免静电的产生和积累。

1. 材料的选用

在存在摩擦而且容易产生静电的工艺环节，生产设备宜使用与生产物料相同的材料，或采用位于静电序列中段的金属材料制成生产设备，以减轻静电的危害。

2. 限制物料的运动速度

汽车罐车采用顶部装油时，装油鹤管（图 2-21）应深入槽罐的底部 200mm。油罐装油时，注油管出口应尽可能接近油罐底部，对于电导率低于 50pS/m 的液体石油产品，初始流速不应大于 1m/s，当注入口浸没 200mm 后，可逐步提高流速，但最大流速不应超过 7m/s。

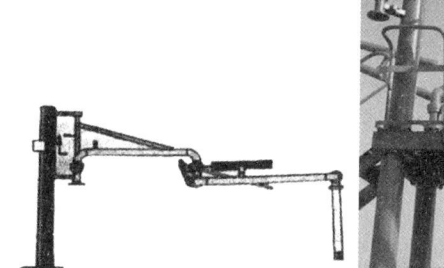

图 2-21　装油鹤管

灌装铁路罐车时，烃类液体在鹤管内的容许流速按式（$VD \leqslant 0.8$）计算。式中：V（单位：m/s）为烃类液体流速，D（单位：m）为鹤管内径的数值；灌装汽车罐车时，烃类液体在鹤管内的容许流速按式（$VD \leqslant 0.5$）计算。

3. 加大静电消散过程

在输送工艺过程中，在管道的末端加装一个直径较大的缓和器，可大大降低液体在管道内流动时积累的静电。例如，液体石油产品从精细过滤器出口到储器应留有 30s 的缓和时间。

为了防止静电放电，在液体灌装、循环或搅拌过程中不得进行取样、检测或测温操作。进行上述操作前，应使液体静置一定的时间，使静电得到足够的消散或松弛。

(三) 静电接地

(1) 在静电危险场所，属于静电导体的物体必须接地。

(2) 凡用来加工、储存、运输各种易燃液体、易燃气体和粉体的设备都必须接地。

(3) 工厂或车间的氧气、乙炔等管道必须连成一个整体，并予以接地。可能产生静电的管道两端和每隔 200～300m 处均应接地。平行管道相距 10cm 以内时，每隔 20m 应用连接线互相连接起来。管道与管道或管道与其他金属物件交叉或接近，其间距小于 10cm 时，也应互相连接起来。

（4）汽车槽车、铁路槽车在装油之前，应与储油设备跨接并接地；装、卸完毕先拆除油管，后拆除跨接线和接地线，规程要求接地电阻不应大于 10Ω。

（四）增湿

局部环境的相对湿度宜增加至 50％以上。

（五）抗静电添加剂

抗静电添加剂是具有良好导电性或较强吸湿性的化学药剂。

（六）静电中和器

静电中和器是指将气体分子进行电离，产生消除静电所必要的离子（一般为正、负离子对）的机器，也称为静电消除器。使用静电中和器，让与带电物体上静电荷极性相反的离子去中和带电物体上的静电，以减少物体上的带电量。

（七）加强人体静电防护

为了防止人体静电的危害，在气体爆炸危险场所的等级属 0 区及 1 区时，作业人员应穿防静电工作服和防静电工作鞋、袜，佩戴防静电手套。禁止在静电危险场所穿脱衣物、帽子及类似物，并避免剧烈的身体运动。

· 典型例题 ·

1. 防雷装置包括外部防雷装置和内部防雷装置，外部防雷装置由接闪器和接地装置组成，内部防雷装置由避雷器、引下线和接地装置组成，下列安全技术要求中，正确的是（　　）。

　　A. 金属屋面不能作为外部防雷装置的接闪器

　　B. 独立避雷针的冲击接地电阻应小于 100Ω

　　C. 独立避雷针可与其他接地装置共用

　　D. 避雷器应装设在被保护设施的引入端

【解析】选项 A 错误，金属屋面可作为一个巨大的防护屏障，金属防护罩起到表面防护的作用将电流导走，是接闪器。选项 B 错误，独立避雷针的冲击接地电阻应小于 10Ω。选项 C 错误，独立避雷针应保持独立性，不可与其他接地装置共用。

2. 生产工艺过程中积累的静电可能会引起燃爆事故，还可能发生电击伤害。下列关于静电危害的说法，正确的是（　　）。

　　A. 静电能量大，静电电击会使人致命

　　B. 带静电的人体接近接地导体可能导致燃爆事故

　　C. 生产过程中产生的静电不影响产品质量

　　D. 静电电击不会对人造成二次伤害

【解析】带静电的人体接近接地导体或其他导体时，以及接地的人体接近带电的物体时，均可能发生火花放电，导致爆炸或火灾。

3. 防雷的分类是指建筑物按照其重要性、生产性质、遭受雷击的可能性和后果的严重性进行分类。下列属于第二类防雷建筑的是（　　）。

　　A. 火药制造车间及乙炔站

B. 省级档案馆

C. 具有 0 区或 20 区爆炸危险场所的建筑物

D. 具有 1 区或 21 区爆炸危险的场所，且电火花不易引起爆炸

E. 甲级大型体育馆

【解析】属于第二类防雷建筑的是：

(1) 国家级重点文物保护的建筑物。

(2) 国家级的会堂、办公建筑物、大型展览和博览建筑物、大型火车站和飞机场、国宾馆、国家级档案馆、大型城市的重要给水泵房等特别重要的建筑物。

注：飞机场不含停放飞机的露天场所和跑道。

(3) 国家级计算中心、国际通信枢纽等对国民经济有重要意义的建筑物。

(4) 国家特级和甲级大型体育馆。

(5) 制造、使用或贮存火炸药及其制品的危险建筑物，且电火花不易引起爆炸或不致造成巨大破坏和人身伤亡者。

(6) 具有 1 区或 21 区爆炸危险场所的建筑物，且电火花不易引起爆炸或不致造成巨大破坏和人身伤亡者。

(7) 具有 2 区或 22 区爆炸危险场所的建筑物。

(8) 有爆炸危险的露天钢质封闭气罐。

(9) 预计雷击次数大于 0.05 次/a 的部、省级办公建筑物和其他重要或人员密集的公共建筑物以及火灾危险场所。

(10) 预计雷击次数大于 0.25 次/a 的住宅、办公楼等一般性民用建筑物或一般性工业建筑物。

答案：1.D 2.B 3.DE

第五节　电气装置安全技术

一、变、配电站安全

变、配电站装有变压器、互感器、避雷器、电力电容器、高低压开关、高低压母线、电缆等多种高压设备和低压设备。

(一) 变、配电站位置

(1) 变、配电站应避开易燃易爆环境；变、配电站应设在企业的上风侧，并不得设在容易沉积粉尘和纤维的环境，不应设在人员密集的场所。

(2) 变、配电站的选址和建筑应考虑灭火、防蚀、防污、防水、防雨、防雪、抗振的要求。

(3) 地势低洼处不宜建变、配电站。变、配电站应有足够的消防通道并保持畅通。

(二) 建筑结构要求

(1) 高压配电室、低压配电室、油浸电力变压器室、电力电容器室、蓄电池室应为耐火建筑。

(2) 蓄电池室应隔离,室内油量 600kg 以上的充油设备必须有事故蓄油设施。储油坑应能容纳 100% 的油。

(3) 变、配电站各间隔的门应向外开启;门的两面都有配电装置时,应两边开启。门应为非燃烧体或难燃烧体材料制作的实体门。长度超过 7m 的高压配电室和长度超过 10m 的低压配电室至少应有两个门。

(三) 间距、屏护和隔离

(1) 变、配电站各部间距和屏护应符合专业标准的要求。

(2) 室外变、配电装置与建筑物应保持规定的防火间距。室内充油设备油量 60kg 以下者允许安装在两侧有隔板的间隔内,油量 60~600kg 者须装在有防爆隔墙的间隔内,600kg 以上者应安装在单独的间隔内。

(四) 通道

变、配电站室内各通道应符合要求。高压配电装置长度大于 6m 时,通道应设两个出口;低压配电装置两个出口间的距离超过 15m 时,应增加出口。

(五) 通风

蓄电池室、变压器室、电力电容器室应有良好的通风。

(六) 封堵

门窗及孔洞应设置网孔小于 10mm×10mm 的金属网,防止小动物钻入。通向站外的孔洞、沟道应予封堵。

(七) 标志

变配电站的重要部位应设有"止步,高压危险!"等标志。

(八) 联锁装置

断路器与隔离开关操动机构之间、电力电容器的开关与其放电负荷之间应装有可靠的联锁装置。

(九) 电气设备正常运行

(1) 电流、电压、功率因数、油量、油色、温度指示应正常;连接点应无松动、过热迹象。

(2) 门窗、围栏等辅助设施应完好。

(3) 声音应正常,应无异常气味。

(4) 瓷绝缘不得掉瓷、有裂纹和放电痕迹,并保持清洁。

(5) 充油设备不得漏油、渗油。

(十) 安全用具和灭火器材

变、配电站应备有绝缘杆、绝缘夹钳、绝缘靴、绝缘手套、绝缘垫、绝缘站台、各种标示牌、临时接地线、验电器、脚扣、安全带、梯子等各种安全用具。变、配电站应配备可用于带电灭火的灭火器材。

二、主要变配电设备安全

(一) 电力变压器

1. 变压器的安装

(1) 变压器各部件及本体的固定必须牢固。

(2) 电气连接必须良好,铝导体与变压器的连接应采用铜铝过渡接头。

(3) 在不接地的 10kV 系统中,变压器的接地一般是其低压绕组中性点、外壳及其阀型避雷器三者共用的接地。接地必须良好,接地线上应有可断开的连接点。

(4) 变压器防爆管喷口前方不得有可燃物体。

(5) 位于地下的变压器室的门、变压器室通向配电装置室的门、变压器室之间的门均应为防火门。

(6) 居住建筑物内安装的油浸式变压器，单台容量不得超过400kV·A。

(7) 10kV变压器壳体距门不应小于1m，距墙不应小于0.8m（装有操作开关时不应小于1.2m）。

(8) 采用自然通风时，变压器室地面应高出室外地面1.1m。

(9) 室外变压器容量不超过315kV·A者可在柱上安装，315kV·A以上者应在台上安装；一次引线和二次引线均应采用绝缘导线；柱上变压器底部距地面高度不应小于2.5m，裸导体距地面高度不应小于3.5m；变压器台高度一般不应低于0.5m，其围栏高度不应低于1.7m，变压器壳体距围栏不应小于1m，变压器操作面距围栏不应小于2m。

(10) 变压器室的门和围栏上应有"止步，高压危险！"的明显标志。

2. 变压器的运行

(1) 运行中变压器高压侧电压偏差不得超过额定值的±5%，低压最大不平衡电流不得超过额定电流的25%。上层油温一般不应超过85℃。

(2) 冷却装置应保持正常，呼吸器内吸潮剂的颜色应为淡蓝色。

(3) 通向气体继电器的阀门和散热器的阀门应在打开状态，防爆管的膜片应完整，变压器室的门窗、通风孔、百叶窗、防护网、照明灯应完好。

(4) 室外变压器基础不得下沉，电杆应牢固，不得倾斜。

(5) 干式变压器的安装场所应有良好的通风，且空气相对湿度不得超过70%。

（二）高压开关

1. 高压开关的特点和功能

高压开关主要包括高压断路器、高压隔离开关和高压负荷开关，其特点和功能见表2-29。

表2-29 高压开关的特点和功能

名称	特点	功能
高压断路器	有强力灭弧装置	既能在正常情况下接通和分断负荷电流，又能借助继电保护装置在故障情况下切断过载电流和短路电流
高压隔离开关（刀闸）	没有专门的灭弧装置	不能用来接通和分断负荷电流，也不能用来切断短路电流。主要用来隔断电源，以保证检修和倒闸操作安全
高压负荷开关	有比较简单的灭弧装置	用来接通和断开负荷电流。必须与有高分断能力的高压熔断器配合使用，由熔断器切断短路电流

2. 断路器与隔离开关之间的正确操作顺序

高压断路器必须与高压隔离开关或隔离插头串联使用，由断路器接通和分断电流，由隔离开关或隔离插头隔断电源。因此，切断电路时必须先拉开断路器，后拉开隔离开关；接通电路时必须先合上隔离开关，后合上断路器。高压断路器、高压隔离开关、高压负荷开关分别如图2-22、图2-23、图2-24所示。

 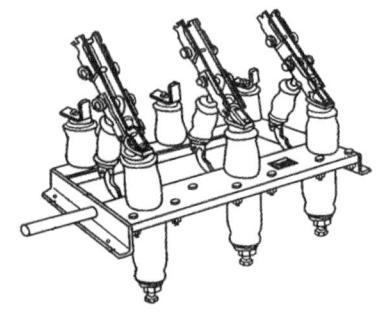 

图 2-22　高压断路器　　　图 2-23　高压隔离开关　　　图 2-24　高压负荷开关

三、配电柜（箱）

配电柜（箱）分动力配电柜（箱）和照明配电柜（箱），是配电系统的末级设备。

（一）配电柜（箱）的安装

（1）配电柜（箱）应用不可燃材料制作。

（2）触电危险性小的生产场所和办公室，可安装开启式的配电板。

（3）触电危险性大或作业环境较差的加工车间、铸造、锻造、热处理、锅炉房、木工房等场所，应安装封闭式箱柜。

（4）有导电性粉尘或产生易燃易爆气体的危险作业场所，必须安装密闭式或防爆型的电气设施。

（5）配电柜（箱）各电气元件、仪表、开关和线路应排列整齐、安装牢固、操作方便，柜（箱）内应无积尘、积水和杂物。

（6）落地安装的柜（箱）底面应高出地面50～100mm，操作手柄中心高度一般为1.2～1.5m，柜（箱）前方0.8～1.2m的范围内无障碍物。

（7）保护线连接可靠。

（8）柜（箱）以外不得有裸带电体外露，装设在柜（箱）外表面或配电板上的电气元件，必须有可靠的屏护。

（二）配电柜（箱）的运行

配电柜（箱）内各电气元件及线路应接触良好、连接可靠，不得有严重发热、烧损现象。配电柜（箱）的门应完好，门锁应有专人保管。

四、用电设备和低压电器

（一）电气设备外壳防护

根据《外壳防护等级（IP代码）》（GB/T 4208—2017）规定，电气设备的外壳防护包括固体异物进入壳内设备的防护、人体触及内部危险部件的防护、水进入内部的防护。外壳防护等级按图2-25所示方法标志。

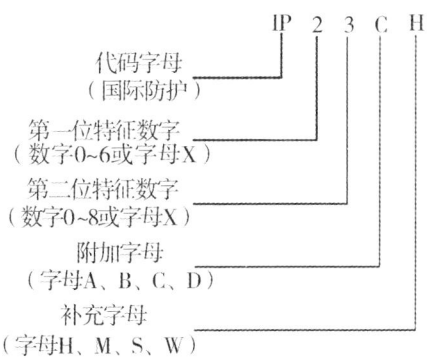

图 2-25 外壳防护等级代码标志

第一位特征数字所代表的防护等级见表 2-30；第二位特征数字所代表的防护等级见表 2-31。不要求规定特征数字时，其位置由字母"X"代替，附加字母和（或）补充字母可省略。

表 2-30 第一位特征数字所代表的防护等级简要说明

第一位特征数字	简要说明
0	无防护
1	防止手背接近危险部件；防止直径不小于 50mm 固体异物
2	防止手指接近危险部件；防止直径不小于 12.5mm 固体异物
3	防止工具接近危险部件；防止直径不小于 2.5mm 固体异物
4	防止直径不小于 1.0mm 的金属线接近危险部件；防止直径不小于 1.0mm 固体异物
5	防止直径不小于 1.0mm 的金属线接近危险部件；防尘
6	防止直径不小于 1.0mm 的金属线接近危险部件；尘密

表 2-31 第二位特征数字所代表的防护等级简要说明

第二位特征数字	简要说明
0	无防护
1	防止垂直方向滴水
2	防止当外壳在 15°范围内倾斜时垂直方向的滴水
3	防淋水
4	防溅水
5	防喷水
6	防猛烈喷水
7	防短时间浸水
8	防持续浸水

(二) 手持电动工具和移动式电气设备

手持电动工具包括手电钻、手砂轮、冲击电钻、电锤、手电锯等工具。移动式设备包括蛙夯、振捣器、水磨石磨光机等电气设备，其安全使用条件如下：

(1) Ⅱ类、Ⅲ类设备没有保护接地或保护接零的要求；Ⅰ类设备必须采取保护接地或保护接零措施。设备的保护线应接保护干线。

(2) 移动式电气设备的电源插座和插销应有专用的接零（地）插孔和插头。

(3) 一般场所，手持电动工具应采用Ⅱ类设备。如果使用Ⅰ类设备，则应在电气线路中采用额定剩余动作电流不大于 30mA 的剩余电流动作保护器、隔离变压器等保护措施。

(4) 在潮湿或金属构架上等导电性能良好的作业场所，应使用Ⅱ类或Ⅲ类设备。

(5) 在锅炉内、金属容器内、管道内等狭窄的特别危险场所，应使用Ⅲ类设备。如果使用Ⅱ类设备，则必须装设额定漏电动作电流不大于 15mA、动作时间不大于 0.1s 的漏电保护器，而且，Ⅲ类设备的隔离变压器、Ⅱ类设备的漏电保护器以及Ⅱ、Ⅲ类设备控制箱和电源连接器等必须放在作业场所的外面。在狭窄作业场所操作时，应有人在外监护。

(6) 使用Ⅰ类设备应配用绝缘手套、绝缘鞋、绝缘垫等安全用具。

(7) 绝缘电阻合格，带电部分与可触及导体之间的绝缘电阻Ⅰ类设备不低于 2MΩ，Ⅱ类设备不低于 7MΩ。

(三) 低压电器

1. 低压电器的类别

控制电器：刀开关、低压断路器、减压起动器、电磁起动器。

保护电器：熔断器、热继电器。

2. 低压控制电器的特点和性能

低压隔离开关（刀开关）：手动操作，没有或只有简单的灭弧机构；不能切断短路电流和较大的负荷电流。

低压断路器：有强有力的灭弧装置，能分断短路电流，有多种保护功能。

接触器：有灭弧装置，能分、合负荷电流，不能分断短路电流，能频繁操作。

3. 低压保护电器的特点和性能

低压保护电器的特点和性能见表 2-32。

表 2-32 低压保护电器的特点和性能

类别	特点和性能
热继电器	热继电器的核心元件是热元件，利用电流的热效应实施保护作用。当热元件温度达到设定值时迅速动作，并通过控制触头断开主电路 热继电器和热脱扣器的热容量较大，动作延时也较大，只宜用于过载保护，不能用于短路保护
熔断器	熔断器是将易熔元件串联在线路上，遇到短路电流时迅速熔断来实施保护的保护电器。易熔元件刚刚不会熔断的电流称为临界电流。在有冲击电流出现的线路上，熔断器不可用作过载保护元件

五、电气安全检测仪器

(一) 兆欧表

1. 兆欧表概要

绝缘电阻是电气设备最基本的性能指标。现场应用兆欧表测量绝缘电阻。兆欧表有指针式兆欧表和数字式兆欧表。

2. 兆欧表使用

(1) 被测设备必须停电。对于有较大电容的设备,停电后还必须充分放电。

(2) 测量连接导线不得采用双股绝缘线,而应采用绝缘良好的单股线分开连接,以免双股线绝缘不良带来测量误差。

(3) 使用指针式兆欧表,摇把的转速应由慢至快,转速应稳定,不要时快时慢。一般在转速 120r/min 左右时持续摇动 1min,待指针稳定后读数。

(4) 使用指针式兆欧表测量过程中,如果指针指向"0"位,表明被测绝缘已经失效。应立即停止转动摇把,防止烧坏兆欧表。

(5) 对于有较大电容的线路和设备,测量终了也应进行放电。

(6) 测量尽可能在设备刚停止运转时进行,以使测量结果符合运转时的实际温度。

(二) 接地电阻测量仪

接地电阻测量仪的使用:

(1) 正确选定测量电极的位置。

(2) 尽可能将被测接地与电力网分开。

(3) 测量电极间的连线应避免与邻近的高压架空线路平行,以防止感应电压的危险。

(4) 雷雨天气不得测量防雷接地装置的接地电阻。

(5) 使用机械式接地电阻测量仪测量时,摇把的转速应由慢至快,至 120r/min 左右时调节电位器,边调边摇。

(三) 其他电气安全检测仪器

1. 谐波检测仪

监测电力系统中谐波能量的仪器。

2. 红外测温仪

利用热辐射体在红外波段的辐射通量来测量温度,属于非接触式测量。

3. 可燃气体检测

不同类型的可燃气体检测仪由传感器(探测器)、测量电路和显示单元组成。

扫码听课

· 典型例题 ·

1. 高压开关种类很多,其中既能在正常情况下接通和分断负荷电流,又能借助继电保护装置在故障情况下切断短路电流的高压开关是( )。

A. 高压隔离开关

B. 高压联锁装置

C. 高压断路器

D. 高压负荷开关

【解析】高压断路器是高压开关设备中最重要、最复杂的开关设备。高压断路器有强力灭弧装置,既能在正常情况下接通和分断负荷电流,又能借助继电保护装置在故障情况下切断过载电流和短路电流，选项 C 正确。

2. 下列关于使用手持电动工具和移动式电气设备的说法中，错误的是（　　）。

   A. Ⅰ类设备必须采取保护接地或保护接零措施

   B. 一般场所，手持电动工具采用Ⅱ类设备

   C. Ⅱ类设备带电部分与可触及导体之间的绝缘电阻不低于2MΩ

   D. 在潮湿或金属构架等导电性能好的作业场所，主要应使用Ⅱ类或Ⅲ类设备

   【解析】带电部分与可触及导体之间的绝缘电阻：Ⅰ类设备不低于2MΩ，Ⅱ类设备不低于7MΩ，Ⅲ类设备不低于1MΩ，选项 C 错误。

3. 热继电器和断器通过自身动作或熔断达到保护电气设备安全的目的。下列关于热电器或熔断器的功能、原理及使用情形的说法，正确的是（　　）

   A. 热继电器仅能用于电气设备的短路保护

   B. 热继电器的保护作用是基于电流的热效应

   C. 熔断器是将易熔元件并联在电气线路上

   D. 熔断器可用于有冲击电流线路的过载保护

   【解析】热继电器的热容量较大，动作延时也较大，只宜用于过载保护，不能用于短路保护，选项 A 错误。热继电器的核心元件是热元件，利用电流的热效应实施保护作用，选项 B 正确。熔断器是将易熔元件串联在线路上，遇到短路电流时迅速熔断来实施保护的保护电器，选项 C 错误。由于易熔元件的热容量小，动作很快，熔断器可用作短路保护元件；在有冲击电流出现的线路上，熔断器不可用作过载保护元件，选项 D 错误。

4. 特低电压是在一定条件下、一定时间内不危及生命安全的电压，既能防止间接接触电击也能防止直接接触电击，按照触电防护方式分类，由特低电压供电的设备属于（　　）。

   A. 0类设备　　　　　　　　　　B. Ⅰ类设备

   C. Ⅱ类设备　　　　　　　　　　D. Ⅲ类设备

   【解析】Ⅲ类设备依靠安全特低电压供电以防止触电，Ⅲ类设备内不得产出高出安全电压的电压。

   答案：1.C　2.C　3.B　4.D

同步强化训练

一、单项选择题

1. 产生静电的方式有很多，当带电雾滴或粉尘撞击导体时，会产生静电，这种静电产生的方式属于（　　）。

   A. 接触—分离起电　　　　　　　B. 破断起电

   C. 感应起电　　　　　　　　　　D. 电荷迁移

2. 电伤是由电流的热效应、化学效应、机械效应对人体造成的伤害。下列各种电伤中，最为严重的是（　　）。

   A. 皮肤金属化　　　　　　　　　B. 电流灼伤

   C. 电弧烧伤　　　　　　　　　　D. 电烙印

3. 下列关于雷电破坏性的说法中，错误的是（　　）。

   A. 直击雷具有机械效应、热效应

B. 闪电感应不会在金属管道上产生雷电波

C. 雷电劈裂树木是雷电流使树木中的气体急剧膨胀或水汽化所导致

D. 雷击时电视和通信受到干扰，源于雷击产生的静电场突变和电磁辐射

4. 良好的绝缘是保证电气设备安全运行的重要条件。各种电气设备的绝缘电阻必须定期试验。下列几种仪表中，可用于测量绝缘电阻的仪表应该是（　　）。

   A. 接地电阻测量仪

   B. 模拟式万用表

   C. 兆欧表

   D. 数字式万用表

5. 漏电保护又称剩余电流保护。漏电保护是一种防止电击导致严重后果的重要技术手段。但是漏电保护不是万能的。下列触电状态中，漏电保护不能起保护作用的是（　　）。

   A. 人站在木桌上同时触及相线和中性线

   B. 人站在地上触及一根带电导线

   C. 人站在地上触及漏电设备的金属外壳

   D. 人坐在接地的金属台上触及一根带电导线

6. 安全电压确定值的选用要根据使用环境和使用方式等因素确定。对于金属容器内、特别潮湿处等特别危险环境中使用的手持照明灯应采用的安全电压是（　　）V。

   A. 12 B. 24

   C. 36 D. 42

7. 直接接触电击是人体触及正常状态下带电的带电体时发生的电击。预防直接接触电击的正确措施是（　　）。

   A. 绝缘、屏护和间距 B. 保护接地、屏护

   C. 保护接地、保护接零 D. 绝缘、保护接零

8. 接地保护和接零保护是防止间接接触电击的基本技术措施，其类型有 IT 系统（不接地配电网、接地保护）、TT 系统（接地配电网、接地保护）、TN 系统（接地配电网、接零保护）。存在火灾爆炸危险的生产场所，必须采用（　　）系统。

   A. TN-C B. TN-C-S

   C. TN-S-C D. TN-S

9. 保护接地的做法是将电气设备故障情况下可能呈现危险电压的金属部位经接地线同大地紧密地连接起来。下列关于保护接地的说法中，正确的是（　　）。

   A. 保护接地的安全原理是通过高电阻接地，把故障电压限制在安全范围以内

   B. 保护接地防护措施可以消除电气设备漏电状态

   C. 保护接地不适用于所有不接地配电网

   D. 保护接地是防止间接接触电击的安全技术措施

10. 爆炸危险场所电气设备的类型必须与所在区域的危险等级相适应。因此，必须正确划分区域的危险等级。对于气体、蒸汽爆炸危险场所，正常运行时预计周期性出现或偶然出现爆炸性气体、蒸汽或薄雾的区域应将其危险等级划分为（　　）区。

    A. 0 B. 1

    C. 2 D. 20

11. 当施加于绝缘材料上的电场强度高于临界值时，绝缘材料发生破裂或分解，完全失去绝缘

能力,这种现象就是绝缘击穿。固体绝缘的击穿有电击穿、热击穿、电化学击穿、放电击穿等形式。其中,电击穿的特点是(   )。

A. 作用时间短、击穿电压低 B. 作用时间短、击穿电压高
C. 作用时间长、击穿电压低 D. 作用时间长、击穿电压高

二、多项选择题

1. 触电事故分为电击和电伤,电击是电流直接作用于人体所造成的伤害;电伤是电流转换成热能、机械能等其他形式的能量作用于人体造成的伤害。人触电时,可能同时遭到电击和电伤。电击的主要特征有(   )。

    A. 致命电流小
    B. 主要伤害人的皮肤和肌肉
    C. 人体表面受伤后留有大面积明显的痕迹
    D. 受伤害的严重程度与电流的种类有关
    E. 受伤害程度与电流的大小有关

2. 由电气引燃源引起的火灾和爆炸在火灾、爆炸事故中占有很大的比例。电气设备在异常状态产生的危险温度和电弧(包括电火花)都可能引燃成灾甚至直接引起爆炸。下列电气设备的异常状态中,可能产生危险温度的有(   )。

    A. 线圈发生短路
    B. 集中在某一点发生漏电
    C. 电源电压过低
    D. 在额定状态下长时间运行
    E. 在额定状态下间歇运行

3. 电击分为直接接触电击和间接接触电击,针对电击的类型应当采取相应的安全技术措施。下列说法中,属于间接接触电击的有(   )。

    A. 电动机漏电,手指直接碰到电动机的金属外壳
    B. 起重机碰高压线,挂钩工人遭到电击
    C. 电动机接线盒盖脱落,手持金属工具碰到接线盒内的接线端子
    D. 电风扇漏电,手背直接碰到风扇的金属护网
    E. 检修工人手持电工刀割破带电的导线

>>> **参考答案及解析** <<<

一、单项选择题

1.【答案】D

【解析】静电的起电方式有以下几种:①接触—分离起电,两种物体接触,其间距小于(25×10−8)cm时,由于不同原子得失电子的能力不同,不同原子外层电子的能级不同,其间即发生电子的转移;②破断起电,材料破断后能在宏观范围内导致正、负电荷的分离,即产生静电;③感应起电;④电荷迁移,当一个带电体与一个非带电体接触时,电荷将发生迁移而使非电体带电。例如,当带电雾滴或粉尘撞击导体时,便会产生电荷迁移;当气体离子流射在不带电的物体上时,也会产生电荷迁移。

2.【答案】C

【解析】电弧烧伤指由弧光放电造成的烧伤，是最严重的电伤。

3. 【答案】B

【解析】直击雷和闪电感应都能在架空线路、电缆线路或金属管道上产生沿线路或管道两个方向迅速传播的闪电电涌（即雷电波）侵入，选项B错误。

4. 【答案】C

【解析】绝缘电阻是衡量绝缘性能优劣的最基本的指标。绝缘材料的电阻通常用兆欧表（摇表）测量。

5. 【答案】A

【解析】剩余电流动作保护装置（RCD）又称漏电保护装置，其主要功能是提供间接接触电击保护。选项A所述情况没有对地放电，不产生漏电电流，所以漏电保护不能起保护作用。

6. 【答案】A

【解析】我国国家标准特低电压的限值规定，其额定值（工频有效值）的等级为：42V、36V、24V、12V和6V。不同条件下的电压值选择如下：

(1) 特别危险环境中使用的手持电动工具应采用42V特低电压。

(2) 有电击危险环境中使用的手持照明灯和局部照明灯应采用36V或24V特低电压。

(3) 金属容器内、特别潮湿处等特别危险环境中使用的手持照明灯应采用12V特低电压。

(4) 水下作业等场所应采用6V特低电压。

7. 【答案】A

【解析】绝缘、屏护和间距是直接接触电击的基本防护措施。其主要作用是防止人体触及或过分接近带电体造成触电事故以及防止短路、故障接地等电气事故，选项A正确。

8. 【答案】D

【解析】有爆炸危险、火灾危险性大及其他安全要求高的场所应采用TN-S系统；厂内低压配电场所及民用楼房应采用TN-C-S系统；触电危险性小、用电设备简单的场合可采用TN-C系统，选项D正确。

9. 【答案】D

【解析】间接接触电击防护措施：IT系统（保护接地）；TT系统；TN系统（保护接零）。保护接地的安全原理是通过低电阻接地，把故障电压限制在安全范围以内，选项A错误。漏电状态并未因保护接地而消失，选项B错误。保护接地适用于各种不接地配电网，选项C错误。

10. 【答案】B

【解析】根据爆炸性气体混合物出现的频繁程度和持续时间，对危险场所分区，分为0区、1区、2区，1区指正常运行时可能出现爆炸性气体、蒸汽或薄雾的区域。

11. 【答案】B

【解析】电击穿也是碰撞电离导致的击穿，电击穿的特点是时间短、击穿电压高。

二、多项选择题

1. 【答案】DE

【解析】电流对人体的伤害程度与通过人体电流的大小、种类、持续时间、通过途径及人体状况等多种因素有关，选项D、E正确。

2. 【答案】ABC

【解析】电气引燃源产生的危险温度有短路、过载、漏电、接触不良、铁心过热、散热不良、机械故障、电压异常、电热器具和照明器具、电磁辐射能量。选项 C，电压过低时，对于恒功率设备，还会使电流增大而发热，而产生危险温度。

3. 【答案】AD

   【解析】根据电击时所触及的带电体是否为正常带电状态，电击分为直接接触电击和间接接触电击两类。直接接触电击是人体触及正常状态下带电的带电体时发生的电击。间接接触电击是人体触及正常状态下不带电而故障状态下带电的带电体时发生的电击。对于选项 A，电动机金属外壳正常状态不带电，电动机漏电可能导致其外壳带电，所以选项 A 为间接接触电击；对于选项 B 属于直接接触电击；而选项 C，接线盒内的接线端子在正常情况下是带电的，所以为直接接触电击；选项 E，正常状态下导线为带电状态，造成的电击应为直接接触电击。所以选项 A、D 符合题意。

第三章
特种设备安全技术

运用特种设备安全相关技术和标准，辨识、分析、评价特种设备和作业过程中存在的安全风险，解决锅炉、压力容器（含气瓶）、压力管道、电梯、起重机械、场（厂）内专用机动车道、客运索道、大型游乐设施等特种设备安全技术问题。

第一节　特种设备事故的类型

一、特种设备的基本概念

根据《特种设备安全监察条例》,特种设备是指涉及生命安全、危险性较大的锅炉、压力容器(含气瓶,下同)、压力管道、电梯、起重机械、客运索道、大型游乐设施和场(厂)内专用机动车辆。

特种设备依据其主要工作特点,分为承压类特种设备和机电类特种设备。特种设备种类、概念及判定标准见表 3-1。

表 3-1　特种设备种类、概念及判定标准

种类		概念	判定标准
承压类特种设备	锅炉	利用各种燃料、电或者其他能源,将所盛装的液体加热到一定的参数,并通过对外输出介质的形式提供热能的设备	设计正常水位容积≥30L,且额定蒸汽压力≥0.1MPa(表压)的承压蒸汽锅炉 出口水压≥0.1MPa(表压),且额定功率≥0.1MW 的承压热水锅炉 额定功率≥0.1MW 的有机热载体锅炉
	压力容器	盛装气体或者液体,承载一定压力的密闭设备	最高工作压力≥0.1MPa(表压)的气体、液化气体和最高工作温度≥标准沸点的液体,容积≥30L 且内直径(非圆形截面指截面内边界最大几何尺寸)≥150mm 的固定式容器和移动式容器 盛装公称工作压力≥0.2MPa(表压),且压力与容积的乘积≥1.0MPa·L 的气体、液化气体和标准沸点等于或者低于 60℃液体的气瓶、氧舱
	压力管道	利用一定的压力,用于输送气体或者液体的管状设备	最高工作压力≥0.1MPa(表压),介质为气体、液化气体、蒸汽或者可燃、易爆、有毒、有腐蚀性、最高工作温度≥标准沸点的液体,且公称直径≥50mm 的管道 公称直径小于 150mm,且其最高工作压力小于 1.6MPa(表压)的输送无毒、不可燃、无腐蚀性气体的管道和设备本体所属管道除外

续表

	种类	概念	判定标准
机电类特种设备	电梯	动力驱动，利用沿刚性导轨运行的厢体或者沿固定线路运行的梯级（踏步），进行升降或者平行运送人、货物的机电设备	(1) 包括载人（货）电梯、自动扶梯、自动人行道等 (2) 非公共场所安装且仅供单一家庭使用的电梯除外
	起重机械	用于垂直升降或者垂直升降并水平移动重物的机电设备	(1) 额定起重量≥0.5t的升降机 (2) 额定起重量≥3t（或额定起重力矩≥40t·m的塔式起重机，或生产率≥300t/h的装卸桥），且提升高度≥2m的起重机 (3) 层数≥2层的机械式停车设备
	客运索道	动力驱动，利用柔性绳索牵引厢体等运载工具运送人员的机电设备	(1) 包括客运架空索道、客运缆车、客运拖牵索道等 (2) 非公用客运索道和专用于单位内部通勤的客运索道除外
	大型游乐设施	用于经营目的，承载乘客游乐的设施	(1) 设计最大运行线速度≥2m/s，或者运行高度距地面≥2m的载人大型游乐设施 (2) 用于体育运动、文艺演出和非经营活动的大型游乐设施除外
	场（厂）内专用机动车辆	除道路交通、农用车辆以外仅在工厂厂区、旅游景区、游乐场所等特定区域使用的专用机动车辆	叉车

二、锅炉基础知识

（一）锅炉的定义

锅炉是指利用燃料燃烧释放的热能或其他热能加热水或其他工质，以生产规定参数（温度、压力）和品质的蒸汽、热水或其他工质的设备。

（二）锅炉的组成及工作原理

锅炉由"锅"和"炉"以及相配套的附件、自控装置、附属设备组成。"锅"是指锅炉接受热量，并将热量传给水、汽、导热油等工质的受热面系统，是锅炉中储存或输送水或蒸汽的密闭受压部分，主要包括锅筒（或锅壳）、水冷壁、过热器、再热器、省煤器、对流管束及集箱等。"炉"是指燃料燃烧产生高温烟气，将化学能转化为热能的空间和烟气流通的通道—炉膛和烟道，主要包括燃烧设备和炉墙等。电站锅炉组成如图3-1所示，工业锅炉组成如图3-2所示。

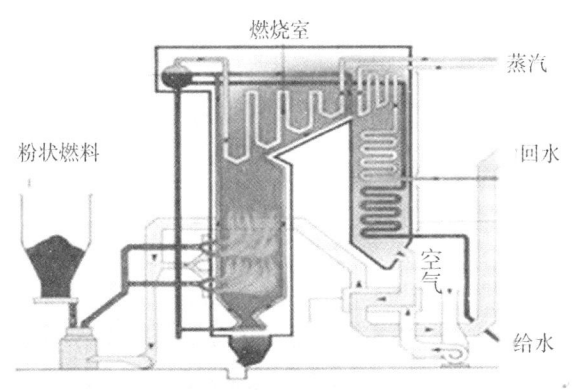

图 3-1 电站锅炉组成　　　　　图 3-2 工业锅炉组成

(三) 锅炉的分类

(1) 按用途分为电站锅炉、工业锅炉。

①电站锅炉：用锅炉产生的蒸汽带动汽轮机发电用的锅炉，如图 3-3 所示。

②工业锅炉：产生的蒸汽或热水主要用于工业生产和/或民用的锅炉，如图 3-4 所示。

图 3-3 电站锅炉　　　　　图 3-4 工业锅炉

(2) 按锅炉产生的蒸汽压力分为超临界压力锅炉、亚临界压力锅炉、超高压锅炉、高压锅炉、中压锅炉、低压锅炉。

①出口蒸汽压力超过水蒸气的临界压力 (22.1MPa) 的锅炉称为超临界压力锅炉。

②出口蒸汽压力低于但接近于临界压力 (一般为 15.7～19.6MPa) 的锅炉称为亚临界压力锅炉。

③出口蒸汽压力一般为 11.8～14.7MPa 的锅炉称为超高压锅炉。

④出口蒸汽压力一般为 7.84～10.8MPa 的锅炉称为高压锅炉。

⑤出口蒸汽压力一般为 2.45～4.90MPa 的锅炉称为中压锅炉。

⑥出口蒸汽压力一般不大于 2.45MPa 的锅炉称为低压锅炉。

(3) 按锅炉的蒸发量分为大型、中型、小型锅炉。

①蒸发量大于 75t/h 的锅炉称为大型锅炉。

②蒸发量为 20～75t/h 的锅炉称为中型锅炉。

③蒸发量小于 20t/h 的锅炉称为小型锅炉。

(4) 按载热介质分为蒸汽锅炉、热水锅炉和有机热载体锅炉。

①锅炉出口介质为饱和蒸汽或者过热蒸汽的锅炉称为蒸汽锅炉。

②锅炉出口介质为高温水（＞120℃）或者低温水（120℃以下）的锅炉称为热水锅炉。

③以有机质液体作为热载体工质的锅炉称为有机热载体锅炉。

（5）按热能来源分为燃煤锅炉、燃油锅炉、燃气锅炉、废热锅炉、电热锅炉。

（6）按锅炉结构分为锅壳锅炉、水管锅炉。

三、压力容器基础知识

（一）压力容器的定义

压力容器，一般泛指在工业生产中盛装用于完成反应、传质、传热、分离和储存等生产工艺过程的气体或液体，并能承载一定压力的密闭设备。

（二）压力容器的工作特性

1. 结构特点

压力容器一般由筒体（又称壳体）、封头（又称端盖）、法兰、密封元件、开孔与接管（人孔、手孔、视镜孔、物料进出口接管）、附件（液位计、流量计、测温管、安全阀等）和支座等组成。

2. 相关参数

（1）压力。

一是在容器外产生（增大）的，二是在容器内产生（增大）的。

①最高工作压力。指在正常操作情况下，容器顶部可能出现的最高压力。

②设计压力。指在相应设计温度下用以确定容器壳体厚度及其元件尺寸的压力，即标注在容器铭牌上的设计压力。压力容器的设计压力值不得低于最高工作压力。

（2）温度。

①工作温度。指容器内部工作介质在正常操作过程中的温度，即介质温度。

②金属温度。指容器受压元件沿截面厚度的平均温度。任何情况下，元件金属的表面温度不得超过钢材的允许使用温度。

③设计温度。指容器在正常操作时，在相应设计压力下，壳壁或元件金属可能达到的最高或最低温度。当壳壁或元件金属的温度低于-20℃时，按最低温度确定设计温度；除此之外，设计温度一律按最高温度选取。

（3）介质。

①按物质状态分类，有气体、液体、液化气体、单质和混合物等。

②按化学特性分类，有可燃、易燃、惰性和助燃四种。

③按对人类毒害程度，分为极度危害（Ⅰ）、高度危害（Ⅱ）、中度危害（Ⅲ）、轻度危害（Ⅳ）四级。

④按对容器材料的腐蚀性分为强腐蚀性、弱腐蚀性和非腐蚀性。

（三）压力容器的分类

1. 按压力等级划分

按承压方式分类，压力容器可以分为内压容器和外压容器。

（1）内压容器按设计压力（P）可以划分为：①低压容器，$0.1\text{MPa} \leqslant P < 1.6\text{MPa}$；②中

压容器，1.6MPa≤P＜10.0MPa；③高压容器，10.0MPa≤P＜100.0MPa；④超高压容器，P≥100.0MPa。

(2) 外压容器中，当容器的内压力小于一个绝对大气压（约0.1MPa）时，又称为真空容器。

2. 按容器在生产中的作用划分

压力容器按容器在生产中的作用分类见表3-2。

表3-2 按容器在生产中的作用分类

分类	特征	举例
换热压力容器	用于完成介质的热量交换	热交换器、冷却器、冷凝器、蒸发器
分离压力容器	用于完成介质的流体压力平衡缓冲和气体净化分离	分离器、过滤器、集油器、洗涤器、吸收塔、干燥塔、汽提塔、分汽缸、除氧器
储存压力容器	用于储存、盛装气体、液体、液化气体等介质	储罐、缓冲罐、消毒锅、印染机、烘缸、蒸锅
反应压力容器	用于完成介质的物理、化学反应	各种反应器、反应釜、合成塔、聚合釜等

3. 按安装方式划分

(1) 固定式压力容器。指安装在固定位置使用的压力容器，如生产车间内的储罐、球罐、塔器、反应釜等。

(2) 移动式压力容器。指由单个或多个压力容器罐体与行走装置、定型汽车底盘或者无动力半挂行走机构或框架组成，采用永久性连接，适用于铁路、公路、水路的运输装备，包括汽车罐车、铁路罐车、罐式集装箱、长管拖车等。这类压力容器使用时不仅承受内压或外压载荷，搬运过程中还会受到由内部介质晃动引起的冲击力，以及运输过程中带来的外部撞击和振动载荷，因而在结构、使用和安全方面均有特殊的要求。

4. 按制造许可划分

《锅炉压力容器制造监督管理办法》将压力容器划分为A、B、C、D四个许可级别，见表3-3。

表3-3 压力容器的许可分类

级别	制造压力容器范围
A	超高压容器、高压容器（A1）；第三类低、中压容器（A2）；球形储罐现场组焊或球壳板制造（A3）；非金属压力容器（A4）；医用氧舱（A5）
B	无缝气瓶（B1）；焊接气瓶（B2）；特种气瓶（B3）
C	铁路罐车（C1）；汽车罐车或长管拖车（C2）；罐式集装箱（C3）
D	第一类压力容器（D1）；第二类低、中压容器（D2）

5. 按安全技术管理划分

《固定式压力容器安全技术监察规程》将压力容器划分为三类（Ⅰ、Ⅱ、Ⅲ类）。

(1) 压力容器的介质分为以下两组：

第一组介质：毒性程度为极度危害、高度危害的化学介质，易爆介质，液化气体。其压力容器类别的划分如图 3-5 所示。

第二组介质：由除第一组以外的介质组成。其压力容器类别的划分如图 3-6 所示。

（2）按照介质特性分组后选择分类图，再根据设计压力 P（单位：MPa）和容积 V（单位：m^3），标出坐标点，确定容器类别。

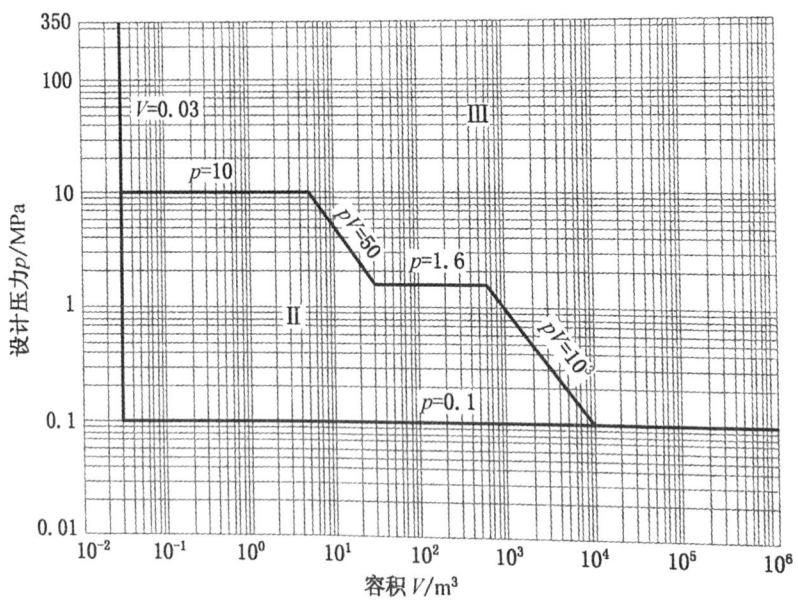

图 3-5　压力容器分类图——第一组介质（《固定式压力容器安全技术监察规程》）

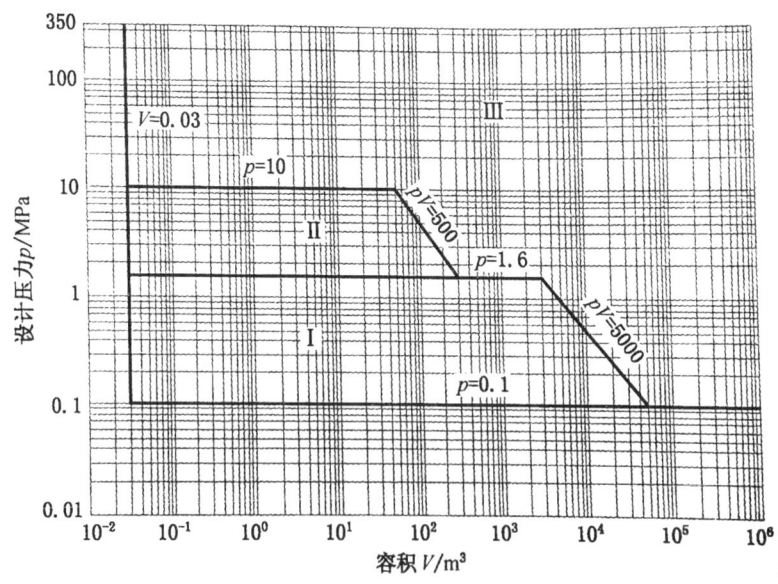

图 3-6　压力容器分类图——第二组介质

四、压力管道基础知识

（一）压力管道的定义

在生产和生活中用于输送流体介质，并能承载一定压力的密闭管状设备，统称压力管道。

（二）压力管道的工作原理及工作特性

1. 工作原理

依靠外界的动力或者是介质本身的驱动力将该条管道源头的介质输送到该条管道的终点。

2. 输送介质特性

压力管道输送的介质均为流体介质，包括气体、液化气体、蒸汽、可燃、易爆、有毒、有腐蚀性、最高工作温度高于或者等于标准沸点的液体。

3. 结构特点

压力管道由管子、管件、阀门、补偿器等压力管道元件以及安全保护装置（安全附件）、附属设施等组成。

4. 工作特点

（1）应用广泛。

（2）管道体系庞大。

（3）管道空间变化大。

（4）腐蚀机理和材料损伤复杂。

（三）压力管道的分类

压力管道的分类见表3-4。

表3-4 压力管道的分类

划分依据	类别
按主体材料	金属管道和非金属管道
按敷设位置	架空管道、埋地管道、地沟敷设管道
按介质压力	超高压管道（>42MPa）
	高压管道（10MPa～42MPa）
	中压管道（1.6MPa～10MPa）
	低压管道（<1.6MPa）
按介质温度	高温管道（>200℃）
	常温管道（-29℃～200℃）
	低温管道（<-29℃）
按管道用途	长输油气管道、城镇燃气管道、热力管道、工业管道（包括工艺管道、公用工程管道）、动力管道、制冷管道
安全监督管理	长输管道（GA类）、公用管道（GB类）、工业管道（GC类）

五、起重机械基础知识

（一）起重机械的分类

（1）桥式起重机，包括通用桥式起重机、防爆桥式起重机、绝缘桥式起重机、冶金桥式起重机、电动单梁起重机、电动葫芦桥式起重机。

（2）门式起重机，包括通用门式起重机、防爆门式起重机、轨道式集装箱门式起重机、轮胎式集装箱门式起重机、岸边集装箱门式起重机、造船门式起重机、电动葫芦门式起重机、装卸桥架桥机。

（3）塔式起重机，包括普通塔式起重机、电站塔式起重机。

（4）流动式起重机，包括轮胎起重机、履带起重机、集装箱正面吊运起重机、铁路起重机。

（5）门座式起重机，包括门座起重机、固定式起重机。

（6）升降机，包括施工升降机、简易升降机。

（7）其他起重机，包括缆索式起重机、桅杆式起重机、机械式停车设备。

(二) 起重机械安全正常工作的条件

（1）金属结构和机械零部件应具有足够的强度、刚性和抗屈曲能力。

（2）整机必须具有必要的抗倾覆稳定性。

（3）原动机具有满足作业性能要求的功率，制动装置提供必需的制动力矩。

六、场（厂）内专用机动车辆基础知识

场（厂）内专用机动车辆是指除道路交通、农用车辆以外仅在工厂厂区、旅游景区、游乐场所等特定区域使用的专用机动车辆。

(一) 场（厂）内专用机动车辆的分类

根据《特种设备目录》规定，场（厂）内专用机动车辆主要包括叉车和非公路用旅游观光车辆。

(二) 场（厂）内专用机动车辆正常工作的条件

（1）车辆的技术性能、动力性能、制动性能、承载能力、运行方向的控制能力和产品标识符合要求。

（2）满载作业时的纵向、横向稳定性，满载运行时的纵向稳定性，空载运行时的横向稳定性满足要求。

（3）车辆的动力输出能力、工作装置的控制和标识符合要求。

（4）车辆的各种安全保护装置，监测、指示、仪表、报警等自动报警、信号装置应完好齐全。

（5）操作人员能够正确操作和维护车辆。

七、客运索道基础知识

(一) 客运索道的定义

客运索道是指用动力驱动，利用柔性绳索牵引箱体等运载工具运送人员的机电设备，包括客运架空索道、客运缆车、客运拖牵索道等。

(二) 客运索道分类

客运索道的分类见表 3-5。

表 3-5 客运索道的分类

名称	划分依据	类别
客运架空索道	索系	单线架空索道、双线架空索道
	吊具运行方向	循环式架空索道（连续循环式与脉动循环式）、往复式架空索道
	抱索器类型	固定抱索器、脱挂抱索器
	吊具类型	吊厢式、吊篮式、吊椅式
客运缆车	—	循环式缆车、往复式缆车
客运拖牵索道	高度以 2m 为界	高位拖牵索道、低位拖牵索道

八、游乐设施基础知识

（一）游乐设施的定义

《特种设备安全监察条例》所定义的大型游乐设施，是指用于经营目的，承载乘客游乐的设施，其范围规定为设计最大运行线速度大于或者等于 2m/s，或者运行高度距地面高于或者等于 2m 的载人游乐设施。

（二）游乐设施现场工作的条件

游乐设施在每日投入运营前，使用单位必须进行试运行和相应的安全检查，并记录检查情况。

每次运行前，作业和服务人员必须向游客讲解安全注意事项，并对安全装置进行检查确认。运行中要注意游客动态，及时制止游客的危险行为。

室外游乐设施在暴风雨等危险的天气条件下不得操作和使用；高度超过 20m 的游乐设施在风速大于 15m/s 时，必须停止运行。

在醒目之处张贴"乘客须知"，其内容应包括该设施的运动特点、适应对象、禁止事宜及注意事项等。

游乐设施的运行区域应用护栏或其他保护措施加以隔离，防止公众受到运行设施的伤害。当有人处于危险位置时，游乐设施禁止操作。

九、特种设备事故的类型

（一）锅炉事故

1. 锅炉事故发生原因

（1）超压运行。如安全阀、压力表等安全装置失灵，或者在水循环系统发生故障，造成锅炉压力超过许用压力，严重时会发生锅炉爆炸。

（2）超温运行。烟气流差或燃烧工况不稳定等因素，使锅炉出口气温过高、受热面温度过高，造成金属烧损或发生爆管事故。

（3）锅炉水位不合理。水位过低会引起严重缺水事故；水位过高会引起满水事故，长时间高水位运行，还容易使压力表管口结垢和堵塞，使压力表失灵而导致锅炉超压事故。

（4）水质管理不善。锅炉水垢太厚，又未定期排污，会使受热面水侧积存泥垢和水垢，热阻增大，而使受热面金属烧坏；给水中带有油质或给水呈酸性，会使金属壁过热或腐蚀；碱性过高，会使钢板产生苛性脆化。

（5）水循环被破坏。结垢会造成水循环被破坏；锅炉碱度过高，锅筒水面起泡沫、汽水共腾易使水循环遭到破坏。水循环被破坏，锅内的水况紊乱，有的受热面管子将发生倒流或停滞，或者造成"汽塞"，在停滞水流的管子内产生泥垢和水垢堵塞，从而烧坏受热面管子或发生爆炸事故。

（6）违章操作。锅炉工的误操作，错误的检修方法和不对锅炉进行定期检查等都可能导致事故的发生。

2. 锅炉事故应急措施

锅炉一旦发生事故，司炉人员应立即判断和查明事故原因，并及时进行事故处理。发生重大事故和爆炸事故时应启动应急预案，保护现场，并及时报告有关领导和监察机构。

发生锅炉爆炸事故时，必须设法躲避爆炸物和高温水、汽，在可能的情况下尽快将人员撤离现场；爆炸停止后立即查看是否有伤亡人员，并进行救助。

发生锅炉重大事故时，要停止供给燃料和送风，减弱引风；熄灭和清除炉膛内的燃料（指火床燃烧锅炉），注意不能用向炉膛浇水的方法灭火，而用黄砂或湿煤灰将红火压灭；打开炉门、灰门、烟风道闸门等，以冷却炉子；切断锅炉同蒸汽总管的联系，打开锅筒上放空排放或安全阀以及过热器出口集箱和疏水阀；向锅炉内进水、放水，以加速锅炉的冷却；但是发生严重缺水事故时，切勿向锅炉内进水。

3. 典型锅炉事故及预防

（1）锅炉爆炸事故。

锅炉爆炸事故的分类及原因见表3-6。

表3-6 锅炉爆炸事故的分类及原因

爆炸类型	原因
水蒸气爆炸	锅炉容器破裂，容器内液面上的压力瞬间下降为大气压力，原工作压力下高于100℃的饱和水成为极不稳定、在大气压力下难于存在的"过饱和水"，其中部分水瞬时汽化，体积骤然膨胀很多倍，形成爆炸
超压爆炸	安全阀、压力表不齐全、损坏或装设错误，操作人员擅离岗位或放弃监视责任，关闭或关小出汽通道，无承压能力的生活锅炉改作承压蒸汽锅炉
缺陷导致爆炸	锅炉主要承压部件出现裂纹、严重变形、腐蚀、组织变化等情况，虽然锅炉承受的压力未超过额定压力，但会导致主要承压部件丧失承载能力，突然大面积破裂
严重缺水导致爆炸	锅炉一旦严重缺水，直接受火焰加热的主要承压部件如锅筒、封头、管板、炉胆等部件得不到正常冷却，金属温度急剧上升甚至被烧红。此时给严重缺水的锅炉上水，往往酿成爆炸事故。长时间缺水干烧的锅炉也会爆炸

（2）锅炉缺水事故。

①锅炉缺水现象。当锅炉水位低于水位表最低安全水位刻度线时，即形成了锅炉缺水事故。锅炉缺水时，水位表内往往看不到水位，表内发白发亮。

②锅炉缺水后果。严重缺水会使锅炉蒸发受热面管子过热变形甚至烧塌，胀口渗漏，胀管

脱落，受热面钢材过热或过烧，降低或丧失承载能力，管子爆破，炉墙损坏，如锅炉缺水处理不当，甚至会导致锅炉爆炸。

③常见的锅炉缺水原因：a. 运行人员疏忽大意，对水位监视不严；或者操作人员擅离职守，没有对水位及其他仪表进行监视；b. 水位表故障造成假水位，而操作人员未及时发现；c. 水位报警器或给水自动调节器失灵而又未及时发现；d. 给水设备或给水管路故障，无法给水或水量不足；e. 操作人员排污后忘记关排污阀，或者排污阀泄漏；f. 水冷壁、对流管束或省煤器管子爆破漏水。

④锅炉缺水的处理。

首先通过"叫水"判断轻微缺水还是严重缺水。"叫水"的操作方法是：打开水位表的放水旋塞冲洗汽连管及水连管，关闭水位表的汽连接管旋塞，关闭放水旋塞。如果水位表中有水位出现，则为轻微缺水；如果水位表内仍无水位出现，说明水位已降到水连管以下甚至更严重，属于严重缺水。

轻微缺水时，可以立即向锅炉上水，使水位恢复正常；如果上水后水位仍不能恢复正常，应立即停炉检查。严重缺水时，必须紧急停炉。在未判定缺水程度或者已判定属于严重缺水的情况下，严禁给锅炉上水，以免造成锅炉爆炸事故。

（3）锅炉满水事故。

锅炉水位高于水位表最高安全水位刻度线的现象，称为锅炉满水。

①锅炉满水事故的现象。锅炉满水时，水位表内也往往看不到水位，但表内发暗，这是满水与缺水的重要区别。满水发生后，高水位报警器动作并发出警报，过热蒸汽温度降低，给水流量不正常地大于蒸汽流量。严重满水时，锅水可进入蒸汽管道和过热器，造成水击及过热器结垢。因而满水的主要危害是降低蒸汽品质，损害以致破坏过热器。

②锅炉满水事故的原因：a. 运行人员在操作锅炉时注意力不集中，疏忽大意，不精心监视水位，当锅炉负荷降低时没有及时减少给水量；b. 水位表故障造成假水位，而运行人员未及时发现；c. 水位报警器及给水自动调节器失灵而又未能及时发现。

③锅炉满水事故的处理。发现锅炉满水后，应冲洗水位表，检查水位表有无故障；一旦确认满水，应立即关闭给水阀停止向锅炉上水，启用省煤器再循环管路，减弱燃烧，开启排污阀及过热器、蒸汽管道上的疏水阀；待水位恢复正常后，关闭排污阀及各疏水阀；查清事故原因并予以消除，恢复正常运行。如果满水时出现水击，则在恢复正常水位后，还须检查蒸汽管道、附件、支架等，确定无异常情况，才可恢复正常运行。

（4）汽水共腾事故。

锅炉蒸发表面（水面）汽水共同升起，产生大量泡沫并上下波动翻腾，锅内的汽、水不能进行完善的分离，大量锅水随蒸汽带出而危及锅炉安全运行的事故。

①汽水共腾事故的现象：a. 发生汽水共腾时，水位表内也出现泡沫，水位急剧波动，汽水界线难以分清；b. 过热蒸汽温度急剧下降；c. 严重时，蒸汽管道内发生水冲击；d. 蒸汽带水，降低蒸汽品质，造成过热器结垢及水击振动，损坏过热器或影响用汽设备的安全运行。

②汽水共腾事故的原因：a. 给水品质差、排污不当等因素，造成锅水中悬浮物或含盐量太高，碱度过高；b. 负荷增加和压力降低过快。当水位高、负荷增加过快、压力降低过速时，

会使水面汽化加剧，造成水面波动及蒸汽带水。

③汽水共腾事故的处理：a. 发现汽水共腾时，应减弱燃烧力度，降低负荷，关小主汽阀；b. 加强蒸汽管道和过热器的疏水；c. 全开连续排污阀，并打开定期排污阀放水，同时上水，以改善锅水品质；d. 待水质改善、水位清晰时，可逐渐恢复正常运行。

（5）锅炉爆管事故。

炉管爆破指锅炉蒸发受热面管子在运行中爆破，包括水冷壁、对流管束管子爆破及烟管爆破。

①爆管事故的现象：a. 爆管不严重时，可以听到汽水喷射响声，严重爆管时，有显著的爆破声；b. 负压燃烧的锅炉，燃烧室内由负压变成正压，严重时，从孔门向外喷出炉烟和蒸汽；c. 锅炉水位和蒸汽压力迅速降低；d. 给水流量明显地大于蒸汽流量。

②爆管事故的原因：a. 水质不良、管子结垢并超温爆破；b. 水循环故障；c. 严重缺水；d. 制造、运输、安装中管内落入异物，如钢球、木塞等；e. 烟气磨损导致管壁减薄；f. 运行或停炉的管壁因腐蚀而减薄；g. 管子膨胀受阻碍，热应力造成裂纹；h. 吹灰不当造成管壁减薄；i. 管路缺陷或焊接缺陷在运行中发展扩大。

③爆管事故的处理。炉管爆破时，通常必须紧急停炉修理。

（6）省煤器损坏事故。

省煤器损坏事故是指由省煤器管子破裂或省煤器其他零件损坏所造成的事故。

①省煤器损坏事故的现象：a. 省煤器损坏时，给水流量不正常地大于蒸汽流量；b. 严重时，锅炉水位下降，过热蒸汽温度上升；c. 省煤器烟道内有异常声响，烟道潮湿或漏水；d. 排烟温度下降，烟气阻力增大，引风机电流增大。

②省煤器损坏的原因：a. 烟速过高或烟气含灰量过大，飞灰磨损严重；b. 给水品质不符合要求，特别是未进行除氧，管子水侧被严重腐蚀；c. 省煤器出口烟气温度低于其酸露点，在省煤器出口段烟气侧产生酸性腐蚀；d. 材质缺陷或制造安装时的缺陷导致破裂；e. 水击或炉膛、烟道爆炸剧烈振动省煤器并使之损坏等。

③省煤器损坏的处理。省煤器损坏时，如能经直接上水管给锅炉上水，并使烟气经旁通烟道流出，则可不停炉进行省煤器修理，否则必须停炉进行修理。

（7）过热器损坏事故。

过热器损坏主要指过热器爆管。

①过热器损坏的后果。事故发生后，蒸汽流量明显下降，且不正常地小于给水流量；过热蒸汽温度上升，压力下降；过热器附近有明显声响，炉膛负压减小，过热器后的烟气温度降低。

②过热器损坏的原因：a. 锅炉满水、汽水共腾或汽水分离效果差而造成过热器内进水结垢，导致过热爆管；b. 受热偏差或流量偏差使个别过热器管子超温而爆管；c. 启动、停炉时对过热器保护不善而导致过热爆管；d. 工况变动（负荷变化、给水温度变化、燃料变化等）使过热蒸汽温度上升，造成金属超温爆管；e. 材质缺陷或材质错用（如在需要用合金钢的过热器上错用了碳素钢）；f. 制造或安装时的质量问题，特别是焊接缺陷；管内异物堵塞；g. 被烟气中的飞灰严重磨损；吹灰不当，损坏管壁等。

(8) 水击事故。

水在管道中流动时，因速度突然变化导致压力突然变化，形成压力波并在管道中传播的现象，叫水击。

①水击事故的后果。发生水击时管道承受的压力骤然升高，发生猛烈振动并发出巨大声响，常常造成管道、法兰、阀门等的损坏。

②水击事故的原因：a. 给水管道、省煤器、过热器、锅筒等的水击。给水管道的水击常常是由管道阀门关闭或开启过快造成的。比如阀门突然关闭，高速流动的水突然受阻，其动压在瞬间转变为静压，造成对内门、管道的强烈冲击。b. 省煤器管道的水击。一种是省煤器内部分水变成了蒸汽，蒸汽与温度较低的（未饱和）水相遇时，水将蒸汽冷凝，原蒸汽区压力降低，使水速突然发生变化并造成水击；另一种则和给水管道的水击相同，是由阀门的突然开闭造成的。c. 满水或汽水共腾事故引起过热器管道的水击（在暖管时也可能出现）。造成水击的原因是蒸汽管道中出现了水，水使部分蒸汽降温甚至冷凝，形成压力降低区，蒸汽携水向压力降低区流动，使水速突然变化而产生水击。d. 锅筒的水击。一是上锅筒内水位低于给水管出口而给水温度又较低时，大量低温进水造成蒸汽凝结，使压力降低而导致水击；二是下锅筒内采用蒸汽加热时，进汽速度太快，蒸汽迅速冷凝形成低压区，造成水击。

③水击事故的预防与处理。给水管道和省煤器管道的阀门启闭不应过于频繁，开闭速度要缓慢；对可分式省煤器的出口水温要严格控制，使之低于同压力下的饱和温度40％；防止满水和汽水共腾事故，暖管之前应彻底疏水；上锅筒进水速度应缓慢，下锅筒进汽速度也应缓慢。发生水击时，除立即采取措施使之消除外，还应认真检查管道、阀门、法兰、支撑等，如无异常情况，才能使锅炉继续运行。

(9) 炉膛爆炸事故。

①炉膛爆炸的分类。炉膛爆炸包括正压爆炸和负压爆炸，常见的炉膛爆炸是正压爆炸。a. 正压爆炸。指炉膛内积存的可燃性混合物瞬间同时爆燃，从而使炉膛烟气侧压力突然升高，超过了设计允许值而造成水冷壁、刚性梁及炉顶、炉墙破坏的现象；b. 负压爆炸。指在送风机突然停转时，引风机继续运转，烟气侧压力急降，造成炉膛、刚性梁及炉墙破坏的现象。

②炉膛爆炸必备条件。炉膛爆炸（外爆）要同时具备三个条件：一是燃料必须以游离状态存在于炉膛中；二是燃料和空气的混合物达到爆燃的浓度；三是有足够的点火能源。因此，炉膛爆炸常发生于燃油、燃气、燃煤粉的锅炉。

③炉膛爆炸的主要原因：a. 在设计上缺乏可靠的点火装置、可靠的熄火保护装置及联锁、报警和跳闸系统，炉膛及刚性梁结构抗爆能力差，制粉系统及燃油雾化系统有缺陷。b. 在运行过程中操作人员误判断、误操作，此类事故占炉膛爆炸事故总数的90％以上。有时因采用"爆燃法"点火而发生爆炸。c. 因烟道闸板关闭而发生炉膛爆炸事故。

④炉膛爆炸事故预防：a. 根据锅炉的容量和大小，装设可靠的炉膛安全保护装置，如防爆门、炉膛火焰和压力检测装置，联锁、报警、跳闸系统及点火程序，熄火程序控制系统。同时，尽量提高炉膛及刚性梁的抗爆能力。b. 加强使用管理，提高司炉工人技术水平。在启动锅炉点火时要认真按操作规程进行点火，严禁采用"爆燃法"，点火失败后先通风吹扫5～10min后才能重新点火。c. 在燃烧不稳，炉膛负压波动较大时，如除大灰、燃料变更、制粉系

统及雾化系统发生故障，低负荷运行时应精心控制燃烧，严格控制负压。

（10）尾部烟道二次燃烧。

尾部烟道二次燃烧主要发生在燃油锅炉上。当锅炉运行中燃烧不完好时，部分可燃物随着烟气进入尾部烟道，积存于烟道内或黏附在尾部受热面上，在一定条件下这些可燃物自行着火燃烧。

①尾部烟道二次燃烧的条件。在锅炉尾部烟道上有可燃物堆积下来，并达到一定的温度，有一定量的空气可供燃烧。这三个条件同时满足时，可燃物就有可能自燃或被引燃着火。

②尾部烟道二次燃烧事故后果。尾部烟道二次燃烧常将空气预热器、省煤器破坏。

③尾部烟道二次燃烧事故原因。a. 可燃物在尾部烟道积存。锅炉启动或停炉时燃烧不稳定、不完全，可燃物随烟气进入尾部烟道，积存在尾部烟道；燃油雾化不良，来不及在炉膛完全燃烧而随烟气进入尾部烟道；鼓风机停转后炉膛内负压过大，引风机有可能将尚未燃烧的可燃物吸引到尾部烟道上。b. 可燃物着火的温度条件。刚停炉时尾部烟道上尚有烟气存在，烟气流速很低甚至不流动，受热面上沉积有可燃物，传热系数差，难以向周围散热；在较高温度的情况下，可燃物自氧化加剧放出一定能量，从而使温度更进一步上升。c. 保持一定空气量。尾部烟道门孔和挡板关闭不严密；空气预热器密封不严，空气泄漏。

④尾部烟道二次燃烧的预防。尽可能减少不完全燃烧损失，减少锅炉的启停次数；加强尾部受热面的吹灰，保证烟道各种门孔及烟气挡板的密封良好；应在燃油锅炉的尾部烟道上装设灭火装置。

（11）锅炉结渣。

锅炉结渣，指灰渣在高温下黏结于受热面、炉墙、炉排之上并越积越多的现象。

①锅炉结渣的后果。结渣使受热面吸热能力减弱，降低锅炉的出力和效率；局部水冷壁管结渣会影响和破坏水循环，甚至造成水循环故障；结渣会造成过热蒸汽温度的变化，使过热器金属超温；严重的结渣会妨碍燃烧设备的正常运行，甚至造成被迫停炉。

②锅炉结渣的原因。煤的灰渣熔点低，燃烧设备设计不合理，运行操作不当等。

③锅炉结渣预防。

a. 在设计上要控制炉膛燃烧热负荷，在炉膛中布置足够的受热面，控制炉膛出口温度，使之不超过灰渣变形温度；合理设计炉膛形状，正确设置燃烧器，在燃烧器结构性能设计中充分考虑结渣问题；控制水冷壁间距不要太大，而要把炉膛出口处受热面管间距拉开；炉排两侧装设防焦集箱等。

b. 在运行上要避免超负荷运行；控制火焰中心位置，避免火焰偏斜和火焰冲墙；合理控制过量空气系数和减少漏风。

c. 对沸腾炉和层燃炉，要控制送煤量，均匀送煤，及时调整燃料层和煤层厚度。

d. 发现锅炉结渣要及时清除。清除应在负荷较低、燃烧稳定时进行，操作人员应注意防护和安全。

（二）压力容器事故

1. 压力容器事故的特点

（1）压力容器在运行中由于超压、过热，而超出受压元件可以承受的压力，或腐蚀、磨损，造成受压元件承受能力下降到不能承受正常压力的程度，发生爆炸、撕裂等事故。

(2) 压力容器发生爆炸事故后，不但事故设备被毁，而且还会波及周围的设备、建筑和人群。其爆炸直接产生的碎片能飞出数百米远，并能产生巨大的冲击波，其破坏力与杀伤力极大。

(3) 压力容器发生爆炸、撕裂等重大事故后，有毒物质的大量外溢会造成人畜中毒的恶性事故；而可燃性物质的大量泄漏，还会引起重大的火灾和二次爆炸事故，后果也十分严重。

2. 压力容器事故发生的原因

(1) 结构不合理、材质不符合要求、焊接质量不好、受压元件强度不够，以及其他设计制造方面的原因。

(2) 安装不符合技术要求，安全附件规格不对、质量不好，以及其他安装、改造或修理方面的原因。

(3) 在运行中超压、超负荷、超温，违反劳动纪律、违章作业、超过检验期限没有进行定期检验、操作人员不懂技术，以及其他运行管理不善方面的原因。

3. 压力容器事故应急措施

(1) 压力容器发生超压超温时要马上切断进汽阀门；对于反应容器停止进料；对于无毒非易燃介质，要打开放空管排汽；对于有毒易燃易爆介质要打开放空管，将介质通过接管排至安全地点。

(2) 如果属超温引起的超压，除采取上述措施外，还要通过水喷淋冷却以降温。

(3) 压力容器发生泄漏时，要马上切断进料阀门及泄漏处前端阀门。

(4) 压力容器本体泄漏或第一道阀门泄漏时，要根据容器、介质不同使用专用堵漏技术和堵漏工具进行堵漏。

(5) 易燃易爆介质泄漏时，要对周边明火进行控制，切断电源，严禁一切用电设备运行，并防止静电产生。

4. 典型压力容器事故及预防

(1) 压力容器爆炸事故及危害。

①压力容器爆炸。a. 物理爆炸现象是容器内高压气体迅速膨胀并以高速释放内在能量。b. 化学爆炸现象是容器内的介质发生化学反应，释放能量生成高压、高温。

②压力容器爆炸的危害。a. 冲击波及其破坏作用。冲击波超压会造成人员伤亡和建筑物的破坏。b. 爆破碎片的破坏作用。压力容器破裂爆炸时，高速喷出的气流可将壳体反向推出，有些壳体破裂成块或成片向四周飞散。碎片还可能损坏附近的设备和管道，引起连续爆炸或火灾，造成更大危害。c. 介质伤害。主要是有毒介质的毒害和高温蒸汽的烫伤。d. 二次爆炸及燃烧危害。当容器所盛装的介质为可燃液化气体时，容器破裂爆炸在现场形成大量可燃蒸气，并迅即与空气混合形成可爆性混合气，在扩散中遇明火即形成二次爆炸。e. 压力容器快开门事故危害。快开门式压力容器开关盖频繁，在容器泄压未尽前或带压下打开端盖，以及端盖未完全闭合就升压，极易造成快开门式压力容器产生爆炸事故。

(2) 压力容器泄漏事故及危害。

压力容器泄漏为压力容器的元件开裂、穿孔、密封失效等造成容器内的介质泄漏的现象。

压力容器泄漏的危害有：

①有毒介质伤害。压力容器盛装的是毒性介质时，这些介质会从容器破裂处泄漏，大量液体瞬间气化并扩散。会造成大面积的毒害，造成人员中毒，破坏生态环境。

②爆炸及燃烧危害。容器盛装的是可燃介质时，这些介质会从容器破裂处泄漏，液化气会瞬间气化，在现场形成大量可燃气体，并迅即与空气混合，达到爆炸极限时，遇明火即会造成空间爆炸。未达到爆炸极限，遇明火即会形成燃烧，此时的燃烧往往会造成周边的容器产生爆炸，进而造成严重的后果。

③高温灼烫伤。主要是高温介质泄放气化灼烫伤害现场人员，如高温蒸汽的烫伤等。

（3）压力容器事故的预防。

①在设计上，应采用合理的结构，如采用全焊透结构，能自由膨胀等，避免应力集中、几何突变。针对设备使用工况，选用塑性、韧性较好的材料。强度计算及安全阀排量计算应符合标准。

②制造、修理、安装、改造时，加强焊接管理，提高焊接质量并按规范要求进行热处理和探伤；加强材料管理，避免采用有缺陷的材料或用错钢材、焊接材料。

③在压力容器使用过程中，加强管理，避免操作失误、超温、超压、超负荷运行、失检、失修、安全装置失灵等。

④加强检验工作，及时发现缺陷并采取有效措施。

（4）压力容器使用过程中的紧急措施。

①超温、超压、超负荷时，采取措施后仍不能得到有效控制。

②压力容器主要受压元件发生裂纹、鼓包、变形等现象。

③安全附件失效。

④接管、紧固件损坏，难以保证安全运行。

⑤发生火灾、撞击等直接威胁压力容器安全运行的情况。

⑥充装过量。

⑦压力容器液位超过规定，采取措施仍不能得到有效控制。

⑧压力容器与管道发生严重振动，危及安全运行。

（三）压力管道事故

1. 压力管道事故发生的原因

（1）随时间发展逐渐发现的缺陷。

①腐蚀减薄。腐蚀可以分为内腐蚀（介质引起）和外腐蚀（环境引起），从腐蚀形态上可以分为全面腐蚀和局部腐蚀。

②冲刷磨损。介质流速越大，冲蚀越严重；介质硬度越大，颗粒度越大，冲蚀越严重；在流动方向改变的区域和管道直径变化的区域，如弯头、三通、变径管件等，冲刷磨损越严重。

③开裂。压力管道在运行中由于各种原因会产生不同程度的裂纹，而裂纹是压力管道最危险的一种缺陷，是导致管道脆性破坏的主要原因。

a. 安装裂纹：管材轧制裂纹、焊接裂纹和应力裂纹。

b. 使用裂纹：腐蚀裂纹、疲劳裂纹和蠕变裂纹。

④材质劣化。管道材料在压力、温度、介质的作用下,其金相组织发生变化,造成材料性能下降,导致管道破坏。

⑤变形。压力管道不合理的结构,或者长期超温、过载运行使管道系统发生结构形状改变,造成局部管道元件失效破坏,严重时管道系统可能发生整体坍塌。

(2) 设计制造原因。

①设计原因。管系设计结构布置不合理,材料选用不符合要求,阀门和管件选型错误,应力分析失误,受压元件强度不够等,造成管道在运行中发生事故。

②制造原因。管子、管件、阀门制造中形成的缺陷,如原材料中的原始缺陷,焊接结构中的裂纹、气孔等焊接缺陷,管件制造过程中过度减薄和变形,阀门密封结构和操作机构不可靠等。

(3) 安装质量原因。

主要是安装单位质量体系失控,焊接质量低劣,违法违章施工,错用材料和未实施安装质量监检而引发的事故。

(4) 与时间无关,具有一定随机性的原因。

在运行中超压、超温、违章作业,超过检验期限没有进行定期检验,操作人员不懂技术而进行误操作,第三方破坏,气候、外力作用等。

(5) 长输管道事故的特殊原因。

①自然条件恶劣地区,自然地质灾害严重的区域,如在地震断裂带、煤矿采空区、山体滑坡区、黄土冲沟区等,地震、泥石流、塌陷和洪水冲击等易对管道造成破坏。

②第三方破坏,即人为破坏造成压力管道泄漏爆炸事故。如埋地长输管道、城镇燃气管道被其他工程的施工单位挖漏、挖断,偷油偷气损坏管道等。

③埋地长输管道一般采用防腐层和阴极保护联合进行保护。如果两者其中一个出现问题,都会加速管道腐蚀,腐蚀到一定程度管道发生泄漏事故。

2. 压力管道事故应急措施

(1) 应采取紧急措施的情况。

管道操作人员在运行中发现操作条件异常时应及时进行调整。遇有下列情况时,应立即采取紧急措施并及时报告有关部门和人员:

①介质压力、温度超过材料允许的使用范围且采取措施后仍不见效。

②管道及管件发生裂纹、鼓包、变形、泄漏或异常振动、声响等。

③安全保护装置失效。

④发生火灾等事故且直接威胁正常安全运行。

⑤管道的阀门及监控装置失灵,危及安全运行。

(2) 管道泄漏的紧急处理。

在管道出现泄漏点时,尤其是较高压力的可燃气体管道泄漏时,应迅速关断管道上的阀门,以隔断泄漏管段,限制事故扩大,并应立即采取措施对泄漏点进行紧急处理。

带压堵漏技术可以在保持生产运行连续进行的情况下,将泄漏部位密封止漏,对操作人员要求高,应经过专门培训才能上岗作业。

因为带压堵漏的特殊性，有些紧急情况下不能采取带压堵漏技术进行处理，这些情况包括：

①毒性极大的介质管道。

②管道受压元件因裂纹而产生泄漏。

③管道腐蚀、冲刷壁厚状况不清。

④介质泄漏使螺栓承受高于设计使用温度的管道。

⑤泄漏特别严重（当量直径大于10mm），压力高、介质易燃易爆或有腐蚀性的管道。

⑥现场安全措施不符合要求的管道。

3．典型压力管道事故及预防

（1）管道焊接缺陷造成破坏。

①事故原因。此类破坏是由管道系统中的焊接缺陷造成的。

②预防措施。制造、修理、安装、改造时，加强焊接管理，完善焊接质量管理体系：

a．施焊前应进行焊接工艺评定，按照评定合格的焊接工艺编制焊接作业指导书。

b．施焊的焊工必须考试合格，持有相应项目的资格证书。

c．加强材料管理，避免采用有缺陷的材料或用错钢材、焊接材料。

d．施焊中严格执行焊接工艺要求，并按规范要求进行热处理。

e．严格按照要求进行无损探伤。

在压力管道运行中，加强管理，避免操作失误、超温、超压运行等。

加强检验工作，及时发现缺陷并采取有效措施。

（2）管系振动破坏。

①事故原因。压力管道的振源多种多样，大致可分为来自系统自身和系统外两大类。系统自身的主要有与管道直接相连接机器、设备的振动引起的振动；管道流体的不稳定流动引起的振动；系统外的有风载荷、地震载荷引起的振动等。

②预防措施。

a．避免管道结构固有频率、管道内气柱固有频率与压缩机、机泵的激振频率相等而形成共振。

b．减轻气液两相流的激振力。缩短管道长度，适当降低管道内流体流速，采用较大弯曲半径的弯头，减小弯头两端的流体质量差值。

c．加强支架刚度。

（3）液击破坏。

①事故原因。也称为水锤或水击。液击造成管道内压力的变化十分剧烈，突然的严重升压可使管子破裂，迅速降压形成管内负压可能使管子失稳而破坏。液击还常导致管道振动、噪声，严重影响管道系统的正常运行。

②预防措施。

a．装置开停和生产调节过程中，尽量缓慢开闭阀门。

b．缩短管子长度。

c．在管道靠近液击源附近设安全阀、蓄能器等装置，释放或吸收液击的能量。

d. 采用具有防液击功能的阀门。

e. 采用自控保护装置。

（4）疲劳破坏。

疲劳破坏是指管道长期受到反复加压和卸压的交变载荷作用，金属材料出现疲劳产生破坏。

①破坏原因。

a. 应力集中。

b. 载荷的反复作用。

c. 温度的变化。

②预防措施。

a. 选用合适的抗疲劳材料。低碳钢、碳锰钢具有较好的塑性应变能力，同时又具有抗低周疲劳破坏的特性，高强钢则与之相反。

b. 管道系统设计时需做疲劳分析。

c. 考虑结构的抗疲劳性能。

d. 制造及安装时应注意的问题。

e. 加强定期检验。

（5）蠕变破坏。

①破坏原因。在一定的高温环境下，即使钢所受到的拉应力低于该温度下的屈服强度，也会随时间的延长而发生缓慢持续的伸长，即发生钢的蠕变现象。Cr-Ni合金钢则具有较好的抗高温蠕变性能。

②预防措施。

a. 根据使用温度选用合适的材料，并按材料的使用温度和相应寿命蠕变极限选取许用应力。

b. 合理设计管系布置和结构。

c. 严格控制焊接工艺和热处理。

d. 严格执行操作规程，杜绝超温超压运行，并加强检查，避免因局部过热而导致蠕变破坏。

e. 加强定期检验。

（6）地质灾害造成长输油气管道破坏。

长输油气管道经常途经自然地质灾害严重的区域，如地震断裂带、煤矿采空区、山体滑坡区、黄土冲沟区等，地震、泥石流、塌陷和洪水冲击等易对管道造成破坏。

（四）起重机械事故

1. 起重机械事故发生原因

起重机械事故及发生原因见表3-7。

表 3-7 起重机械事故分类、特点及发生原因

事故类型	事故特点及原因
重物坠落	吊具或吊装容器损坏、物件捆绑不牢、挂钩不当、电磁吸盘突然失电、起升机构的零件故障（特别是制动器失灵，钢丝绳断裂）
起重机失稳倾翻	（1）操作不当（例如超载、臂架变幅或旋转过快等）、支腿未找平或地基沉陷等原因使倾翻力矩增大，导致起重机倾翻 （2）坡度或风载荷作用，使起重机沿路面或轨道滑动，导致脱轨翻倒
金属结构破坏	金属结构的破坏常常会导致严重伤害，甚至群死群伤事故
挤压	（1）起重机轨道两侧缺乏良好的安全通道或与建筑结构之间缺少足够的安全距离，使运行或回转的金属结构机体对人员造成夹挤伤害 （2）运行机构的操作失误或制动器失灵引起溜车，造成碾压伤害
高处跌落	人员在离地面大于2m的高度进行起重机的安装、拆卸、检查、维修或操作等作业时，从高处跌落造成的伤害
触电	起重机在输电线附近作业时，其任何组成部分或吊物与高压带电体距离过近，感应带电或触碰带电物体，都可以引发触电伤害
其他伤害	（1）其他伤害是指人体与运动零部件接触引起的绞、碾、戳等伤害 （2）液压起重机的液压元件破坏造成高压液体的喷射伤害 （3）飞出物件的打击伤害 （4）装卸高温液体金属、易燃易爆、有毒、腐蚀等危险品时，由坠落或包装捆绑不牢而破损引起的伤害

2. 起重机械事故应急措施

（1）发生起重机械倾翻事故时，应及时通知有关部门和起重机械制造、维修单位维保人员到达现场，进行施救。

（2）当有人员被压埋在倾倒起重机下面时，应先切断电源，采取千斤顶、起吊设备、切割等措施，将被压人员救出，在实施处置时，必须指定1名有经验的人员进行现场指挥，并采取警戒措施，防止起重机倒塌、挤压事故再次发生。

（3）发生火灾时，应采取措施施救被困在高处无法逃生的人员，并应立即切断起重机械的电源开关，防止电气火灾的蔓延扩大；灭火时，应防止二氧化碳等中毒窒息事故。

（4）发生触电事故时，及时切断电源，对触电人员应进行现场救护，预防因电气而引发火灾。

（5）载货升降机发生故障，致使货物被困轿厢内，操作员或安全管理员应立即通知维保单位，由维保单位专业维修人员进行处置。维保单位不能很快到达的，由经过培训取得特种设备作业人员证书的作业人员，依照规定步骤释放货物。

3. 典型起重机械事故类型及预防

典型起重机械事故类型及产生的原因见表 3-8。

表 3-8 典型起重机械事故类型及产生的原因

事故类型		事故原因
重物失落	脱绳事故	(1) 重物的捆绑方法与要领不当，造成重物滑脱 (2) 吊装重心选择不当，造成偏载起吊或吊装中心不稳，使重物脱落 (3) 吊载遭到碰撞、冲击而摇摆不定
	脱钩事故	(1) 吊钩缺少护钩装置 (2) 护钩保护装置机能失效 (3) 吊装方法不当 (4) 吊钩钩口变形引起开口过大
	断绳事故	(1) 超载起吊拉断钢丝绳 (2) 起升限位开关失灵造成过卷拉断钢丝绳 (3) 斜吊、斜拉造成乱绳挤伤切断钢丝绳 (4) 钢丝绳因长期使用又缺乏维护保养，造成疲劳变形、磨损损伤 (5) 达到或超过报废标准仍然使用 (6) 吊钩上吊装夹角太大（>120°） (7) 吊装钢丝绳品种规格选择不当，或仍使用已达到报废标准的钢丝绳 (8) 吊装绳与重物之间接触处无垫片等保护措施，造成棱角割断钢丝绳
	吊钩断裂	(1) 吊钩材质有缺陷 (2) 吊钩因长期磨损，使断面减小 (3) 已达到报废极限标准却仍然使用或经常超载使用，造成疲劳断裂
	其他	(1) 钢丝绳脱槽（脱离卷筒绳槽）或脱轮（脱离滑轮） (2) 钢丝绳在卷筒上的极限安全圈在 2 圈以下 (3) 无下降限位保护 (4) 钢丝绳在卷筒装置上的压板固定及楔块固定不可靠
挤伤事故	吊具或吊载与地面物体间的挤伤	在车间、仓库等室内场所，地面作业人员处于大型吊具或吊载与机器设备、土建墙壁、牛腿立柱等障碍物之间的狭窄地带，在进行吊装、指挥、操作或从事其他作业时，由于指挥失误或误操作，作业人员躲闪不及被挤压在大型吊具（吊载）与各种障碍物之间，造成挤伤事故。或者吊装不合理，造成吊载剧烈摆动，冲撞作业人员致伤
	升降设备挤伤	电梯、升降货梯、建筑升降机的维修人员或操作人员，不遵守操作规程，被挤压在轿厢、吊笼与井壁、井架之间而造成挤伤
	机体与建筑物间的挤伤	多发生在高空从事桥式起重机维护检修人员中，被挤在起重机端梁与支承、承轨梁的立柱或墙壁之间，或在高空承轨梁侧通道通过时被运行的起重机击伤
	机体回转挤伤	多发生在野外作业的汽车、轮胎和履带起重机作业中，往往由于此类作业的起重机回转时配重部分将吊装、指挥和其他作业人员撞伤，或把上述人员挤压在起重机配重与建筑物之间致伤
	翻转作业中的挤伤	从事吊装、翻转、倒个作业时，吊装方法不合理，装卡不牢，吊具选择不当，重物倾斜下坠，吊装选位不佳，指挥及操作人员站位不好，造成吊载失稳、吊载摆动冲击，造成翻转作业中的砸、撞、碰、挤、压等各种伤亡事故

续表

事故类型		事故原因
坠落事故	机体上滑落摔伤	多发生于在高空起重机上进行维护、检修作业中。一些检修作业人员缺乏安全意识，作业时不系安全带，脚下滑动、障碍物绊倒或起重机突然启动造成晃动，使作业人员失稳从高空坠落于地面而受伤
	机体撞击坠落	多发生在检修作业中，因缺乏严格的现场安全监督制度，检修人员遭到其他作业的起重机端梁或悬臂撞击，从高空坠落受伤
	轿厢坠落摔伤	多发生在载客电梯、货梯或建筑升降机升降运转中，起升钢丝绳破断、钢丝绳固定端脱落，使乘客及操作者随轿厢、货厢一起坠落，造成人员伤亡事故
	维修工具零部件坠落砸伤	在高空起重机上从事检修作业时，常常因不小心，使维修更换的零部件或维护检修工具从起重机机体上滑落，造成砸伤地面作业人员和机器设备等事故
	振动坠落	起重机个别零部件因安装连接不牢，如螺栓未能按要求拧入一定的深度，螺母锁紧装置失效，或因年久失修个别连接环节松动，当起重机遇到冲击或振动时，就会出现因连接松动造成某一零部件从机体脱落，造成砸伤地面作业人员或机器设备的事故
	制动下滑坠落	起升机构的制动器性能失效，多为制动器制动环或制动衬料磨损严重而未能及时调整或更换，导致刹车失灵；或制动轴断裂，造成重物急速下滑坠落于地面，砸伤地面作业人员或机器设备
触电事故	室内作业的触电	从人的因素分析，多为缺乏起重机基本安全操作规程知识、起重机基本电气控制原理知识、起重机电气安全检查要领，不重视必要的安全保护措施，如不穿绝缘鞋、不带试电笔进行电气检修等。从起重机自身的电气设施角度看，发生触电事故多为起重机电气系统及周围相应环境缺乏必要的触电安全保护
	室外作业的触电	作业现场往往有裸露的高压输电线，由于现场安全指挥监督混乱，常有自行起重机的臂架或起升钢丝绳摆动触及高压输电线，使机体连电，进而造成操作人员或吊装作业人员间接遭到高压电线中的高压电击伤
机体毁坏	断臂事故	悬臂设计不合理、制造装配有缺陷或者长期使用已有疲劳损坏隐患悬臂，一旦超载起吊就易造成断臂或悬臂严重变形等毁机事故
	倾翻事故	自行式起重机的常见事故。自行式起重机倾翻事故大多是由起重机作业前支撑不规范，如野外作业场地支承地基松软，起重机支腿未能全部伸出等。起重量限制器或起重力矩限制器等安全装置动作失灵、悬臂伸长与规定起重量不符、超载起吊等因素也会造成自行式起重机倾翻事故
	机体摔伤	在室外作业的门式起重机、门座起重机、塔式起重机等，由于无防风夹轨器、无车轮止垫或无固定锚链等，或者上述安全设施机能失效，当遇到强风吹击时，可能会倾倒、移位，甚至从栈桥上翻落，造成严重的机体摔伤事故
	相互撞毁事故	在同一跨中的多台桥式类型起重机由于相互之间无缓冲碰撞保护措施，或缓冲碰撞保护设施毁坏失效，易造成起重机相互碰撞 野外作业的多台悬臂起重机群中，悬臂回转作业时相互撞击

4. 起重机械事故的预防措施

(1) 加强对起重机械的管理。认真执行起重机械各项管理制度和安全检查制度，做好起重机械的定期检查、维护、保养，及时消除隐患，使起重机械始终处于良好的工作状态。

(2) 加强对起重机械操作人员的教育和培训，严格执行安全操作规程，提高操作技术能力和处理紧急情况的能力。

(3) 起重机械操作过程中要坚持"十不吊原则"，即：①指挥信号不明或乱指挥不吊；②物体质量不清或超负荷不吊；③斜拉物体不吊；④重物上站人或有浮置物不吊；⑤工作场地昏暗，无法看清场地、被吊物及指挥信号不吊；⑥遇有拉力不清的埋置物时不吊；⑦工件捆绑、吊挂不牢不吊；⑧重物棱角处与吊绳之间未加衬垫不吊；⑨结构或零部件有影响安全工作的缺陷或损伤时不吊；⑩钢（铁）水装得过满不吊。

(4) 触电安全防护措施：

①保证安全电压。为保证人体触电不致造成严重伤害与伤亡，触电的安全电压必须在50V以下。目前起重机应采用低压安全操作，常采用的安全低压操作电压为36V或42V。

②保证绝缘的可靠性。起重机电气系统虽有绝缘保护措施，但是环境温度、湿度、化学腐蚀、机械损伤以及电压变化等都会使绝缘材料电阻值减小，或者出现因绝缘材料老化造成漏电的现象，因此必须经常用摇表测量检查各种绝缘环节的可靠性。

③加强屏护保护。对起重机上的某些无法加装绝缘装置的部分，如馈电的裸露滑触线等，必须加设护栏、护网等屏护设施。

④严格保证配电最小安全净距。起重机电气的设计与施工必须规定出保证配电安全的合理距离。

⑤保证接地与接零的可靠性。电气设备一旦漏电，起重机的金属部分就会带有一定电压，作业人员若触及起重机金属部分就可能发生触电事故。

⑥加强漏电触电保护。除了在起重机电气系统中采用电压型漏电保护装置、零序电流型漏电保护装置和泄漏电流型漏电保护装置来防止漏电之外，还应设有绝缘站台（司机室采用木制或橡胶地板），规定作业人员穿戴绝缘鞋等进行操作与检修。

（五）场（厂）内专用机动车辆事故

1. 场（厂）内专用机动车辆事故发生的原因

(1) 车辆安全技术状况不良。

①车辆的安全装置存在问题。

②蓄电池车调速失控，造成飞车。

③翻斗车举升装置锁定机构工作不可靠。

④吊车起重机的安全防护装置，如制动器、限位器等工作不可靠。

⑤车辆维护修理不及时，带病行驶。车辆制动不合格，个别车辆一点制动也没有，还在行驶。转向不合格的车辆也占很大的比例。另外，车辆的灯光、声响等信号损坏、失灵，车辆各传动部位严重失油，各部位跑冒滴漏等现象也十分普遍。

(2) 驾驶员的安全技术素质不高。

驾驶员的安全技术素质，包括遵守安全操作规程的自觉性、驾驶技术、对设备各部位技术状况的了解、排除故障的能力、运输安全规则的掌握程度等。

(3) 场（厂）内的作业环境复杂。

①道路条件差。（场）厂区道路和厂房内、库房内通道狭窄、曲折，不但弯路多，而且急

转弯多，再加之路面两侧的大量物品的堆放，占用道路，致使车辆通行困难，装卸作业受限。

②视线不良。厂（场）区内建筑物较多，特别是车间内、仓库之间的通道狭窄，且交叉和弯道较频繁，致使驾驶员在驾车行驶中的视距、视野大大受限，特别是在观察前方横向路两侧时的盲区较多。

③因风、雪、雨、雾等自然环境的变化，在恶劣的气候条件下驾驶车辆，使驾驶员视线、视距、视野以及听力受到影响，往往造成判断情况不及时的情况，再加之雨水、积雪、冰冻等自然条件下，会造成刹车制动时摩擦系数下降，制动距离变长，或产生横滑。

（4）管理不到位。

①管理规章制度或操作规程不健全，车辆安全行驶制度不落实。没有定期的安全教育和车辆维护修理制度等都会造成驾驶员无章可循的局面或给安全管理带来漏洞。执行不力、落实不好，或有章不循，对发生的事故或险兆事故不去认真分析和处理，各种制度如同虚设，就会淡化驾驶员的安全意识。

②非驾驶员驾车。无证驾车，造成事故率较高，事故后果严重。无证驾驶车辆肇事之所以难以杜绝，屡禁不止，主要是无证驾车人法制观念淡薄，但根本原因还在于场（厂）安全管理不到位，处理不严，甚至有的竟是个别领导违章指挥所致。

③交通信号、标志、设施缺陷。有的场（厂）对此认识不足，不同程度地存在着标志、信号、设施不全或设置不合格的情况，这样驾驶员就难以在不同的道路情况下或在某些特殊情况下，按具体要求做到谨慎驾驶，安全行车。

2. 场（厂）内专用机动车辆事故应急措施

（1）车辆肇事后的应急措施。

①迅速停车，积极抢救伤者，并迅速向主管部门报告。

②要抢救受损物资，尽量减轻事故的损失程度，设法防止事故扩大。若车辆或运载的物品着火，应根据火情、部位，使用相应的灭火器和其他有效措施进行补救。

③在不妨碍抢救受伤人员和物资的情况下，尽最大努力保护好事故现场。需移动受伤人员和物资时，必须在原地点做好标志；肇事车辆非特殊情况不得移位，以便为勘察现场提供确切的资料。肇事车驾驶员有保护事故现场的责任，直至有关部门人员到达现场。

（2）事故单位的领导或主管部门接到事故报告后，应立即赶赴事故现场，组织人员抢救伤员、物资，保护好事故现场，根据人员的伤势程度，按规定程序逐级上报。事故单位的安全管理部门，可在不破坏事故现场的情况下，对现场初步进行勘察，尤其是在主要干路上易被破坏的痕迹、物品的勘察应抓紧进行。事故现场勘察主要有下列几项内容：

①保护现场。首先应观察事故现场全貌，确定现场范围，并将现场封闭，禁止车辆和其他无关人员入内。如现场有易燃、易爆或剧毒、放射性物品，应设法采取措施防止事态扩大。

②寻找证人。尽快查找到事故发生时的直接目击者、证人，获得第一手资料。

③看护肇事者。对重大伤亡事故的肇事者必须指定专人看护隔离，防止发生意外。

④测量事故现场。

3. 典型场（厂）内专用机动车辆事故分类及预防

（1）场（厂）内专用机动车辆事故分类及包含内容见表3-9。

表 3-9 场（厂）内专用机动车辆事故分类及包含内容

分类方法	包含内容
按车辆事故的事态分	碰撞、碾轧、刮擦、翻车、坠车、爆炸、失火、出轨和搬运、装卸中的坠落及物体打击
按厂区道路分	交叉路口、弯道、直行、坡道、铁路道口、狭窄路面、仓库、车间等行车事故
按伤害程度分	车损事故、轻伤事故、重伤事故、死亡事故

（2）典型（厂）内机动车辆事故。

①超速造成事故。装载机在码头超速行驶，为躲避前方情况，操作不当，坠入海中；叉车转弯不减速，车辆侧翻、倾翻造成事故；汽车载货高速转弯，货物甩出。

②无证驾驶造成事故。搬运工无证驾驶电瓶车，由于对车辆性能不熟，车辆启动过猛，将旁人挤压造成事故；无证驾驶铲车，违章指挥自翻伤亡。

③违章载人造成事故。站在货车脚踏板上违章乘车，行驶途中掉下，或车未停稳就跳下车，造成人员伤亡；前翻斗车载人，车厢翻起人落，造成事故；货车车厢中同时载物载人，行驶途中货物挤压人，或者转弯时将人甩出。

④违章作业造成事故。汽车起重机臂杆触电，造成事故。检修时，自动倾卸车不落斗，货斗坠落造成事故；装载机司机误操作，升降臂下降造成事故；货车不关车帮，造成事故；履带拖拉机自溜，造成事故；履带起重机超载，倾翻造成事故。

⑤设备故障造成事故。叉车货叉断裂，造成事故；刹车失灵，造成事故。

（3）场（厂）内机动车辆事故的预防措施。

①加强对场（厂）内机动车辆的管理。认真执行场（厂）内机动车辆各项管理制度和安全检查制度，做好场（厂）内机动车辆的定期检查、维护、保养，及时消除隐患，使场（厂）内机动车辆始终处于良好的工作状态。

②加强对场（厂）内机动车辆操作人员的教育和培训，严格执行安全操作规程，提高操作技术能力和处理紧急情况的能力。

③各种场（厂）内机动车辆操作过程中要严格遵守安全操作规程。

④加强厂区直路行车、企业内交叉路口、企业内倒车、装卸过程、夜间行车、信号灯和交通标识等环节的管理。

（六）客运索道事故

1. 客运索道事故的特点

（1）事故大型化、群体化，客运索道一旦出现故障，可能造成人员被困、坠落等事故。

（2）事故后果严重，社会影响恶劣。

（3）伤害涉及的人员可能是游客和索道运行范围内的其他人员。

（4）在安装、维修和运行中都可能发生事故。

（5）与气候、天气有关。

2. 客运索道事故应急救援

（1）客运索道的使用单位应当制定应急措施和救援预案。

具体包括以下文件：

①紧急救护人员组织分工表（明确各岗位的人员）。

②紧急救护人员职责（明确各岗位的职责范围）。
③紧急救护方式及程序（规定采用何种救护方式）。
④紧急救护程序流程表（明确救护具体操作程序）。
⑤紧急救护纪律（明确营救人员的纪律要求）。
⑥紧急救护规范用语（明确宣传人员规范用语）。

（2）必须定期或不定期进行应急救援演练。

① 客运索道运营单位自身的应急救援体系要与整个社会应急救援体系融为一体。

②每年至少进行一次营救演练。

③当营救设备每次使用后或者演习之后，一定要把索具铺展开来，检查其有无打结和损坏等，然后再收藏好。

④凡是营救用品只准在营救时使用，不得挪作他用。

3. 客运索道的典型事故

客运索道的典型事故见表 3-10。

表 3-10 客运索道的典型事故

事故类型	事故含义	事故后果
拖动失效	索道机械传动系统与电气拖动系统的失效，设备停转、不能启动	高空滞留人员
脱索	运行中的钢丝绳从轨道中或托压索轮上脱落	高空滞留、线路振荡
坠落	分为吊具坠落和作业人员高空坠落	坠伤或砸伤
撞击	一般表现为人员与运行中的吊具（客车）的碰撞，以及吊具（客车）与站台或周围设施的撞击	运行速度较快的索道撞击危害较大
机械伤害	人体与运转中的机械设备直接接触	人员被挤压、剪切、刨蹭、砸中等
振荡	行驶中由突然紧急停车（减速度很大）、脱索、吊具受阻、钢丝绳受外物碰砸等原因引起的钢丝绳的振荡	线路振荡，人员受伤
触电及电气火灾	索道电气设备高压侧一般是 10kV，低压侧一般为 380V/220V	触电事故及引发火灾
外部环境带来的其他伤害	雷电、大风带来的伤害	雷击通常会造成电气设备损毁，使得索道设备不能运转起来，致使乘客高空滞留；大风易造成脱索、吊具（或客车）撞击支架设施以及线路障碍物，客运索道通常在风力大于 7 级时停止运行

（七）大型游乐设施事故

1. 大型游乐设施事故发生原因

（1）设计中零件布置不合理。

（2）零件的工艺设计不合理。

(3) 机械连接方式不当。

(4) 零件的精度不够。

(5) 安装不到位。

(6) 维护和检修不正常。

(7) 操作人员违规操作。

2. 典型大型游乐设施事故及预防

(1) 大型游乐设施事故。

①倒塌（倾覆倾翻）。

②坠落。

③挤压。

④碰撞。

⑤火灾。

⑥触电。

⑦物体打击。

⑧溺水。

⑨失控。

⑩高空滞留事故。

(2) 事故预防措施。

①加强对大型游乐设施的管理。认真执行大型游乐设施各项管理制度和安全检查制度，做好大型游乐设施的定期检查、维护、保养，及时消除隐患，使大型游乐设施始终处于良好的工作状态。

②制定正确详细的制造、安装、操作规程。操作规程应清楚完整，简明易懂地提供给操作维护人员。

③加强对大型游乐设施操作人员的教育和培训，严格执行安全操作规程，提高操作技术能力和处理紧急情况的能力。

④编制详细正确的"乘客须知"，参与者乘坐前认真阅读，对少年儿童进行嘱托教育，并在参与过程中严格遵守。

⑤身体不适应者不能乘坐大型游乐设施。

典型例题

1. 锅炉水位高于水位表最高安全水位刻度线的现象，称为锅炉满水。严重满水时，锅水可进入蒸汽管道和过热器，造成水击及过热器结垢，降低蒸汽品质，损害以致破坏过热器。下列针对锅炉满水的处理措施中，正确的是（　　）。

A. 加强燃烧，开启排污阀及过热器、蒸汽管道上的疏水阀

B. 启动"叫水"程序，判断满水的严重程度

C. 立即停炉，打开主汽阀加强疏水

D. 立即关闭给水阀停止向锅炉上水，启用省煤器再循环管路

【解析】发现锅炉满水后，应冲洗水位表，检查水位表有无故障；一旦确认满水，应立即关闭给水阀停止向锅炉上水，启用省煤器再循环管路，减弱燃烧，选项 A 错误。开启排污阀及过热器、蒸汽管道上的疏水阀；待水位恢复正常后，关闭排污阀及各疏水阀；查清事故原因并予以消除，恢复正常运行。如果满水时出现水击，则在恢复正常水位后，还须检查蒸汽管

道、附件、支架等，确定无异常情况，才可恢复正常运行。选项 B 错误，"叫水"程序是缺水事故的措施。选项 C 错误，锅炉满水不必立即停炉。

2. 柔性钢丝绳牵引吊臂进行变幅的起重机，遇到突然卸载等紧急情况时，会产生使吊臂后倾的力，可能造成吊臂后倾事故。因此，这类起重机应安装防止臂架向后倾翻装置。下列起重机械中，不需要安装防止臂架向后倾翻装置的是（　　）。

A. 门座式起重机
B. 桥式起重机
C. 流动式起重机
D. 动臂式塔式起重机

【解析】流动式起重机和动臂式塔式起重机（门座式起重机具有动臂）上应安装防后倾装置（液压变幅除外）。

3. 当锅炉运行燃烧不充分时，部分可燃物随着燃气进入尾部烟道，积存于烟道内部。黏附在尾部受热面上，在一定条件下这些可燃物自行着火燃烧，这种现象称为尾部烟道二次燃烧。下列关于尾部烟道二次燃烧的说法，正确的是（　　）。

A. 尾部烟道二次燃烧主要发生在燃气锅炉上
B. 尾部烟道二次燃烧易发生在锅炉满负荷工况
C. 尾部烟道二次燃烧易在引风机停转后发生
D. 尾部烟道二次燃烧易在停炉之后不久发生

【解析】尾部烟道二次燃烧主要发生在燃油锅炉上，选项 A 错误。尾部烟道二次燃烧易在停炉之后不久发生。当锅炉启动或停炉时，或燃烧不完好时，部分可燃物随着烟气进入尾部烟道，积存于烟道内或黏附在尾部受热面上，在一定条件下这些可燃物自行着火燃烧，选项 B、C 错误，选项 D 正确。

答案：1. D　2. B　3. D

第二节　锅炉和压力容器安全技术

一、锅炉和压力容器安全附件

（一）锅炉安全附件

1. 安全阀

（1）安全阀的设置。

每台锅炉至少应当装设 2 个安全阀（包括锅筒和过热器安全阀）。符合下列规定之一的，可以只装设 1 个安全阀：

①额定蒸发量小于或者等于 0.5t/h 的蒸汽锅炉。
②额定蒸发量小于 4t/h 且装设有可靠的超压联锁保护装置的蒸汽锅炉。
③额定热功率小于或者等于 2.8MW 的热水锅炉。

（2）安全阀的安装。

①安全阀应当铅直安装，并且应当安装在锅筒（壳）、集箱的最高位置，在安全阀和锅筒

（壳）之间或者安全阀和集箱之间，不应当装设阀门和取用介质的管路。

②多个安全阀如果共同装在一个与锅筒（壳）直接相连的短管上，短管的流通截面积应当不小于所有安全阀的流通截面积之和。

③采用螺纹连接的弹簧安全阀时，安全阀应当与带有螺纹的短管相连接，而短管与锅筒（壳）或者集箱筒体的连接应当采用焊接结构。

(3) 安全阀的校验。

①在用锅炉的安全阀每年至少校验1次，校验一般在锅炉运行状态下进行。

②如果现场校验有困难或者对安全阀进行修理后，可以在安全阀校验台上进行，校验后的安全阀在搬运或者安装过程中，不能摔、砸、碰撞。

③新安装的锅炉或者安全阀检修、更换后，应当校验其整定压力和密封性。

④安全阀经过校验后，应当加锁或者铅封。

⑤控制式安全阀应当分别进行控制回路可靠性试验和开启性能检验。

⑥安全阀整定压力、密封性等检验结果应当记入锅炉安全技术档案。

(4) 锅炉运行中安全阀的使用。

①锅炉运行中安全阀应当定期进行排放试验，电站锅炉安全阀每年进行1次，对控制式安全阀，使用单位应当定期对控制系统进行试验。

②锅炉运行中安全阀不允许解列，不允许提高安全阀的整定压力或使安全阀失效。

2. 压力表

(1) 压力表的设置。

锅炉的以下部位应当装设压力测量装置：蒸汽锅炉锅筒（壳）的蒸汽空间；给水调节阀前；省煤器出口；过热器出口和主汽阀之间；再热器出口、进口；直流蒸汽锅炉的启动（汽水）分离器或其出口管道上；直流蒸汽锅炉省煤器进口、储水箱和循环泵出口；直流蒸汽锅炉蒸发受热面出口截止阀前（如果装有截止阀）；热水锅炉的锅筒（壳）上；热水锅炉的进水阀出口和出水阀进口；热水锅炉循环水泵的出口、进口；燃油锅炉、燃煤锅炉的点火油系统的油泵进口（回油）及出口；燃气锅炉、燃煤锅炉的点火气系统的气源进口及燃气阀组稳压阀（调压阀）后。

(2) 压力表的选用。

①A级锅炉压力表精确度应当不低于1.6级，其他锅炉压力表精确度应当不低于2.5级。

②压力表的量程应当根据工作压力选用，一般为工作压力的1.5~3.0倍，最好选用2倍。

(3) 压力表的安装。

①应当装设在便于观察和吹洗的位置，并且应当防止受到高温、冰冻和震动的影响。

②锅炉蒸汽空间设置的压力表应当有存水弯管或者其他冷却蒸汽的措施，热水锅炉用的压力表也应当有缓冲弯管，弯管内径应当不小于10mm。

③压力表与弯管之间应当装设三通阀门，以便吹洗管路、卸换、校验压力表。

3. 水位测量与示控装置

(1) 水位表的设置。

每台蒸汽锅炉锅筒（壳）至少应当装设2个彼此独立的直读式水位表，符合下列条件之一的锅炉可以只装设1个直读式水位表：

①额定蒸发量小于或者等于0.5t/h的锅炉。

②额定蒸发量小于或者等于2t/h，且装有一套可靠的水位示控装置的锅炉。

③装设两套各自独立的远程水位测量装置的锅炉。

④电加热锅炉。

(2) 水位表的结构、装置。

①水位表应当有指示最高、最低安全水位和正常水位的明显标志,水位表的下部可见边缘应当比最高火界至少高50mm,并且应当比最低安全水位至少低25mm,水位表的上部可见边缘应当比最高安全水位至少高25mm。

②玻璃管式水位表应当有防护装置,并且不应当妨碍观察真实水位,玻璃管的内径应当不小于8mm。

③锅炉运行中能够吹洗和更换玻璃板(管)、云母片。

④用2个以上(含2个)玻璃板或者云母片组成的一组水位表,能够连续指示水位。

⑤水位表或者水表柱和锅筒(壳)之间阀门的流道直径应当不小于8mm,汽水连接管内径应当不小于18mm,连接管长度大于500mm或者有弯曲时,内径应当适当放大,以保证水位表灵敏准确。

⑥连接管应当尽可能短,如果连接管不是水平布置时,汽连管中的凝结水能够流向水位表,水连管中的水能够自行流向锅筒(壳)。

⑦水位表应当有放水阀门和接到安全地点的放水管。

⑧水位表或者水表柱和锅筒(壳)之间的汽水连接管上应当装设阀门,锅炉运行时,阀门应当处于全开位置。

4. 温度测量装置

在锅炉热力系统中,锅炉的给水、蒸汽、烟气等介质均需依靠温度测量装置进行测量监视。

5. 保护装置

(1) 超温报警和联锁保护装置。超温报警装置安装在热水锅炉的出口处,当锅炉的水温超过规定的水温时,自动报警,提醒司炉人员采取措施减弱燃烧。超温报警和联锁保护装置联锁后,还能在超温报警的同时,自动切断燃料的供应和停止鼓、引风,以防止热水锅炉发生超温而导致锅炉损坏或爆炸。

(2) 高低水位警报和低水位联锁保护装置。当锅炉内的水位高于最高安全水位或低于最低安全水位时,水位警报器就自动发出警报,提醒司炉人员采取措施防止事故发生。

(3) 超压报警装置。当锅炉出现超压现象时,能发出警报,并通过联锁装置控制燃烧,如停止供应燃料、停止通风,使司炉人员能及时采取措施,以免造成锅炉超压爆炸事故。

(4) 锅炉熄火保护装置。当锅炉炉膛熄火时,锅炉熄火保护装置作用,切断燃料供应,并发出相应信号。

6. 排污阀或放水装置

排污阀或放水装置的作用是排放锅水蒸发而残留下的水垢、泥渣及其他有害物质,将锅水的水质控制在允许的范围内,使受热面保持清洁,以确保锅炉的安全、经济运行。

7. 防爆门

为防止炉膛和尾部烟道再次燃烧造成破坏,常在炉膛和烟道易爆处装设防爆门。

8. 锅炉自动控制装置

通过工业自动化仪表对温度、压力、流量、物位、成分等参数进行测量和调节,达到监视、控制、调节生产的目的,使锅炉在最安全、经济的条件下运行。

(二)压力容器安全附件

1. 安全阀

安全阀是一种由进口静压开启的自动泄压阀门,它依靠介质自身的压力排出一定数量的流体介质,以防止容器或系统内的压力超过预定的安全值。当容器内的压力恢复正常后,阀门自行关闭,并阻止介质继续排出。根据安全阀的整体结构和加载方式可以分为静重式、杠杆式、弹簧式和先导式四种。安全阀的主要故障有:

(1) 泄漏。在压力容器正常工作压力下,阀瓣与阀座密封面之间发生超过允许程度的泄漏。

(2) 到规定压力时不开启。安全阀锈死、阀瓣与阀座黏住、杠杆被卡住等都会造成安全阀不开启;如果安全阀定压不准,也会造成到规定压力时不开启。

(3) 不到规定压力时开启。安全阀定压不准,或者弹簧老化。

(4) 排气后压力继续上升。选用的安全阀排量太小,或者排气管截面太小,不能满足压力容器的安全泄放量要求。

(5) 排放泄压后阀瓣不回座。阀杆、阀瓣安装位置不正或者被卡住。

2. 爆破片

爆破片装置是一种非重闭式泄压装置,由进口静压使爆破片受压爆破而泄放出介质,以防止容器或系统内的压力超过预定的安全值。

爆破片又称爆破膜或防爆膜,是一种断裂型安全泄放装置。与安全阀相比,它具有结构简单、泄压反应快、密封性能好、适应性强等特点。

3. 安全阀与爆破片装置的组合

安全阀与爆破片装置并联组合时,爆破片的标定爆破压力不得超过容器的设计压力。安全阀的开启压力应略低于爆破片的标定爆破压力。

(1) 当安全阀进口和容器之间串联安装爆破片装置时,应满足下列条件:安全阀和爆破片装置组合的泄放能力应满足要求;爆破片破裂后的泄放面积应不小于安全阀进口面积,同时应保证爆破片破裂的碎片不影响安全阀的正常动作;爆破片装置与安全阀之间应装设压力表、旋塞、排气孔或报警指示器,以检查爆破片是否破裂或渗漏。

(2) 当安全阀出口侧串联安装爆破片装置时,应满足下列条件:容器内的介质应是洁净的,不含有胶着物质或阻塞物质;安全阀的泄放能力应满足要求;当安全阀与爆破片之间存在背压时,阀仍能在开启压力下准确开启;爆破片的泄放面积不得小于安全阀的进口面积;安全阀与爆破片装置之间应设置放空管或排污管,以防止该空间的压力累积。

4. 爆破帽

爆破帽为一端封闭,中间有一薄弱层面的厚壁短管,爆破压力误差较小,泄放面积较小,多用于超高压容器。超压时其断裂的薄弱层面在开槽处。

5. 易熔塞

易熔塞属于"熔化型"("温度型")安全泄放装置,它的动作取决于容器壁的温度,主要用于中、低压的小型压力容器,在盛装液化气体的钢瓶中应用更为广泛。

6. 紧急切断阀

紧急切断阀通常与截止阀串联安装在紧靠容器的介质出口管道上。其作用是在管道发生大量泄漏时紧急止漏。紧急切断阀按操作方式的不同,可分为机械(或手动)牵引式、油压操纵式、气压操纵式和电动操纵式等多种,前两种目前在液化石油气槽车上应用非常广泛。

7. 减压阀

减压阀的工作原理是利用膜片、弹簧、活塞等敏感元件改变阀瓣与阀座之间的间隙，在介质通过时产生节流，因压力下降而使其减压。

8. 压力表

压力表是指示容器内介质压力的仪表，是压力容器的重要安全装置。按其结构和作用原理，压力表可分为液柱式、弹性元件式、活塞式和电量式四大类。

9. 液位计

液位计又称液面计，是用来观察和测量容器内液体位置变化情况的仪表。特别是对于盛装液化气体的容器，液位计是一个必不可少的安全装置。

10. 温度计

温度计是用来测量物质冷热程度的仪表，可用来测量压力容器介质的温度。对于需要控制壁温的容器，还必须装设测试壁温的温度计。

二、锅炉和压力容器使用安全技术

（一）锅炉使用安全技术

1. 锅炉启动步骤

（1）检查准备。对新装、移装和检修后的锅炉，启动之前要进行全面检查。检查主要内容有检查受热面、承压部件的内外部，看其是否处于可投入运行的良好状态；检查燃烧系统各个环节是否处于完好状态；检查各类门孔、挡板是否正常，使之处于启动所要求的位置；检查安全附件和测量仪表是否齐全、完好并使之处于启动所要求的状态；检查锅炉架、楼梯、平台等钢结构部分是否完好；检查各种辅机特别是转动机械是否完好。

（2）上水。上水温度最高不超过90℃，水温与筒壁温差不超过50℃。对水管锅炉，全部上水时间在夏季不小于1h，在冬季不小于2h。冷炉上水至最低安全水位时应停止上水，以防止受热膨胀后水位过高。

（3）烘炉。新装、移装、大修或长期停用的锅炉的炉膛和烟道的墙壁非常潮湿，一旦骤然接触高温烟气，将会产生裂纹、变形，甚至发生倒塌事故，因此在启动前要进行烘炉。

（4）煮炉。对新装、移装、大修或长期停用的锅炉，在正式启动前必须煮炉。煮炉的目的是清除蒸发受热面中的铁锈、油污和其他污物，减少受热面腐蚀，提高锅水和蒸汽品质。

（5）点火升压。一般锅炉上水后即可点火升压。

①层燃炉一般用木材引火，严禁用挥发性强烈的油类或易燃物引火，以免造成爆炸事故。

②自燃循环锅炉的升压过程与日常的压力锅升压相似，即锅内压力是由烧火加热产生的，升压过程与受热过程紧紧地联系在一起。

（6）暖管与并汽。

①暖管，即用蒸汽慢慢加热管道、阀门、法兰等部件，使其温度缓慢上升，避免向冷态或较低温度的管道突然供入蒸汽，以防止热应力过大而损坏管道、阀门等部件；同时将管道中的冷凝水驱出，防止在供汽时发生水击。

②并汽也叫并炉、并列，即新投入运行锅炉向共用的蒸汽母管供汽。并汽前应减弱燃烧，打开蒸汽管道上的所有疏水阀，充分疏水以防水击；冲洗水位表，并使水位维持在正常水位线以下；使锅炉的蒸汽压力稍低于蒸汽母管内气压，缓慢打开主汽阀及隔绝阀，使新启动锅炉与

蒸汽母管连通。

2．点火升压阶段的安全注意事项

（1）防止炉膛爆炸。

燃气锅炉、燃油锅炉、煤粉锅炉等点火时必须特别注意防止炉膛爆炸。采取的防止爆炸的措施是：点火前，开动引风机给锅炉通风5～10min，没有风机的可自然通风5～10min，以清除炉膛及烟道中的可燃物质。点燃气、油、煤粉炉时，应先送风，之后投入点燃火炬，最后送入燃料。一次点火未成功需重新点燃火炬时，一定要在点火前给炉膛烟道重新通风，待充分清除可燃物之后再进行点火操作。

（2）控制升温升压速度。

升压过程也就是锅水饱和温度不断升高的过程，需要注意热膨胀和热应力问题。

为防止产生过大的热应力，锅炉的升压过程一定要缓慢进行。点火过程中，应对各热承压部件的膨胀情况进行监督。发现有卡住现象应停止升压，待排除故障后再继续升压。发现膨胀不均匀时也应采取措施消除。

（3）严密监视和调整仪表。

点火升压过程中，锅炉的蒸汽参数、水位及各部件的工作状况在不断地变化，必须严密监视各种指示仪表，将锅炉压力、温度和水位控制在合理的范围之内。同时，各指示仪表本身也要经历从冷态到热态、从不承压到承压的过程，也要产生热膨胀，在某些情况下甚至会产生卡住、堵塞、转动或开关不灵等导致无法投入运行或出现工作不可靠的故障。

在一定的时间内压力表上的指针应离开原点。如锅炉内已有压力而压力表指针不动，则须将火力减弱或停息，校验压力表并清洗压力表管道，待压力表正常后，方可继续升压。

（4）保证强制流动受热面的可靠冷却。

必须采取可靠措施，保证强制流动受热面在启动过程中不致过热损坏。

①对过热器的保护措施：在升压过程中，开启过热器出口集箱疏水阀、对空排气阀，使一部分蒸汽流经过热器后被排除，从而使过热器得到足够的冷却。

②对省煤器的保护措施：对钢管省煤器，在省煤器与锅筒间连接再循环管，在点火升压期间，将再循环管上的阀门打开，使省煤器中的水经锅筒、再循环管（不受热）重回省煤器，进行循环流动，但在上水时应将再循环管上的阀门关闭。

3．锅炉正常运行中的监督调节

（1）锅炉水位的监督调节。锅炉运行中，运行人员应不间断地通过水位表监督锅内的水位。锅炉水位应经常保持在正常水位线处，并允许在正常水位线上下50mm内波动。

为了使水位保持正常，锅炉在低负荷运行时，水位应稍高于正常水位，以防负荷增加时水位降得过低；锅炉在高负荷运行时，水位应稍低于正常水位，以免负荷降低时水位升得过高。

（2）锅炉气压的监督调节。在锅炉运行中，蒸汽压力应基本上保持稳定。

若负荷小于蒸发量，气压就上升；负荷大于蒸发量，气压就下降。所以，调节锅炉气压就是调节其蒸发量，而蒸发量的调节是通过燃烧调节和给水调节来实现的。运行人员根据负荷变化，相应增减锅炉的燃料量、风量、给水量来改变锅炉蒸发量，使气压保持相对稳定。

（3）气温的调节。锅炉负荷、燃料及给水温度的改变，都会造成过热气温的改变。过热器本身的传热特性不同，上述因素改变时气温变化的规律也不相同。

（4）燃烧的监督调节。燃烧调节的任务是：使燃料燃烧供热适应负荷的要求，维持气压稳定；使燃烧完好正常，尽量减少未完全燃烧损失，减轻金属腐蚀和大气污染；对负压燃烧锅炉，维持引风和鼓风的均衡，保持炉膛一定的负压，以保证操作安全和减少排烟损失。

（5）排污和吹灰。锅炉运行中，为了保持受热面内部清洁，避免锅水发生汽水共腾及蒸汽品质恶化，除了对给水进行必要而有效的处理外，还必须坚持排污。

燃煤锅炉的烟气流经蒸发受热面、过热器、省煤器及空气预热器时，一部分烟灰就沉积到受热面上，从而影响锅炉传热，降低锅炉效率，影响锅炉运行工况特别是蒸汽温度，对锅炉安全也造成不利影响。

4. 停炉及停炉保养

（1）停炉。停炉分为正常停炉和紧急停炉。

①正常停炉的次序应该是先停燃料供应，随之停止送风，减少引风；与此同时，逐渐降低锅炉负荷，相应地减少锅炉上水，但应维持锅炉水位稍高于正常水位。对于燃气、燃油锅炉，炉膛停火后，引风机至少要继续引风5min以上。

为防止锅炉降温过快，在正常停炉的4~6h内，应紧闭炉门和烟道挡板。之后打开烟道挡板，缓慢加强通风，适当放水。停炉18~24h，在锅水温度降至70℃以下时，方可全部放水。

②紧急停炉。锅炉遇有下列情况之一者，应紧急停炉：锅炉水位低于水位表的下部可见边缘；不断加大向锅炉进水及采取其他措施，但水位仍继续下降；锅炉水位超过最高可见水位（满水），经放水仍不能见到水位；给水泵全部失效或给水系统故障，不能向锅炉进水；水位表或安全阀全部失效；设置在汽空间的压力表全部失效；锅炉元件损坏，危及操作人员安全；燃烧设备损坏、炉墙倒塌或锅炉构件被烧红等，严重威胁锅炉安全运行；其他异常情况危及锅炉安全运行。

紧急停炉的操作次序是：立即停止添加燃料和送风，减弱引风；与此同时，设法熄灭炉膛内的燃料，对于一般层燃炉可以用砂土或湿灰灭火，链条炉可以开快挡使炉排快速运转，把红火送入灰坑；灭火后即把炉门、灰门及烟道挡板打开，以加强通风冷却；锅内可以较快降压并更换锅水，锅水冷却至70℃左右允许排水。因缺水紧急停炉时，严禁给锅炉上水，并不得开启空气阀及安全阀快速降压。

（2）停炉保养。停炉保养主要指锅内保养，即汽水系统内部为避免或减轻腐蚀而进行的防护保养。常用的保养方式有压力保养、湿法保养、干法保养和充气保养。

（二）压力容器使用安全技术

1. 压力容器安全操作

（1）基本要求。

①平稳操作。a. 加载和卸载应缓慢，并保持运行期间载荷的相对稳定。b. 压力容器开始加载时，速度不宜过快，尤其要防止压力的突然升高。过高的加载速度会降低材料的断裂韧性，可能使存在微小缺陷的容器在压力的快速冲击下发生脆性断裂。c. 高温容器或工作壁温在0℃以下的容器，加热和冷却都应缓慢进行，以减小壳壁中的热应力。d. 操作中压力频繁和大幅度地波动，对容器的抗疲劳强度是不利的，应尽可能避免，保持操作压力平稳。

②防止超载。防止压力容器过载主要是防止超压。a. 压力来自外部（如气体压缩机、蒸汽锅炉等）的容器，超压大多是由操作失误而引起的。为了防止操作失误，除了装设联锁装置外，可实行安全操作挂牌制度。在一些关键性的操作装置上挂牌，牌上用明显标记或文字注明阀门等的开闭方向、开闭状态、注意事项等。b. 压力来自内部物料的化学反应的容器，往往因加料过量或原料中混入杂质，使反应后生成的气体密度增大或反应过速而造成超压。要预防这类容器超压，必须严格控制每次投料的数量及原料中杂质的含量，并有防止超量投料的严密措施。c. 储装液化气体的容器，为了防止液体受热膨胀而超压，一定要严格计量。对于液化

气体储罐和槽车，除了密切监视液位外，还应防止容器意外受热，造成超压。如果容器内的介质是容易聚合的单体，则应在物料中加入阻聚剂，并防止混入可促进聚合的杂质。物料储存的时间也不宜过长。

（2）压力容器运行期间的检查。

对运行中的容器进行检查，包括工艺条件、设备状况以及安全装置等方面。

①在工艺条件方面，主要检查操作压力、操作温度、液位是否在安全操作规程规定的范围内，容器工作介质的化学组成，特别是那些影响容器安全（如产生应力腐蚀、使压力升高等）的成分是否符合要求。

②在设备状况方面，主要检查各连接部位有无泄漏、渗漏现象，容器的部件和附件有无塑性变形、腐蚀以及其他缺陷或可疑迹象，容器及其连接道有无振动、磨损等现象。

③在安全装置方面，主要检查安全装置以及与安全有关的计量器具是否保持完好状态。

（3）压力容器的紧急停止运行。

压力容器在运行中出现下列情况时，应立即停止运行：容器的操作压力或壁温超过安全操作规程规定的极限值，而且采取措施仍无法控制，并有继续恶化的趋势；容器的承压部件出现裂纹、鼓包变形、焊缝或可拆连接处泄漏等危及容器安全的迹象；安全装置全部失效，连接管件断裂，紧固件损坏等，难以保证安全操作；操作岗位发生火灾，威胁到容器的安全操作；高压容器的信号孔或警报孔泄漏。

2. 压力容器的维护保养

（1）保持完好的防腐层。工作介质对材料有腐蚀作用的容器，常采用防腐层来防止介质对器壁的腐蚀，如涂漆、喷镀或电镀、衬里等。若发现防腐层损坏，即使是局部的，也应该先经修补等妥善处理以后再继续使用。

（2）消除产生腐蚀的因素。

①一氧化碳气体只有在含有水分的情况下才可能对钢制容器产生应力腐蚀，应尽量采取干燥、过滤等措施。

②碳钢容器的碱脆需要具备温度、拉伸应力和较高的碱液浓度等条件，介质中含有稀碱液的容器，必须采取措施消除使稀液浓缩的条件，如接缝渗漏，器壁粗糙或存在铁锈等多孔性物质等。

③盛装氧气的容器，常因底部积水造成水和氧气交界面的严重腐蚀，要防止这种腐蚀，最好使氧气经过干燥，或在使用中经常排放容器中的积水。

（3）消灭容器的"跑、冒、滴、漏"，经常保持容器的完好状态。"跑、冒、滴、漏"不仅浪费原料和能源，污染工作环境，还常常造成设备的腐蚀，严重时还会引起容器的破坏事故。

（4）加强容器在停用期间的维护。停用的容器，必须将内部的介质排除干净，腐蚀性介质要经过排放、置换、清洗等技术处理。要经常保持容器的干燥和清洁，防止大气腐蚀。

（5）经常保持容器的完好状态。容器上所有的安全装置和计量仪表，应定期进行调整校正，使其始终保持灵敏、准确；容器的附件、零件必须保持齐全和完好无损，连接紧固件残缺不全的容器，禁止投入运行。

三、锅炉和压力容器检验检修安全技术

(一) 锅炉检验检修安全技术

1. 锅炉定期检验类别

根据《锅炉定期检验规则》(TSG G7002—2015),锅炉定期检验工作包括外部检验、内部检验和水(耐)压试验三种。

2. 锅炉定期检验周期

(1) 外部检验,每年进行一次。

(2) 内部检验,一般每2年进行一次,成套装置中的锅炉结合成套装置的大修周期进行,电站锅炉结合锅炉检修同期进行,一般每3~6年进行一次;首次内部检验在锅炉投入运行后一年进行,成套装置中的锅炉和电站锅炉可以结合第一次检修进行。

(3) 水(耐)压试验,检验人员或者使用单位对锅炉安全状况有怀疑时,应当进行水(耐)压试验;锅炉因结构原因无法进行内部检验时,应当每3年进行一次水(耐)压试验。

(4) 除正常的定期检验以外,锅炉有下列情况之一时,也应当进行内部检验:

①移装锅炉投运前。

②锅炉停止运行1年以上(含1年)需要恢复运行前。

3. 锅炉水(耐)压试验

试验步骤:

(1) 缓慢升压至工作压力,升压速率不超过0.5MPa/min。

(2) 暂停升压,检查是否有泄漏或者异常现象。

(3) 继续升压至试验压力,升压速率不超过0.2MPa/min,并且注意防止超压。

(4) 在试验压力下保持20min。

(5) 缓慢降压至工作压力,降压速率不超过0.5MPa/min。

(6) 在工作压力下,检查所有参加水(耐)压试验的受压部件表面、焊缝、胀口等处是否有渗漏、变形;检查管道、阀门、仪表等连接部位是否有渗漏。

(7) 缓慢泄压。

(8) 检查所有参加试验的受压部件是否有明显残余变形。

4. 锅炉定期检验结论

(1) 内部检验结论。

现场检验工作完成后,检验机构应当根据检验情况,结合使用单位对缺陷和问题处理或者整改情况的书面回复,做出以下检验结论:

①符合要求,未发现影响锅炉安全运行的问题或者对问题进行整改合格。

②基本符合要求,发现存在影响锅炉安全运行的问题,采取了降低参数运行、缩短检验周期或者对主要问题加强监控等有效措施。

③不符合要求,发现存在影响锅炉安全运行的问题,未对问题整改合格或者未采取有效措施。

(2) 外部检验结论。

现场检验工作完成后,检验机构应当根据检验情况,结合使用单位对缺陷和问题处理或者整改情况的书面回复,做出以下检验结论:

①符合要求,未发现影响锅炉安全运行的问题或者对问题进行整改合格。

②基本符合要求，发现存在影响锅炉安全运行的问题，采取了降低参数运行、缩短检验周期或者对主要问题加强监控等有效措施。

③不符合要求，发现存在影响锅炉安全运行的问题，未对问题整改合格或者未采取有效措施。

（3）水（耐）压试验合格要求。

①水压试验。a. 在受压元件金属壁和焊缝上没有水珠和水雾；b. 当降到工作压力后，胀口处不滴水珠；c. 在降到额定工作压力后，铸铁锅炉锅片的密封处不滴水珠；d. 水压试验后，没有发现明显残余变形。

②有机热载体锅炉耐压试验。a. 受压元件金属壁和焊缝没有渗漏；b. 耐压试验后，没有发现明显残余变形。

（4）试验结论。

①合格，符合规则要求。

②不合格，不符合规则要求。

（二）压力容器检验检修安全技术

1. 压力容器定期检验

根据《压力容器定期检验规则》（TSG G7001—2015），压力容器定期检验是指特种设备检验机构（以下简称检验机构）按照一定的时间周期，在压力容器停机时，根据本规则的规定对在用压力容器的安全状况所进行的符合性验证活动。

2. 压力容器定期检验周期

压力容器一般于投用后3年内进行首次定期检验。以后的检验周期由检验机构根据压力容器的安全状况等级，按照以下要求确定：

（1）安全状况等级为1、2级的，一般每6年检验一次。

（2）安全状况等级为3级的，一般每3～6年检验一次。

（3）安全状况等级为4级的，监控使用，其检验周期由检验机构确定，累计监控使用时间不得超过3年，在监控使用期间，使用单位应当采取有效的监控措施。

（4）安全状况等级为5级的，应当对缺陷进行处理，否则不得继续使用。

（5）有下列情况之一的压力容器，定期检验周期可以适当缩短：

①介质对压力容器材料的腐蚀情况不明或者腐蚀情况异常的。

②具有环境开裂倾向或者产生机械损伤现象，并且已经发现开裂的。

③改变使用介质并且可能造成腐蚀现象恶化的。

④材质劣化现象比较明显的。

⑤使用单位没有按照规定进行年度检查的。

⑥检验中对其他影响安全的因素有怀疑的。

⑦采用"亚铵法"造纸工艺，并且无有效防腐措施的蒸球，每年至少进行一次定期检验。

⑧使用标准抗拉强度下限值大于或者等于540MPa低合金钢制造的球形储罐，投用一年后应当开罐检验。

3. 压力容器安全状况等级的划分

按照《锅炉压力容器使用登记管理办法》的规定，根据压力容器的安全状况，将新压力容器划分为1、2、3三个等级，在用压力容器划分为2、3、4、5四个等级，每个等级划分原则如下：

(1) 新压力容器。

1级：压力容器出厂技术资料齐全；设计、制造质量符合有关法规和标准的要求；在规定的定期检验周期内，在设计条件下能安全使用。

2级：出厂技术资料齐全；设计、制造质量基本符合有关法规和要求，但存在某些不危及安全且难以纠正的缺陷，出厂时已取得设计单位、使用单位和使用单位所在地安全监察机构同意；在规定的定期检验周期内，在设计规定的操作条件下能安全使用。

3级：出厂技术资料基本齐全；主体材料、强度、结构基本符合有关法规和标准的要求；但制造时存在的某些不符合法规和标准的问题或缺陷，出厂时已取得设计单位、使用单位和使用单位所在地安全监察机构同意；在规定的定期检验周期内，在设计规定的操作条件下能安全使用。

(2) 在用压力容器。

2级：技术资料基本齐全；设计制造质量基本符合有关法规和标准的要求；根据检验报告，存在某些不危及安全且不易修复的一般性缺陷；在规定的定期检验周期内，在规定的操作条件下能安全使用。

3级：技术资料不够齐全；主体材料、强度、结构基本符合有关法规和标准的要求；制造时存在某些不符合法规和标准的问题或缺陷，焊缝存在超标的体积性缺陷，根据检验报告，未发现缺陷发展或扩大；其检验报告确定在规定的定期检验周期内，在规定的操作条件下能安全使用。

4级：主体材料不符合有关规定，或材料不明，或虽属选用正确，但已有老化倾向；主体结构有较严重的不符合有关法规和标准的缺陷，强度经校核尚能满足要求；焊接质量存在线性缺陷；根据检验报告，未发现缺陷由于使用因素而发展或扩大；使用过程中产生了腐蚀、磨损、损伤、变形等缺陷，其检验报告确定为不能在规定的操作条件下或在正常的检验周期内安全使用。必须采取相应措施进行修复和处理，提高安全状况等级，否则只能在限定的条件下短期监控使用。

5级：无制造许可证的企业或无法证明原制造单位具备制造许可证的企业制造的压力容器；缺陷严重、无法修复或难于修复、无返修价值或修复后仍不能保证安全使用的压力容器，应予以判废，不得继续作承压设备使用。

4. 压力容器检验前的准备工作

(1) 影响检验的附属部件或者其他物体，按照检验要求进行清理或者拆除。

(2) 为检验而搭设的脚手架、轻便梯等设施应安全牢固（对离地面2m以上的脚手架设置安全护栏）。

(3) 需要进行检验的表面，特别是腐蚀部位和可能产生裂纹缺陷的部位，彻底清理干净，露出金属本体；进行无损检测的表面达到《承压设备无损检测》(JB/T 4730)的有关要求。

(4) 需要进入压力容器内部进行检验，将内部介质排放、清理干净，用盲板隔断所有液体、气体或者蒸汽的来源，同时设置明显的隔离标志，禁止用关闭阀门代替盲板隔断。

(5) 需要进入盛装易燃、易爆、助燃、毒性或者窒息性介质的压力容器内部进行检验，必须进行置换、中和、消毒、清洗，取样分析，分析结果达到有关规范、标准规定；取样分析的间隔时间应当符合使用单位的有关规定；盛装易燃、易爆、助燃介质的，严禁用空气置换。

(6) 入孔和检查孔打开后，必须清除可能滞留的易燃、易爆、有毒、有害气体和液体，压力容器内部空间的气体含氧量（体积比）在18%~23%之间；必要时，还需要配备通风、安全救护等设施。

（7）高温或者低温条件下运行的压力容器，按照操作规程的要求缓慢地降温或者升温，使之达到可以进行检验工作的程度，防止造成伤害。

（8）能够转动或者其中有可动部件的压力容器，必须锁住开关，固定牢靠；移动式压力容器检验时，采取有效措施防止移动。

（9）切断与压力容器有关的电源，设置明显的安全警示标志；检验照明用电电压不得超过24V，引入压力容器内的电缆必须绝缘良好、接地可靠。

（10）需要现场进行射线检测时，隔离出透照区，设置警示标志。

检验时，使用单位压力容器安全管理人员、操作和维护等相关人员应当到场协助检验工作，及时提供有关资料，负责安全监护，并且设置可靠的联络方式。

5. 压力容器检验检修中的安全注意事项

（1）注意通风和监护。进入压力容器进行检验时，容器外必须有人监护，并且有可靠的联络措施。

（2）注意用电安全。在容器内检验而用电灯照明时，照明电压不应超过24V。检验仪器和修理工具的电源电压超过36V时，必须采用绝缘良好的软线和可靠的接地线。容器内严禁采用明火照明。

（3）禁止带压拆装连接部件。检验检修压力容器时，如需要卸下或上紧承压部件的紧固件，必须将压力全部泄放以后方能进行，不能在容器内有压力的情况下卸下或上紧螺栓或其他紧固件，以防发生意外事故。

（4）检验时，使用单位压力容器管理人员和相关人员到场配合，协助检验工作，负责安全监护。

典型例题

1. 为防止发生炉膛爆炸事故，锅炉点火应严格遵守安全操作规程。下列关于锅炉点火操作过程的说法中，正确的是（　　）。

A. 燃气锅炉点火前应先自然通风5～10min，送风之后投入点燃火炬，最后送入燃料
B. 煤粉锅炉点火前应先开动引风机5～10min，送入燃料后投入点燃火炬
C. 燃油锅炉点火前应先自然通风5～10min，送入燃料后投入点燃火炬
D. 燃气锅炉点火前应先开动引风机5～10min，送入燃料后迅速投入点燃火炬

【解析】防止炉膛爆炸的措施是：点火前，开动引风机给炉膛通风5～10min；没有风机的可自然通风5～10min，以清除炉膛及烟道中的可燃物质。点燃气、油炉、煤粉炉时，应先送风，之后投入点燃火炬，最后送入燃料，选项A正确。

2. 锅炉正常停炉时，为避免锅炉部件因高温收缩不均匀产生过大的热应力，必须控制降温速度。下列关于停炉操作的说法中，正确的是（　　）。

A. 对燃油燃气锅炉，炉膛停火后，引风机应停止引风
B. 对无旁通烟道的可分式省煤器，不经省煤器进行上水
C. 在正常停炉的4～6h内，应紧闭炉门和烟道挡板
D. 当锅炉降到90℃时，方可全部放水

【解析】对于燃气、燃油锅炉，炉膛停火后，引风机至少要继续引风5min以上。停炉时应打开省煤器旁通烟道，关闭省煤器烟道挡板，但锅炉进水仍需经省煤器。在正常停炉的4～6h内，应紧闭炉门和烟道挡板。在锅水温度降至70℃以下时，方可全部放水，选项C正确。

3. 某采油厂于 2013 年 5 月 10 日购买了 1 台液化石油气（LPG）储罐，2016 年 5 月 20 日对该储罐装置进行了首次全面检验，提出了检验结论，并出具了检验报告，该 LPG 储罐的安全状况等级为 3 级，该储罐下次全面检验周期一般为（　　）。

  A．1～2 年　　　　　　　　　　　　B．2～3 年
  C．3～6 年　　　　　　　　　　　　D．6～9 年

【解析】压力容器一般应当于投用满 3 年时进行首次全面检验。下次的全面检验周期为：①安全状况等级为 1、2 级的，一般每 6 年一次；②安全状况等级为 3 级的，一般 3～6 年一次；③安全状况等级为 4 级的，应当监控使用，累计监控使用时间不得超过 3 年。

4. 做好压力容器的维护保养工作，可以使容器经常保持完好状态，提高工作效率，延长容器使用寿命。下列关于压力容器维护保养做法的说法中，正确的是（　　）。

  A．如只是局部防腐层损坏，可以继续使用压力容器
  B．防止氧气罐腐蚀，最好使氧气经过干燥，或在使用中经常排放容器中的积水
  C．对于临时停用的压力容器，可不清除内部的存储介质
  D．压力容器上的安全装置和计量仪表，定期进行维护，根据需要进行校正

【解析】保持完好的防腐层的压力容器才可以继续使用，选项 A 错误。停用的容器，必须将内部的介质排除干净，腐蚀性介质要经过排放、置换、清洗等技术处理，选项 C 错误。容器上所有的安全装置和计量仪表，应定期进行调整校正，选项 D 错误。

5. 安全阀的作用是为了防止设备容器内压力过高而引起爆炸，包括防止物理爆炸和化学爆炸，因此，安全阀的安装位置有很多注意事项。根据《安全阀安全技术监察规程》（TSG ZF001），下列安全阀的安装位置及方式中，不符合要求的是（　　）。

  A．在设备或者管道上的安全阀水平安装
  B．液体安全阀装在正常液压的下面
  C．蒸汽安全阀装在锅炉的蒸汽集箱的最高位置
  D．蒸汽安全阀装在锅炉的锅筒气相空间

【解析】安全阀在设备或者管道上的安全阀铅直安装，选项 A 错误。

6. 锅炉正常停炉应注意的主要问题是防止降压降温过快，以避免锅炉部件因降温收缩不均匀而产生过大的热应力。下列关于锅炉停炉操作的选项中，正确的有（　　）。

  A．先减少引风，停止燃料供应，随之停止送风
  B．逐渐降低锅炉负荷，相应地减少锅炉上水
  C．对于燃气锅炉，炉膛停火后，立即关闭引风机
  D．打开省煤器旁通烟道，关闭省煤器烟道挡板
  E．为保护过热器，可打开过热器出口集箱疏水阀适当放气

【解析】锅炉正常停炉流程为：先停燃料供应，随之停止送风，减少引风；与此同时，逐渐降低锅炉负荷，相应地减少锅炉上水，但应维持锅炉水位稍高于正常水位。对于燃气、燃油锅炉，炉膛停火后，引风机至少要继续引风 5min 以上。锅炉停止供汽后，应隔断与蒸汽母管的连接，排气降压。为保护过热器，防止其金属超温，可打开过热器出口集箱疏水阀适当放气。

答案：1.A　2.C　3.C　4.B　5.A　6.BDE

第三节　气瓶安全技术

一、气瓶概述

(一) 瓶装气体的分类

(1) 压缩气体：是指在-50℃时加压后完全是气态的气体，也称永久气体。

(2) 高（低）压液化气体：是指在温度高于-50℃时加压后部分是液态的气体。

(3) 低温液化气体：是指在运输过程中由于深冷低温而部分呈液态的气体，临界温度（T_c）一般低于或者等于-50℃，也称深冷液化气体或者冷冻液化气体。

(4) 溶解气体：在压力下溶解于气瓶内溶剂中的气体。易分解和聚合的可燃气体。

(5) 吸附气体：在压力下吸附于吸附剂中的气体。

(6) 混合气体与标准气体。

(二) 气瓶常识

把容积不超过3 000L，用于储存和运输压缩气体、液化气体的可重复充装的移动式容器叫作气瓶。

《气瓶安全技术规程》(TSG 23—2021) 按照公称工作压力，将气瓶分为高压气瓶（大于或等于10MPa）和低压气瓶（小于10 MPa）。气瓶水压试验压力为公称工作压力的1.5倍。

(三) 气瓶的安全附件

气瓶附件包括瓶阀、瓶帽、保护罩、安全泄压装置、防震圈、气瓶专用爆破片等。

1. 瓶阀

瓶阀是装在气瓶瓶口上的，用于控制气体进入或排出气瓶的组合装置。气瓶瓶体只有装有瓶阀，才能构成一个完整的密闭容器，才能具有盛装气体的功能。可以说瓶阀是气瓶的主要附件。

瓶阀主要由阀体、阀杆、阀芯、密封圈、锁紧螺母等零部件组成，如图3-7所示。

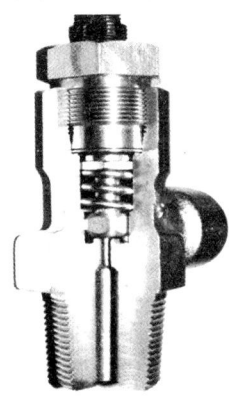

图 3-7　瓶阀

瓶阀应满足下列要求：

(1) 瓶阀上与气瓶连接的螺纹，必须与瓶体螺纹匹配并保证密封可靠性。

(2) 盛装助燃和不可燃气体瓶阀的出气口螺纹为右旋，可燃气体瓶阀出气口螺纹为左旋。

(3) 工业用非重复充装瓶阀必须采用焊接方式与非重复充装气瓶装配，瓶阀与瓶体的连接方式采用焊接。

(4) 公称容积大于 100L 的液化石油气瓶使用的气相瓶阀，宜设计成带有液位限定功能或者带有电子防伪识读功能的直阀或者角阀，液相瓶阀宜设计成单向阀。

(5) 任何与气体接触的金属或者非金属瓶阀材料与气瓶内充装的气体具有相容性。

(6) 与乙炔接触的瓶阀材料，选用含铜量小于 65% 的铜合金，否则会生成爆炸性物质乙炔铜。

(7) 氧气和强氧化性气体气瓶的瓶阀密封材料，必须采用无油的阻燃材料。

2. 瓶帽和保护罩

瓶帽是装在气瓶顶部、阀门之外的帽罩式安全附件，是气瓶保护帽的简称。其功能在于避免气瓶在搬运、运输或者使用过程中受碰撞或冲击损伤阀门。

为防止气体泄漏或超压泄放造成瓶帽爆炸，在瓶帽上要开有对称的泄气孔。泄气孔对称开设是为了避免气体由一侧排出而产生的反作用，使气瓶倾倒或旋转。

气瓶瓶帽的结构形式有可卸式和固定式两种，如图 3-8 所示。

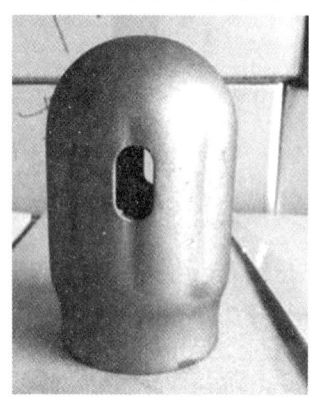 

可卸式　　　　　　　　　固定式

图 3-8　瓶帽结构示意图

瓶帽和保护罩应满足下列要求：

(1) 无缝气瓶出厂时，应当装配不影响瓶阀手轮正常使用的保护罩，并且不得装配螺纹式瓶帽。

(2) 公称容积大于或者等于 10L 的钢质焊接气瓶（含溶解乙炔气瓶），应当装配不可拆卸的保护罩或者固定式瓶帽。

(3) 气瓶保护罩或者固定式瓶帽应当具有良好的抗撞击性，不得用铸铁制造；公称容积小于或者等于 5L 的钢质无缝气瓶和公称容积小于或者等于 15L 的铝合金无缝气瓶的保护罩，可以用工程塑料制造。

3. 安全泄压装置

安全泄压装置是包括气瓶在内的所有承压设备的保护装置。它在设备超压运行时能迅速自动泄放气体，降低压力，以保护设备不因过量超压而发生爆炸。

(1) 安全泄压装置的类型。

目前常用的安全泄压装置有 4 种，即易熔塞合金装置、爆破片装置、安全阀和爆破片－易熔塞复合装置，见表 3-11。

表 3-11 安全泄压装置的种类

装置种类	工作原理	使用范围	使用要求	实物图
易熔塞合金	通过控制温度来控制瓶内的温升压力，只适用于气瓶，而不适用于固定式容器	我国目前使用的易熔塞合金装置的动作温度有102.5℃、100℃和70℃三种。溶解乙炔的易熔塞合金装置，其动作温度为100℃。其他气瓶的易熔塞合金装置的动作温度为70℃。车用压缩天然气气瓶的易溶塞合金装置的动作温度为110℃	组成的金属必须与瓶内介质相适应，不与瓶内气体发生化学反应，也不影响气体的质量	
爆破片	气瓶内压力因达到规定的压力限定值（一般为气瓶水压试验压力）时，爆破片立即破裂，形成通道，使气瓶排气泄压	永久气体气瓶的爆破片一般装配在气瓶阀门上		
安全泄压阀	依靠工作介质压力的作用克服加载机构加于阀瓣的机械载荷，使阀门开启	机构简单、紧凑，而且可重新关闭，保持密封状态，但泄压反应慢（因阀的开启具有滞后作用）、对介质的洁净度要求很高、密封性能差（是各类泄压装置中最差的一种）		
复合装置	爆破片－易熔塞复合装置由爆破片与易熔塞串联组装而成。密封性能更佳，因为它具有双重密封机构。在正常情况下，易熔塞不承受瓶内介质压力（被爆破片隔离），所以不易被挤压脱落	复合装置只有在环境温度和瓶内压力都分别达到了规定值的条件才发生动作、泄压排气，一般不会发生误动作。		

（2）安全泄压装置的要求。

①车用气瓶、溶解乙炔气瓶、焊接绝热气瓶、液化气体气瓶集束装置，以及长管拖车和管束式集装箱用大容积气瓶，应当装设安全泄压装置。

②盛装剧毒气体、自燃气体的气瓶，禁止装设安全泄压装置。

③盛装有毒气体的气瓶不应当单独装设安全阀，盛装高压有毒气体的气瓶应当选用爆破片－易熔合金塞复合装置。

④燃气气瓶和氧气、氮气以及惰性气体气瓶，一般不装设安全泄压装置。

⑤盛装易于分解或者聚合的可燃气体、溶解乙炔气体的气瓶，应当装设易熔合金塞装置。

⑥盛装液化天然气以及其他可燃气体的低温绝热气瓶内胆，至少装设2只安全阀；盛装其他低温液化气体的低温绝热气瓶，应当装设爆破片装置和安全阀。

⑦车用液化石油气钢瓶、车用二甲醚钢瓶，应当装设带安全阀的组合阀或者分立的安全

阀；车用压缩天然气气瓶，应当装设爆破片-易熔合金塞串联复合装置或者玻璃泡装置。

⑧工业用非重复充装焊接钢瓶应当装设爆破片。

（3）安全泄压装置的装设部位。

①安全泄压装置的气体泄放出口装设位置和方式，不得对气瓶本体的安全性能以及气瓶正常使用、搬运造成影响。

②无缝气瓶的安全泄压装置，应当装设在瓶阀上。

③焊接气瓶的安全泄压装置，应当单独设置在气瓶封头上或者装设在瓶阀或者阀座上。

④工业用非重复充装焊接钢瓶的爆破片装置，应当焊接在气瓶封头上。

⑤低温绝热气瓶的安全泄压装置，应当装设在气瓶外壳的封头部位。

⑥溶解乙炔气瓶安全泄压装置，应当将易熔合金塞装设在气瓶上封头、阀座或者瓶阀上。

⑦爆破片-易熔合金塞复合装置中的爆破片，应当置于与瓶内介质接触的一侧。

4. 防震圈

防震圈是指套在气瓶外面的弹性物质，是气瓶防震圈的简称。防震圈的主要功能是防止气瓶受到直接冲撞。

防震圈的基本要求：

（1）材料应具有一定的抗拉强度，使其制成的防震圈在装配时不致轻易被拉断。

（2）材料应具有一定的弹性和塑性，使其制成的防震圈能紧紧套在气瓶上而不会自动脱落。

（3）材料应具有一定的硬度，使防震圈能够经受撞击。

（四）气瓶的颜色标记和钢印标志

（1）颜色标记：各种介质气瓶的颜色标记是指涂敷在气瓶外表面的颜色、字样、字色以及色环，是识别气瓶内所充装气体的标志。

（2）钢印标志：气瓶的钢印标志是识别气瓶的重要依据。

气瓶钢印标志位置及内容如图3-9所示。

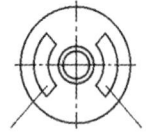
制造钢印标志　定期检验钢印标志
(a) 铜印打在瓶肩时的位置

制造钢印标志　定期检验钢印标志
(b) 钢印打在护罩上的位置

制造钢印标志　定期检验钢印标志
(c) 钢印打在铭牌上的位置

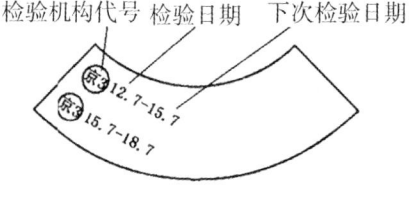

(d) 制造钢印标志的项目和排列　　(e) 定期检验钢印标志

1—产品标准号；2—气瓶编号；3—水压试验压力（MPa）；4—公称工作压力（MPa）；5—监检标记；6—制造单位代号；7—制造日期；8—设计使用年限；9—瓶体设计壁厚（mm）；10—实际容积（L）；11—实际重量（kg）；12—充装气体名称或者化学分子式；13—液化气体最大充装量（kg）；14—气瓶制造许可证编号

图3-9　气瓶钢印标志位置及内容

二、气瓶充装

（一）充装管理要求

（1）气瓶实行固定单位充装制度，充装单位应取得充装许可，气瓶使用单位应办理使用登记。

（2）气瓶充装单位应在重装完毕验收合格的气瓶上粘贴合格标签，无标签的气瓶不得出充装站。

（3）严禁充装未检、改装气瓶、翻新气瓶和报废气瓶。

（4）气瓶充装单位发生暂停充装等情况，应当向所在市级质监部门报告，可委托辖区内有相应资质的单位临时充装，并告知省级质监部门。

（二）充装基本要求

（1）气瓶充装单位对气瓶的充装安全负责，制定相应的安全管理制度和安全操作规程，制定特种设备事故（特别是泄漏事故）应急预案和救援措施。

（2）气瓶充装单位应当在自有产权或者托管的气瓶上粘贴气瓶警示标签。

（3）气瓶充装单位应当在气瓶充装前和充装后，由取得气瓶充装作业人员证书的人员对气瓶进行逐只检查，并做好检查和充装记录。

（三）充装特殊规定

（1）氢气瓶：氢气中含氧量超过0.5%时，严禁充装。

（2）乙炔气瓶：一般分两次充装，中间的时间间隔不少于8h。

（3）禁止在充装站外由罐车等移动式压力容器直接对气瓶进行充装；禁止将气瓶内的气体直接向其他气瓶倒装。

三、充装站对气瓶的日常管理

（一）气瓶的装卸运输

1. 气瓶装卸要求

（1）气瓶轻装、轻卸。

（2）严禁抛、滑、滚、碰。

（3）严禁拖曳、随地平滚、顺坡横或竖滑下或用脚踢。

（4）严禁肩扛、背驮、怀抱、臂挟、托举等。

（5）将气瓶举放至高处或搁放至低处时必须两人同时操作。

2. 气瓶吊运要求

（1）将散装瓶装入集装箱内，固定好气瓶，用机械起重设备吊运。

（2）不得使用电磁起重机吊运气瓶。

（3）不得使用金属链绳捆绑后吊运气瓶。

（4）吊运气瓶不得选择瓶帽为吊点。

3. 气瓶运输要求

（1）氧气瓶不可与可燃气体气瓶同车。

（2）气瓶立放时运输车辆应有固定气瓶的相应装置，散装直立气瓶高出栏板部分不应高于气瓶高度的1/4；卧放时，瓶阀端应朝向一方，垛高不得超过5层且不得超过车厢。

（3）运输气瓶的车上严禁烟火。

（4）夏季时气瓶要防晒。

（5）化学性质相抵触的气体（如氧气、氯气与氢气；乙炔和液化石油气）不得同车运输，氧化或强氧化气体气瓶不得和易燃品、油脂及沾有油脂的物品同车运输。

（6）严禁用叉车、翻斗车或铲车搬运气瓶。严禁用自卸汽车、挂车或长途客运汽车运送气瓶，同时也不准许装运气瓶的货车载客。

（7）运送气瓶的汽车应遵守公安、交通部门有关危险品运输的安全规定，严禁在首脑机关、居民密集处、超市闹市区及学校等处停车。运输车停靠时，司机和押运员不得同时离开车辆。

（8）司机、装卸及押运员均应明确所运输的气体性质、安全注意事项和紧急处置措施。

（二）气瓶的贮存、保管

（1）气瓶瓶库不得少于两个出口，屋顶应为轻型结构，应有足够的泄压面积，可燃、有毒、窒息库房应有自动报警装置。

（2）可燃气体的气瓶不可与氧化性气体气瓶同库储存；氢气不准与笑气、氨、氯乙烷、环氧乙烷、乙炔等同库。

（3）气瓶库最大的存瓶数不得超过3 000只。如库房用密封防火墙分隔单室，则每室存放可燃、有毒气瓶不得超过500只；存放不燃无毒气体气瓶不得超过1 000只。可燃气体的气瓶不准在绝缘体上存放，以防止静电产生。

（4）气瓶的库房应与其他建筑物保持一定的距离，应为单层建筑，墙壁及屋顶的建筑材料应为防火材料。

（5）应当遵循先入库先发出的原则。应设立明显的警示标签，如禁止烟火、当心爆炸等。

（6）库房应设有相应的灭火器材，库房周围严禁存放易燃易爆物品。库房内应设有适当的通道。

（7）盛装易发生聚合反应或分解反应的气瓶，必须根据气体性质控制瓶库内的温度，规定储存期限，避开放射源。

（8）空、实瓶应分开放置，并有明显标志，毒性气体气瓶和瓶内气体相互接触能引起燃烧、爆炸、产生毒物的，应分室存放，并设置防毒用具。

（9）气瓶放置应整齐，并佩戴瓶帽，立放时，应有防倾倒措施；横放时，头部朝向一方。

（10）为了防止气瓶的混放，避免气瓶混淆，气瓶充装单位应设置待检气瓶区、待充气瓶区、实瓶存放区、不合格气瓶存放区。应按气体性质分类存放。有足够的防火安全距离。

（三）气瓶的发送

气瓶发送前应检查：

（1）气瓶发送应检查安全附件是否齐全，不全的应补齐。

（2）发送前，应检查气瓶警示标签是否齐全。

（3）气瓶发送应随带气体质量证明或气体检验合格证。

（四）气瓶的报废

1. 气瓶进行报废的要求

（1）气瓶或者瓶阀使用时间超过其设计使用年限的。

（2）车用气瓶随报废车辆一同报废，其中出租车使用的车用压缩天然气瓶使用时间最长为8年。

（3）低温绝热气瓶的绝热性能无法满足使用要求并且无法修复的。

对于设计使用年限不清的气瓶，应当按照表3-12的规定确定设计使用年限。

表 3-12 常用气瓶的设计使用年限

序号	气瓶品种	设计使用年限/a
1	钢质无缝气瓶	20
2	铝合金无缝气瓶	
3	溶解乙炔气瓶及吸附式天然气钢瓶	
4	钢质焊接气瓶	
5	焊接绝热气瓶	
6	长管拖车、管束式集装箱用大容积钢质无缝气瓶	
7	汽车用压缩天然气钢瓶、车用液化石油气钢瓶、车用液化二甲醚钢瓶	15
8	金属内胆纤维缠绕气瓶（不含车用氢气瓶）	
9	盛装腐蚀性气体或者在海洋易腐蚀环境中使用的钢质无缝气瓶、钢质焊接气瓶	12
10	汽车用液化天然气气瓶、车用压缩氢气铝内胆碳纤维全缠绕气瓶	10
11	燃气气瓶	8

2. 报废气瓶的处理

使用单位不得使用存在严重事故隐患、经检验不合格或者应当予以报废的气瓶。对需要报废的气瓶，应当依法履行报废义务，自行或者将其送交气瓶检验机构进行消除使用功能的报废处理。

（1）消除报废气瓶使用功能的破坏性处理，应当采用压扁或者将瓶体解体等不可修复的方式。

（2）进行气瓶消除使用功能处理的机构应当对所处理的气瓶逐只进行记录，并且每年向负责办理气瓶使用登记的市场监管部门报告消除使用功能的气瓶数量。

（3）禁止任何单位或个人将报废气瓶（包括气瓶附件）修理、翻新后销售、使用。

（4）禁止任何单位或个人采用钻孔或者破坏瓶口螺纹的方式，对报废气瓶进行消除使用功能的处理。

（5）禁止任何单位或个人将报废气瓶未经消除使用功能的处理，而直接销售、交给其他单位或者个人。

· 典型例题 ·

1. 易熔塞合金装置由钢质塞体及其中心孔中浇铸的易熔合金构成，其工作原理是通过温度控制气瓶内部的温升压力，当气瓶周围发生火灾或遇到其他意外高温达到预定的动作温度时，易熔合金即熔化，易熔塞合金装置动作，瓶内气体由此塞孔排出，气瓶泄压。车用压缩天然气气瓶的易熔塞合金装置的动作温度为（　　）。

A. 80℃　　　　　　　　　　　B. 95℃
C. 110℃　　　　　　　　　　 D. 125℃

【解析】我国目前使用的易熔塞合金装置的公称动作温度有102.5℃、100℃、70℃三种，车用压缩天然气气瓶易熔塞合金装置的动作温度为110℃。

2. 气瓶的爆破片装置由爆破片和夹持器等组成，其安装位置应视气瓶的种类而定，无缝气瓶的爆破片装置一般装设在气瓶的（　　）。

A. 瓶颈上　　　B. 瓶阀上　　　C. 瓶帽上　　　D. 瓶底上

【解析】由于无缝气瓶瓶体上不宜开孔，高压无缝气瓶容积较小，安全泄放量也小，不需要太大的泄放面积，因此用于永久气体气瓶的爆破片一般装配在气瓶阀门上。

3. 气瓶的钢印标志是识别气瓶的重要依据，气瓶的钢印标志包括制造钢印标志和检验钢印标志。如下图所示，数字"8"与数字"10"分别代表的含义是（ ）。

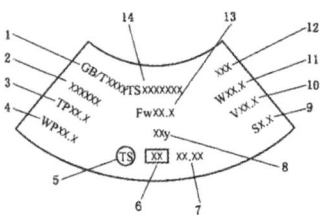

A. 产品标准号；气瓶编号　　　　　　B. 实际重量；瓶体设计壁厚
C. 监检标记；制造日期　　　　　　　D. 设计使用年限；实际容积

【解析】图中数字分别代表：1—产品标准号；2—气瓶编号；3—水压试验压力（MPa）；4—公称工作压力（MPa）；5—监检标记；6—制造单位代号；7—制造日期；8—设计使用年限；9—瓶体设计壁厚（mm）；10—实际容积（L）；11—实际重量（kg）；12—充装气体名称或者化学分子式；13—液化气体最大充装量（kg）；14—气瓶制造许可证编号。

4. 气瓶安全附件是气瓶的重要组成部分，对气瓶安全使用起着非常重要的作用，瓶阀、安全泄压装置、防震圈都属于气瓶安全附件。下列气物附件设计及使用的安全要求中，正确的有（ ）。

A. 易熔合金塞结构简单不得用于固定式压力容器
B. 盛装剧毒或自燃气体的气瓶禁止安装安全泄压装置
C. 安全阀的开启压力应不大于该气瓶的水压试验压力
D. 盛装氧气的气瓶瓶阀出气口螺纹应为左旋
E. 与乙炔接触的瓶阀材料铜含量应小于85%

【解析】易熔合金塞这种装置是通过控制温度来控制瓶内的温升压力的，所以也只适用于气瓶，而不是用于固定式容器，选项A正确。盛装剧毒气体、自燃气体的气瓶，禁止装设安全泄压装置，选项B正确。安全阀的开启压力不小于气瓶水压试验压力的75%，并且不大于气瓶水压试验压力，选项C错误。盛装助燃和不可燃气体瓶阀的出气口螺纹为右旋，可燃气体瓶阀的出气口螺纹为左旋，选项D错误。与乙炔接触的瓶阀材料，选用含铜量小于65%的铜合金（质量比）；这是因为铜会与乙炔起反应，生成乙炔铜，乙炔铜是一种爆炸性化合物，选项E错误。

答案：1. C　2. B　3. D　4. AB

第四节　压力管道安全技术

一、压力管道安全附件

压力管道常用的安全附件和安全保护装置中的安全阀、爆破片、温度计、压力表等与压力容器基本类似。

（一）安全泄压装置

与锅炉压力容器类似，压力管道上也要安装安全泄压装置。

1. 长输输气管道安全泄压装置

（1）输气站应在进站截断阀上游和出站截断阀下游设置泄压放空装置。

(2）输气干线截断阀上下游均应设置放空管，应能迅速放空两截断阀之间管段内的气体。

(3）输气站存在超压可能的设备和容器，应设置安全阀。

2．热力管道的超压保护装置

泄压装置多采用安全阀，安全阀开启压力一般为正常最高工作压力的1.1倍，最低为1.05倍。

3．工业管道安全泄压装置的通用要求

(1）除特殊情况外，处于运行中可能超压的管道系统均应设置泄压装置。泄压装置可采用安全阀、爆破片装置或者两者组合使用。

(2）不宜使用安全阀的场合可以使用爆破片。

(3）安全阀应按照需要排放的气（汽）体或液体介质进行选用，并考虑背压的影响。安全阀或爆破片的入口管道和出口管道上不宜设置切断阀。

（二）用于控制介质压力和流动状态的装置

1．调压装置

调压装置就是用来控制系统工作压力的设备，如将高压燃气降至所需压力，并使出口压力保持稳定不变。

2．止回阀

在需防止流体倒流的工业管道上，应设置止回阀。

3．切断装置

(1）紧急切断装置。可燃液化气或者可燃压缩气贮运和装卸设施中，重要的气相和液相管道应当设置紧急切断装置。

(2）线路截断阀。长输管道均需设置线路截断阀。

(3）切断阀。工业管道中进出装置的可燃、易爆、有毒介质管道应在边界处设置切断阀，并在装置侧设"8"字盲板。

（三）阻火器

阻火器是用来阻止易燃气体、液体的火焰蔓延和防止回火而引起爆炸的安全装置。

1．阻火器的型式

按功能可分为爆燃型和轰爆型，其中爆燃型阻火器是用于阻止火焰以亚音速通过的阻火器，轰爆型阻火器是用于阻止火焰以音速或超音速通过的阻火器。

2．选用阻火器的要求

(1）选用阻火器时，其最大间隙应不大于介质在操作工况下的最大试验安全间隙。

(2）选用的阻火器的安全阻火速度应大于安装位置可能达到的火焰传播速度。

(3）阻火器的填料要有一定强度，且不能与介质起化学反应。

(4）对于水封型阻火器可采用连续流动水或者加防冻剂的方法防冻。

(5）阻火器不得靠近炉子和加热设备，除非阻火单元温度升高不会影响其阻火性能。

(6）单向阻火器安装时，应当将阻火侧朝向潜在点火源。

（四）防静电设施

可燃介质管道应有静电接地设施，并测量各连接接头间的电阻值和管道系统的对地电阻值。电阻值超过规定时，应当设置跨接导线和接地引线。

（五）凝水缸

为排除燃气管道中的冷凝水和天然气管道中的轻质油，管道敷设时应有一定坡度，以便在低处设凝水缸,将汇集的水或油排出。

(六) 放散管

放散管是一种专门用来排放管道中的空气或燃气的装置。在城镇燃气管网中,放散管一般设在闸井中,在管网中安装在阀门前后,在单向供气的管道上则安装在阀门之前。

(七) 泄漏气体安全报警装置

在易燃易爆场所,通常要安装泄漏气体安全报警装置。

(八) 阴极保护装置

在埋地敷设的线路中,设置阴极保护装置是目前防止管道受地下外部环境影响而产生腐蚀破坏的最重要措施之一。阴极保护有牺牲阳极法和强制电流法两种保护形式。

(九) 压力表、温度计

压力管道上装设的压力表必须与使用介质相适应。低压管道使用的压力表精度应当不低于2.5级,中压、高压管道使用的压力表精度应当不低于1.5级。压力管道上使用的温度计,主要用于测量介质的温度。

二、压力管道使用安全技术

(一) 压力管道的安全操作

1. 基本要求

压力管道操作过程中,操作人员应严格控制工艺指标,正确操作,严禁超压、超温运行;加载和卸载速度不能太快;高温或低温(-20℃以下)条件下工作的管道,加热或冷却应缓慢进行;开工升温过程中,高温管道需对管道法兰连接螺栓进行热紧,低温管道需进行冷紧;管道运行时应尽量避免压力和温度的大幅波动;尽量减少管道开停次数,并注意以下工作:

(1) 操作工艺条件的控制。

(2) 交变载荷控制。在交变载荷的作用下,在几何结构不连续和焊缝附近存在应力集中的地方,材料容易发生低周疲劳破坏。

(3) 腐蚀性介质含量控制。

2. 管线巡查

巡回检查的项目主要有:

(1) 各项工艺操作指标参数、系统平稳运行情况。

(2) 管道接头、阀门及各管件密封情况。

(3) 防腐层、保温层完好情况。

(4) 管道振动情况。

(5) 管道支吊架的紧固、腐蚀和支承情况,管架、基础完好情况。

(6) 阀门等操作机构润滑状况。

(7) 安全阀、压力表等安全保护装置运行状况。

(8) 静电跨接、静电接地、抗腐蚀阴极保护装置的运行和完好状况。

(9) 地表环境情况。

(10) 其他缺陷。

(二) 压力管道的维护保养

维护保养是延长管道使用周期的基础。压力管道的日常维护保养主要包括以下内容:

(1) 经常检查压力管道的腐蚀防护系统,确保压力管道腐蚀防护系统有效。

(2) 阀门操作机构要经常除锈上油并定期检查，保证其开关灵活。

(3) 安全阀、压力表要经常擦拭，确保其灵活、准确，并按时进行检查和校验。

(4) 定期检查紧固螺栓完好状况，做到数量齐全、不锈蚀、丝扣完整，连接可靠。

(5) 发现管道因外来因素产生较大振动或摩擦等情况时，应分析原因并消除异常振动和摩擦。

(6) 静电跨接和接地装置要保持良好完整，及时消除缺陷，防止故障发生。

(7) 及时消除跑冒滴漏。

(8) 管道的底部和弯曲处是系统的薄弱环节，最易发生腐蚀和磨损，因此必须经常对这些部位进行检查，发现损坏时，应及时采取修理措施。

(9) 禁止将管道及支架作为电焊的零线或起重工具的锚点和撬抬重物的支撑点。

(10) 停用的管道应排除管内有毒、可燃介质，并进行置换，必要时作惰性介质保护。管道外表面应涂刷油漆，防止环境因素使管道腐蚀。

（三）压力管道故障处理

压力管道日常运行中发生的故障主要有可拆卸接头和密封填料处泄漏，管道异常振动和摩擦，安全阀动作失灵，工业管道内部堵塞和仪表失灵等。

(1) 可拆卸接头和密封填料处泄漏是压力管道系统常见故障，焊接接头有时也会因内部缺陷发展而发生泄漏。操作维修人员在可拆卸接头和密封填料处发现问题后，一般可采取紧固措施消除泄漏，但不得带压紧固连接件。

(2) 管道发生异常振动和摩擦时，应采取隔断振源、调整支承、使相互摩擦的部位隔离等措施。

(3) 安全阀动作失灵时，应停车或泄压后对安全阀进行检查和调试，如发现阀座处有异物、密封副损坏、弹簧锈死或损坏等情况，应进行修理。

(4) 工业管道内部堵塞往往是由操作条件控制不当造成介质的黏度过大而引发的，应停车进行清理。为防止积水堵塞，必须定期排除凝水缸中的冷凝水。人工燃气中常含有一定量的萘蒸气，温度降低就凝成固体，附着在管道内壁使其流动断面减小或堵塞。

(5) 仪表失灵可能是仪表本身质量问题或操作条件超出仪表的最大测量能力而发生的，应由专业人员进行检查和更换。

（四）压力管道完整性管理

压力管道完整性含义包括四个方面：压力管道始终处于安全可靠的工作状态；压力管道在物理上和功能上是完整的，压力管道处于受控状态；压力管道运营单位不断采取行动防止压力管道事故的发生；压力管道完整性与压力管道的设计、施工、运行、维护、检修和管理的各个过程密切相关。

完整性管理的主要内容包括压力管道完整性管理信息系统、安全评价与检测、风险评估、压力管道的维修、事故的应急处理等。

· 典型例题 ·

1. 管道带压堵漏技术广泛应用于冶金、化工、电力、石油等行业，但因为带压堵漏的特殊性，有些紧急情况下不能采取带压堵漏技术进行处理。下列泄漏情形中，不能采取带压堵漏技术措施处理的是（　　）。

A. 受压元件因裂纹而产生泄漏　　B. 密封面和密封元件失效而产生泄漏
C. 管道穿孔而产生泄漏　　　　　D. 焊口有砂眼而产生泄漏

【解析】因裂纹泄漏而又没有防止裂纹扩大的措施时，不能进行带压堵漏，否则会因为堵漏掩盖了裂纹的继续扩大而发生严重的破坏性事故。

2. 压力管道年度检查是指使用单位在管道运行条件下进行的检查，根据《压力管道定期检验规则——工业管道》（TSG D7005—2018），压力管道年度检查的内容有（　　）。

A. 对有明显腐蚀的弯头进行壁厚测定
B. 对输送可燃易爆介质的管道进行防静电接地电阻测定
C. 对安全阀的校验期进行检查
D. 对焊缝有硬度要求的管道进行硬度检测
E. 对管道焊缝外表面进行无损检测

【解析】选项 A 正确，根据《压力管道定期检验规则》第二十条，对需要重点管理的管道或者有明显腐蚀的弯头、三通等部位，应当采取定点或者抽查的方式进行壁厚测定。选项 B 正确，第二十一条，对输送易燃、易爆介质的管道，采取抽查的方式进行防静电接地电阻值和法兰间接触电阻值测定。选项 C 正确，第二十五条，对安全阀是否在检验有效期内使用进行检查。选项 D 和选项 E 属于全面检测的内容。

答案：1. A　2. ABC

第五节　起重机械安全技术

一、起重机械定期检验制度

在用起重机械安全定期检验周期为 2 年。起重机械使用单位应按期向所在地具有资格的检验机构申请在用起重机械的安全技术检验。使用单位还应进行起重机的每日检查、每月检查和年度检查。

（1）每日检查。在每天作业前进行，应检查各类安全装置、制动器、操纵控制装置、紧急报警装置，轨道的安全状况，钢丝绳的安全状况。检查发现有异常情况时，必须及时处理，严禁带病运行。

（2）每月检查。检查项目包括安全装置、制动器、离合器等有无异常，可靠性和精度；重要零部件（如吊具、钢丝绳滑轮组、制动器、吊索及辅具等）的状态，有无损伤，是否应报废等；电气、液压系统及其部件的泄漏情况及工作性能；动力系统和控制器等。停用一个月以上的起重机构，使用前也应做上述检查。

（3）年度检查。每年对所有在用的起重机械至少进行 1 次全面检查。停用 1 年以上、遇 4 级以上地震或发生重大设备事故、露天作业的起重机械经受 9 级以上的风力后的起重机，使用前都应做全面检查。

二、起重机械安全装置

（一）位置限制与调整装置

位置限制装置是用来限制机构在一定空间范围内运行的安全防护装置，通过机构运行到极限位置时触发一个电气开关，切断机构的动力电源，使电动机停止运行，同时机构的制动装置立即动作，使机构停止在安全位置中。

（1）上升极限位置限制器。凡是动力驱动的起重机，其起升机构（包括主副起升机构）均应装设上升极限位置限制器。

（2）运行极限位置限制器。凡是动力驱动的起重机，其运行极限位置都应装设运行极限位置限制器。

（3）偏斜指示器或限制器。跨度等于或超过40m的装卸桥和门式起重机，应装偏斜指示器或限制器。

（4）缓冲器。桥式、门式起重机和装卸桥，以及门座起重机或升降机等都要装设缓冲器。

（二）防风防滑装置

露天工作于轨道上运行的起重机，如门式起重机、装卸桥、塔式起重机和门座起重机，均应装设防风防爬装置。在露天跨工作的桥式起重机也宜装设防风夹轨器和锚定装置或铁鞋。

起重机防风防爬装置主要有三类：夹轨器、锚定装置和铁鞋。

（三）安全钩、防后倾装置和回转锁定装置

（1）安全钩。单主梁起重机应安装安全钩。

（2）防后倾装置。用柔性钢丝绳牵引吊臂进行变幅的起重机，当遇到突然卸载等情况时，会产生使吊臂后倾的力，从而造成吊臂超过最小幅度，发生吊臂后倾的事故。因此，这类起重机应安装防后倾装置。

《起重机械安全规程》明确规定，流动式起重机和动臂式、塔式起重机上应安装防后倾装置（液压变幅除外）。

（3）回转锁定装置。是指臂架起重机处于运输、行驶或非工作状态时，锁住回转部分，使之不能转动的装置。

（四）起重量限制器

起重量限制器也称超载限制器，它是用来限制起重机的起升机构，起吊起重量的安全防护装置。当起升机构吊起的重量超过预警重量时，装置能发出报警信号；当吊起的重量超过允许的起重量时，能切断起升机构的工作电源，使起重机停止运行。

（五）力矩限制器

臂架式起重机应设置力矩限制器，当载荷力矩达到额定起重力矩时，能自动切断起升动力源，并发出禁止性报警信号。小车变幅式、塔式起重机常用的是全力矩法机械式起重力矩限制器。

（六）防坠安全器

防坠安全器是非电气、气动和手动控制的防止吊笼或对重坠落的机械式安全保护装置，主要用于施工升降机等起重设备上，其作用是限制吊笼的运行速度，防止吊笼坠落。当吊笼超速运行，其速度达到防坠安全器的动作速度时，防坠安全器应立即动作，并可靠地制停吊笼。在安全器发生作用的同时切断传动装置的电源。

（七）导电滑线防护措施

桥式起重机采用裸露导电滑线供电时，在以下部位应设置导电滑线防护板：

(1) 司机室位于起重机电源引入滑线端时，通向起重机的梯子和走台与滑线间应设防护板，以防司机通过时发生触电事故。

(2) 起重机导电滑线端的起重机端梁上应设置防护板（通常称为挡电架），以防止吊具或钢丝绳等摆动与导电滑线接触而发生意外触电事故。

(3) 多层布置的桥式起重机，下层起重机应在导电滑线全长设置防电保护设施。

（八）防碰装置

同层多台起重机以及两层，甚至三层起重机共同作业的场所使用的起重机上要求安装防撞装置，用来防止起重机在交会时发生碰撞事故。

防撞装置通常采用红外线、超声波、微波等无触点式开关与起重机电气控制系统相配合，当某台起重机运行到距离另一台起重机达到一定长度时，防撞装置的无触点式开关会及时发出警号或直接切断运行机构的动力源，由起重机的操作员操作或由机构自动停止工作，达到确保起重机安全运行的目的。防碰装置的结构形式主要有：

(1) 反射型。由发射器、接收器、控制器和反射板组成。

(2) 直射型。检测波不经过反射板反射的产品统称为直射型。

（九）登机信号按钮

对于司机室设置在运动部分（与起重机自身有相对运动的部位）的起重机，应在起重机上容易触及的安全位置安装登机信号按钮，对于司机室安装在塔式起重机上部，司机室安装架设在有相对运动部位的门座起重机及特大型桥式起重机，必要时也应安装登机信号按钮。其作用是用于司机和维修人员在登机时，按钮按动后在司机室明显部位显示信号，使司机能注意到有人登机，防止意外事故发生。

（十）危险电压报警器

臂架类起重机在输电线附近作业时，操作不当，臂架、钢丝绳等过于接近甚至碰触电线，都会造成感电或触电事故。为了防止这类事故研制出危险电压警报器。

三、起重机械使用安全技术

（一）吊运前的准备工作

(1) 正确穿戴个人防护用品，包括安全帽、工作服、工作鞋和手套，高处作业还必须佩戴安全带和工具包。

(2) 检查清理作业场地，确定搬运路线，清除障碍物；室外作业要了解当天的天气预报；流动式起重机要将支撑地面垫实垫平，防止作业中地基沉陷。

(3) 对使用的起重机和吊装工具、辅件进行安全检查；不使用报废元件，不留安全隐患；熟悉被吊物品的种类、数量、包装状况以及周围联系。

(4) 根据有关技术数据（如质量、几何尺寸、精密程度、变形要求），进行最大受力计算，确定吊点位置和捆绑方式。

(5) 编制作业方案（对于大型、重要物件的吊运或多台起重机共同作业的吊装，事先要在有关人员参与下，由指挥、起重机司机和司索工共同讨论，编制作业方案，必要时报请有关部门审查批准）。

(6) 预测可能出现的事故，采取有效的预防措施，选择安全通道，制定应急对策。

（二）起重机司机安全操作技术

认真交接班，对吊钩、钢丝绳、制动器、安全防护装置的可靠性进行认真检查，发现异常情况及时报告。

（1）开机作业前，应确认处于安全状态方可开机：所有控制器是否置于零位；起重机上和作业区内是否有无关人员，作业人员是否撤离到安全区；起重机运行范围内是否有未清除的障碍物；起重机与其他设备或固定建筑物的最小距离是否在 0.5m 以上；电源断路装置是否加锁或有警示标牌；流动式起重机是否按要求平整好场地，支脚是否牢固可靠。

（2）开车前，必须鸣铃或示警；操作中接近人时，应给断续铃声或示警。

（3）司机在正常操作过程中，不得利用极限位置限制器停车；不得利用打反车进行制动；不得在起重作业过程中进行检查和维修；不得带载调整起升、变幅机构的制动器，或带载增大作业幅度；吊物不得从人头顶上通过，吊物和起重臂下不得站人。

（4）严格按指挥信号操作，对紧急停止信号，无论何人发出，都必须立即执行。

（5）吊载接近或达到额定值，或起吊危险器（液态金属、有害物、易燃易爆物）时，吊运前认真检查制动器，并用小高度、短行程试吊，确认没有问题后再吊运。

（6）起重机各部位、吊载及辅助用具与输电线的最小距离应满足安全要求。

（7）有下述情况时，司机不应操作：起重机结构或零部件（如吊钩、钢丝绳、制动器、安全防护装置等）有影响安全工作的缺陷和损伤；吊物超载或有超载可能，吊物质量不清；吊物被埋置或冻结在地下、被其他物体挤压；吊物捆绑不牢，或吊挂不稳，被吊重物棱角与吊索之间未加衬垫；被吊物上有人或浮置物；作业场地昏暗，看不清场地、吊物情况或指挥信号。在操作中不得歪拉斜吊。

（8）工作中突然断电时，应将所有控制器置零，关闭总电源。重新工作前，应先检查起重机是否正常工作，确认安全后方可正常操作。

（9）有主、副两套起升机构的，不允许同时利用主、副钩工作（设计允许的专用起重机除外）。

（10）用两台或多台起重机吊运同一重物时，每台起重机都不得超载。吊运过程应保持钢丝绳垂直，保持运行同步。吊运时，有关负责人员和安全技术人员应在场指导。

（11）露天作业的轨道起重机，当风力大于 6 级时，应停止作业；当工作结束时，应锚定住起重机。

（三）司索工安全操作技术

司索工主要从事地面工作，例如准备吊具、捆绑挂钩、摘钩卸载等，多数情况还担任指挥任务。司索工的工作质量与整个搬运作业安全关系极大。其操作工序要求如下：

（1）准备吊具。对吊物的质量和重心估计要准确，如果是目测估算，应增大 20% 来选择吊具；每次吊装都要对吊具进行认真的安全检查，如果是旧吊索应根据情况降级使用，绝不可侥幸超载或使用已报废的吊具。

（2）捆绑吊物。对吊物进行必要的归类、清理和检查，吊物不能被其他物体挤压，被埋或被冻的物体要完全挖出。切断与周围管、线的一切联系，防止造成超载；清除吊物表面或空腔内的杂物，将可移动的零件锁紧或捆牢，形状或尺寸不同的物品不经特殊捆绑不得混吊，防止坠落伤人；吊物捆扎部位的毛刺要打磨平滑，尖棱利角应加垫物，防止起吊后损坏吊索；表面光滑的吊物应采取措施来防止起吊后吊索滑动或吊物滑脱；吊运大而重的物体应加诱导绳，诱导绳长应能使司索工既可握住绳头，同时又能避开吊物正下方，以便发生意外时司索工可利用该绳控制吊物。

（3）挂钩起钩。吊钩要位于被吊物重心的正上方，不准斜拉吊钩硬挂，防止提升后吊物翻转、摆动；吊物高大需要垫物攀高挂钩，摘钩时，脚踏物一定要稳固垫实，禁止使用易滚动物体（如圆木、管子、滚筒等）作脚踏物。攀高必须系好安全带，防止人员坠落跌伤；挂钩要坚持"五不挂"，即起重或吊物质量不明不挂，重心位置不清楚不挂，尖棱利角和易滑工件无衬垫物不挂，吊具及配套工具不合格或报废不挂，包装松散、捆绑不良不挂等，将安全隐患消除在挂钩前；当多人吊挂同一吊物时，应由一专人负责指挥，在确认吊挂完备，所有人员都站在安全位置以后，才可发起钩信号；起钩时，地面人员不应站在吊物倾翻、坠落可波及的地方；如果作业场地为斜面，人则应站在斜面上方（不可在死角），防止吊物坠落后继续沿斜面滚移伤人。

（4）摘钩卸载。吊物运输到位前，应选择好安置位置，卸载不要挤压电气线路和其他管线，不要阻塞通道；针对不同吊物种类应采取不同措施加以支撑、垫稳、归类摆放，不得混码、互相挤压、悬空摆放，防止吊物滚落、侧倒、塌垛；摘钩时应等所有吊索完全松弛再进行，确认所有绳索从钩上卸下再起钩，不允许抖绳摘索，更不许利用起重机抽索。

（5）搬运过程的指挥。无论采用何种指挥信号，必须规范、准确、明了；指挥者所处位置应能全面观察作业现场，并使司机、司索工都可以清楚地看到；在作业进行的整个过程中（特别是重物悬挂在空中时），指挥者和司索工都不得擅离职守，应密切注意观察吊物及周围情况，发现问题，及时发出指挥信号。

（四）高处作业的安全防护

起重司机正常操作、高处设备的维护和检修以及安全检查，都涉及登高作业。因此，在起重机上，凡是高度不低于 2m 的作业点，包括进入作业点的配套设施，如高处的通行走台、休息平台、转向用的中间平台，以及高处作业平台等，都应予以防护。安全防护的结构和尺寸应根据人体参数确定。其强度、刚度要求应根据走道、平台、楼梯和栏杆可能受到的最不利载荷考虑。

四、起重机械检验检修安全技术

（一）起重机械的检验安全技术

1. 检验类别

按照起重机械定期检验规则的规定，检验类别分为首次检验和定期检验。

（1）首次检验。是指设备投入使用前的检验。

（2）定期检验。是指在使用单位进行经常性日常维护保养和自行监察的基础上，由检验机构进行的定期检验。

2. 检验周期

（1）塔式起重机、升降机、流动式起重机每年 1 次。

（2）桥式起重机、门式起重机、门座式起重机、缆索式起重机、桅杆式起重机、机械式停车设备每 2 年 1 次，其中涉及吊运熔融金属的起重机每年 1 次。

(3) 性能试验中的额定载荷试验、静载荷试验、动载荷试验项目，首检和首次定期检验必须进行，额定载荷试验项目，以后每间隔 1 个检验周期进行 1 次。

3. 检验内容

(1) 定期检验的内容。

①技术文件审查，作业环境和外观检查，司机室检查。

②金属结构检查：主要受力构件（如主梁、端梁、吊具横梁等）无明显变形，金属结构的连接焊缝无明显可见的焊接缺陷，螺栓和销轴等连接无松动，无缺件、损坏等缺陷，箱型起重臂（伸缩式）侧向单面调整间隙符合相关标准的规定。

③检查起重机械大车、小车轨道是否存在明显松动，是否影响其运行；检查电气与控制系统、液压系统、主要零部件（包括吊钩、钢丝绳、滑轮、减速器、开式齿轮、车轮、联轴器、卷筒、环链等）。

④安全保护和防护装置检查：包括制动器、超速保护装置、起升高度（下降深度）限位器、料斗限位器、运行机构行程限位器、起重量限制器、力矩限制器、防风防滑装置、防倾翻安全钩、缓冲器和止挡装置、应急断电开关、扫轨板下端（距轨道）、偏斜显示（限制）装置、联锁保护装置、防后翻装置和自动锁紧装置、断绳（链）保护装置、强迫换速装置、回转限制装置、防脱轨装置、起重量起升速度转换联锁保护装置、专项安全保护和防护装置等。

⑤性能试验：包括额定载荷试验、静载荷试验、动载荷试验、流动式起重机液压系统密封性能试验。

(2) 首次检验的内容。

除了上述定期检验内容外，还应附加下列检验项目：

①产品技术文件。

a. 起重机械设计文件：包括总图，主要受力结构件图，机械传动图和电气、液压系统原理图。

b. 产品技术文件：包括设计文件、产品质量合格证明、安装使用维修说明等。

c. 安全保护装置型式试验合格证明。

d. 产品制造监督检验证明。

②性能试验。

a. 静载荷试验。

b. 动载荷试验。

4. 检验结论

检验结论分为合格、复检合格、不合格和复检不合格四种。

(1) 检验项目全部合格，综合判定为"合格"。

(2) 检验项目有不合格项，不能满足使用要求的，综合判定为"不合格"。

(3) 规定的检验项目有不合格项，可以通过整改达到要求的，允许进行整改，并且在双方商定的期限内完成；使用单位整改并且自检合格后，应当申请原检验机构到现场复检，复检时所有检验项目合格，综合判定为"复检合格"；复检时检验项目仍有不合格项，综合判定为

"复检不合格";使用单位逾期未整改的,综合判定为"不合格"。

5. 起重机械检验前的准备工作

(1) 检验时,使用单位应当做好以下工作:

①提交起重机械上次检验报告及使用登记证,上次检验周期内的维保、修理(如有)和自检记录,以及检验工作需要的其他相关资料。

②需要拆卸才能进行检验的零部件、安全保护和防护装置,按照要求进行拆卸。

③将起重机械主要受力结构件、主要焊缝、严重腐蚀部位,以及检验人员指定部位和部件清理干净。

④需要登高进行检验的部位(高于地面或者固定平面2m以上),采取可靠的登高安全措施。

⑤安全照明、工作电源满足检验需要。

⑥需要进行载荷试验的,配备满足检验所需的载荷。

⑦现场的环境和场地条件符合检验要求,没有影响检验的物品、设施等,并且设置相应的警示标志。

⑧需要进行现场射线检测时,隔离出透照区,设置安全标志。

⑨防爆设备现场,具有良好的通风,确保环境空气中的爆炸性气体或者可燃性粉尘物质浓度低于爆炸下限的相应规定。

⑩落实其他必要的安全保护和防护措施以及辅助工具。

(2) 检验人员应要求使用单位的起重机械安全管理人员和相关人员到场配合、协助检验工作,负责现场安全监护。检验人员在检验现场,应当认真执行使用单位有关动火、用电、高空作业、安全防护、安全监护等规定,配备和穿戴检验必需的个体防护用品,确保检验工作安全。

(二)起重机械的检修安全技术

1. 起重机械检修前的准备工作

(1) 应制定设备检修作业方案,落实人员、组织和安全措施。

(2) 对参加检修作业的人员进行安全教育,主要包括:检修作业必须遵守的有关安全规章制度,作业现场和施工过程中可能存在或出现的不安全因素及对策,作业过程中个体防护用具和用品的正确佩戴和使用,施工项目、任务、方案和安全措施等。

(3) 检修作业使用的脚手架、起重机械、电气焊用具、手持电动工具、扳手、管钳、锤子等各种工器具应进行检查,凡不符合作业安全要求的工器具不得使用。

(4) 对检修作业使用的气体防护器材、消防器材、通信设备、照明设备等器材设备应经专人检查,保证完好可靠,并合理放置。

(5) 对检修现场的爬梯、栏杆、平台、铁箅子、盖板等应进行检查,保证安全可靠。

(6) 对检修现场的坑、井、洼、沟、陡坡等应填平或铺设与地面平齐的盖板,也可设置围栏和警告标志,并设夜间警示红灯。

(7) 应将检修现场的易燃易爆物品、障碍物、油污、冰雪、积水、废弃物等影响检修安全的杂物清理干净。

(8) 检查、清理检修现场的消防通道、行车通道，保证畅通无阻。

(9) 需夜间检修的作业场所，应设有足够亮度的照明装置。

(10) 检修作业个体防护装备要求：

①工作时必须穿合适的工作服、工作鞋，不得戴戒指及其他饰物。

②当使用电钻、切割、焊接、浇筑巴氏合金时，和在空气中含有较多尘屑的地方工作时，都必须使用保护面罩、保护眼镜。

③在搬运物件时，必须戴上手套，但切勿戴手套接近运动中的器械。

④除非已经提供某些防护措施，当工作场地高度超过 2m 而有坠落危险时，必须戴上安全帽，安全带必须系在牢固物件上。

2. 起重机械检修作业中的安全要求

(1) 机械设备检修的安全要求。

①设备检修必须严格执行各项安全制度和操作规程。检修人员应熟悉相关的图样、资料及操作工艺。

②检修设备时，严格执行设备检修操作牌制度。

③确保设备的安全防护、信号和联锁装置齐全、灵敏、可靠。

④检修中应按规定方案拆除安全装置，并有安全防护措施。检修完毕，安全装置应及时恢复。安全防护装置的变更，应经安全部门同意，并做好记录，及时归档。

⑤焊接或切割作业的场所，应通风良好。电、气焊割之前，应清除工作场所的易燃物。

⑥高处作业，应设安全通道、梯子、支架、吊台或吊架。楼板、吊台上的作业孔，应设置护栏和盖板。脚手架、斜道板、跳板和交通运输道路，应有防滑措施并经常清扫。高处作业时，应系安全带、佩戴安全帽。

⑦不准跨越正在运转的设备，不准横跨运转部位传递物件，不准触及运转部位；不准站在旋转工件或可能爆裂飞出物件、碎屑部位的正前方进行操作、调整、检查设备，不准超限使用设备机具；禁止在起吊物下行走。

⑧在检修机械设备前，应在切断的动力开关处设置"有人工作，严禁合闸"的警示牌。必要时应设专人监护或采取防止电源意外接通的技术措施。非工作人员禁止摘牌合闸。一切动力开关在合闸前应细心检查，确认无人员检修时方准合闸。

⑨出现紧急情况和事故状态时，按有关抢险规程和应急预案处置。

(2) 电气设备检修的安全要求。

①保证安全距离。在 10kV 及其以下电气线路检修时，操作人员及其所携带的工具等与带电体之间的距离不应小于 1m。

②清理作业现场。应对检修现场妨碍作业的障碍物进行清理，以利检修人员的现场操作和进出活动。

③断电防护。采取可靠的断电措施，切断需检修设备上的电源，并经启动复查确认无电后，在电源开关处挂上"禁止启动"的安全标志并加锁。

④防止外来侵害。检修现场情况十分复杂，在检修作业前，应巡视一下周围，看有无可能出现外来侵害，如带电线路的有效安全距离如何，检修现场建筑物拆旧施工防护如何等。如果

存在外来侵害，应在检修前做好安全防护。

⑤集中精力。检修作业中不做与检修作业无关的事，不谈论与检修作业无关的话题，特别是进行紧急抢修作业时更是如此。

⑥谨慎登高。在高处作业时，使用的脚手架要牢固可靠，并且人员要站稳。在2m以上的脚手架上检修作业，要使用安全带及采取其他保护措施。

⑦防火措施。检修过程中，若需要用火，要检查一下动火现场有无禁火标志，有无可燃气体或燃油类。当确认没有火灾隐患时，方能动火。如果用火时间长、温度高、范围大，还应预先准备好灭火器具，以防不测。

⑧防止群体作业相互伤害。如果确需多人共同作业，要预先分析一下可能发生危险的位置和方向，并采取相应的对策后再进行作业。多人作业时，相互之间要保持一定的距离，以防相互碰伤。如果作业人员手中持有利器进行作业，其受力方向应引向体外，并且在作业前看一下周围，提醒他人不得靠近。

典型例题

1. 起重机的安全装置包括电气保护装置、防止吊臂后倾装置、回转限位装置、抗风防滑装置、力矩限制器等。夹轨钳、锚定装置和铁鞋属于（　　）。

    A. 防止吊臂后倾装置

    B. 抗风防滑装置

    C. 回转限位装置

    D. 力矩限制器

【解析】露天工作于轨道上运行的起重机，如门式起重机、装卸桥、塔式起重机和门座起重机，均应装设抗风防滑装置。起重机抗风防滑装置主要有3类：夹轨器、锚定装置和铁鞋。

2. 起重作业必须严格遵守安全操作规程，下列关于起重作业安全要求的说法中，正确的是（　　）。

    A. 严格按指挥信号操作，对紧急停止信号，无论何人发出，都必须立即执行

    B. 司索工主要从事地面工作，如准备吊具、捆绑、挂钩、掉钩等，不得担任指挥任务

    C. 作业场地为斜面时，地面人员应站在斜面的下方

    D. 有主、副两套起升机构的，在采取相应保护措施的情况下，可以同时利用主、副钩工作

【解析】起重机司机安全操作技术要求严格按指挥信号操作，对紧急停止信号，无论何人发出，都必须立即执行，选项A正确。

3. 起重作业的安全与整个操作过程紧密相关，起重机械操作人员在起吊前应确认各项准备工作和周边环境符合安全要求。下列关于起重准备工作的说法，正确的是（　　）。

    A. 被吊重物与吊绳之间必须加衬垫

    B. 起重机支腿在任何情况下必须完全伸出并稳固

    C. 主、副两套起升机构不得同时工作

    D. 尺寸不同的物品不经特殊捆绑不得混吊

【解析】重物棱角处与吊绳之间未加衬垫不吊；当野外作业场地支撑地基松软时，起重机支腿应完全伸出并稳固；有主副两套起升机构的，不允许同时利用主、副钩工作（设计允许的专用起重机除外），选项D正确。

4. 起重作业的安全操作是防止起重伤害的重要保证，起重作业人应严格按照安全操作规

程进行作业。关于起重安全操作技术的说法,正确的是( )。

A. 不得用多台起重机运同一重物
B. 对紧急停止信号,无论何人发出,都必须立即执行
C. 摘钩时可以抖绳摘索,但不允许利用起重机抽索
D. 起升、变幅机构的制动器可以带载调整

【解析】用两台或多台起重机吊运同一重物时,每台起重机都不得超载;摘钩时应等所有吊索完全松弛再进行,确认所有绳索从钩上卸下再起钩,不允许抖绳摘索;司机不得带载调整起升、变幅机构的制动器,选项B正确。

5. 起重机械的日常运行、维护、检查和管理是起重机械安全运行的重要保障,国家相关部门对起重机械的检验和使用实行监督管理。下列关于起重机械检查的说法,正确的是( )。

A. 露天作业的起重机械经受8级以上的风力后重新使用前应做全面检查
B. 起重机械轨道的安全状况和钢丝绳的安全状况都属于每月检查的内容
C. 制动器和各类安全装置不仅属于每月检查内容,也属于每日检查的内容
D. 起重机液压系统及其部件的泄漏情况及工作性能属于每日检查的内容

【解析】露天作业的起重机械经受9级以上的风力后重新使用前应做全面检查,选项A错误。起重机械轨道的安全状况和钢丝绳的安全状况都属于每日检查的内容,选项B错误。起重机液压系统及其部件的泄漏情况及工作性能属于每月检查的内容,选项D错误。

答案:1.B 2.A 3.D 4.B 5.C

第六节 场(厂)内专用机动车辆安全技术

一、场(厂)内专用机动车辆使用安全管理

(一)使用许可厂家的合格产品

场(厂)内机动车辆出厂时应附有出厂合格证、使用维护说明书、备品备件和专用工具清单,合格证上除标有主要参数外,还应标明车辆主要部件(如发动机、底盘)的型号和编号。

试制场(厂)内机动车辆新产品或者部件,必须由认可的型式试验机构进行整机或者部件的型式试验,合格后方可提供用户使用。

场(厂)内机动车辆的维修保养、改造单位实行安全认可证制度,必须在取得相应资格证书后,方可承担其认可项目的维修保养、改造业务。

(二)登记建档

新增、大修、改造的场(厂)内机动车辆在正式使用前,首先必须进行验收检验,合格后到当地特种设备安全监察机构登记,经审查批准登记建档,取得场(厂)内机动车辆牌照,方可使用。

(三)安全管理制度

安全管理制度的项目包括:司机守则;场(厂)内机动车辆安全操作规程;场(厂)内机

动车辆维护、保养、检查和检验制度；场（厂）内机动车辆安全技术档案管理制度；场（厂）内机动车辆作业和维修人员安全培训、考核制度。

（四）技术档案

场（厂）内机动车辆安全技术档案的内容包括：车辆出厂技术文件；安装、修理记录和验收资料；使用、维护、保养、检查和试验记录；安全技术监督检验报告；车辆及人身事故记录；车辆的问题分析及评价记录。

（五）作业人员

要求作业人员不仅应具备基本的文化和身体条件，还必须了解有关法规和标准，学习作业安全技术理论和知识，掌握实际操作和安全救护的技能。司机必须经过专门考核并取得特种设备作业人员操作证，方可独立操作。

（六）定期检验制度

在用场（厂）内机动车辆安全定期检验周期为1年。场（厂）内机动车辆使用单位应按期向所在地的取得资格的检验机构申请在用场（厂）内机动车辆的安全技术检验。

（七）检查制度

使用单位还应进行场（厂）内机动车辆的自我检查、每日检查、每月检查和年度检查。

1. 每日检查

在每天作业前进行，应检查各类安全装置、制动器、操纵控制装置、紧急报警装置的安全状况，检查发现有异常情况时，必须及时处理，严禁带病作业。

2. 每月检查

检查项目包括安全装置、制动器、离合器等有无异常，可靠性和精度；重要零部件（如吊具、货叉、制动器、铲、斗及辅具等）的状态，有无损伤，是否应报废等；电气、液压系统及其部件的泄漏情况及工作性能；动力系统和控制器等。停用1个月以上场（厂）内机动车辆使用前也应做上述检查。

3. 年度检查

每年对所有在用场（厂）内机动车辆至少进行1次全面检查。停用1年以上、发生重大车辆事故等的场（厂）内机动车辆，使用前都应做全面检查。

二、场（厂）内专用机动车辆涉及安全的主要部件

（一）高压胶管

叉车等车辆的液压系统，一般都使用中高压供油。高压胶管必须符合相关标准，并通过耐压试验、长度变化试验、爆破试验、脉冲试验、泄漏试验等检测。

（二）货叉

安装在叉车货叉梁上的L形承载装置，也称取物装置。货叉必须符合相关标准，并通过重复加载的载荷试验检测。

（三）链条

起升货叉架的链条，主要有板式链和套筒滚子链两种。需进行极限拉伸载荷和检验载荷试验。

(四) 转向器

控制车辆行驶方向的部件。当左右转动方向盘时，转向力通过转向器传递到转向传动机构，使车辆改变行驶方向。

(五) 制动器

产生阻止车辆运动或运动趋势的力的部件。分为行车制动器和停车制动器。

(六) 轮胎

轮胎是支撑车辆，实现车辆行驶，减小地面冲击、振动的部件。表面的花纹能提高车辆行驶附着能力。

(七) 安全阀

液压系统中必须设置安全阀，用于控制系统最高压力。最常用的是溢流安全阀。

(八) 护顶架

对于叉车等起升高度超过1.8m的工业车辆，必须设置护顶架，以保护司机免受重物落下造成的伤害。护顶架应进行静态和动态两种载荷试验检测。

(九) 其他

挡货架，为防止货物向后坠落而设置的框架。货物稳定器，压住货叉上的货物，以防货物倒塌、滑落的属具。(翻) 料斗锁定装置，使料斗锁定在运料位置的装置。前倾自锁阀，当油泵停止工作或发生其他故障时，自动锁闭门架倾斜油路的阀。下降限速阀，控制下降速度的阀。稳定支腿，装卸作业时，为保证和增加车辆的稳定性而设置的辅助支腿。

三、场（厂）内专用机动车辆使用安全技术

(一) 作业前的准备

(1) 正确佩戴个人防护用品，包括安全帽、工作服、工作鞋和手套，高处作业还必须系安全带和佩戴工具包。

(2) 检查清理作业场地，确定搬运路线，清除障碍物；室外作业要了解天气情况。

(3) 对使用的场（厂）内专用机动车辆和辅助工具、辅件进行安全检查；不使用报废元件，不留安全隐患；熟悉物品的种类、数量、包装状况以及周围环境。

(4) 场（厂）内专用机动车辆必须按照出厂使用说明书规定的技术性能、承载能力和使用条件，正确操作，合理使用，严禁超载作业或任意扩大使用范围。

(5) 场（厂）内专用机动车辆上的各种安全防护装置及监测、指示、仪表、报警等自动报警、信号装置应完好齐全，有缺损时应及时修复。安全防护装置不完整或已失效的场（厂）内专用机动车辆不得使用。

(6) 预测可能出现的事故，采取有效的预防措施，选择安全通道，制定应急对策。

(7) 启动前应进行重点检查。灯光、喇叭、指示仪表等应齐全完整；燃油、润滑油、冷却水等应添加充足；各连接件不得松动；轮胎气压应符合要求，确认无误后，方可启动。

(8) 起步前，车旁及车下应无障碍物及人员。

(二) 典型场（厂）内专用机动车辆安全操作技术

本书以叉车为例说明场（厂）内专用机动车辆安全操作技术，相关要求如下：

(1) 叉装物件时，被装物件重量应在该机允许载荷范围内。当物件重量不明时，应将该物

件叉起离地 100mm 后检查机械的稳定性，确认无超载现象后，方可运送。

（2）叉装时，物件应靠近起落架，其重心应在起落架中间，确认无误，方可提升。

（3）物件提升离地后，应将起落架后仰，方可行驶。

（4）两辆叉车同时装卸一辆货车时，应有专人指挥联系，保证安全作业。

（5）不得单叉作业和使用货叉顶货或拉货。

（6）叉车在叉取易碎品、贵重品或装载不稳的货物时，应采用安全绳加固，必要时，应有专人引导，方可行驶。

（7）以内燃机为动力的叉车，进入仓库作业时，应有良好的通风设施。严禁在易燃、易爆的仓库内作业。

（8）严禁货叉上载人。驾驶室除规定的操作人员外，严禁其他任何人进入或在室外搭乘。

·典型例题·

1. 叉车在叉装物件时，司机应检查并确认被叉装物件重量，当物件重量不明时，应将被叉装物件叉起离地一定高度，认为无超载现象后，方可运送。下列给出的离地高度中正确的是（　　）。

A. 400mm　　　　B. 300mm　　　　C. 200mm　　　　D. 100mm

【解析】叉装物件时，被装物件重量应在该机允许载荷范围内。当物件重量不明时，应将该物件叉起离地 100mm 后检查机械的稳定性，确认无超载现象后，方可运送。

2. 场（厂）内专用机动车辆属于特种设备，其安全保护装置及主要部件的试验、检测等都非常重要。下列关于场（厂）内专用机动车辆主要部件性能试验的说法，正确的有（　　）。

A. 高压胶管需进行耐压试验、爆破试验、脉冲试验、泄漏试验等

B. 控制车辆行驶方向的转向器，需进行极限拉伸载荷和动态载荷试验

C. 对起升高度超过 1.8m 的叉车，其护顶架只需进行静态载荷试验

D. 叉车货叉梁上的 L 形承载装置，需进行重复加载的载荷试验

E. 起升货叉架的链条需进行极限拉伸载荷和检验载荷试验

【解析】链条需进行极限拉伸载荷和检验载荷试验，选项 B 错误。护顶架应进行静态和动态两种载荷试验检测，选项 C 错误。

答案：1. D　2. ADE

第七节　客运索道安全技术

客运索道日常检查方面，在设备每日投入使用前，使用单位应进行试运行和例行安全检查，并对安全装置进行检查确认。对设备进行经常性日常维护保养，至少每月进行一次自行检查，并做出记录；对安全附件、安全保护装置、测量调控装置及有关附属仪器仪表进行定期校验、检修，并做出记录；发现问题或异常情况时，应立即向安全管理人员和单位负责人报告。

一、客运索道应具备的安全装置

(一) 单线循环固定抱索器客运架空索道应具备的安全装置

1. 站内机械设施及安全装置

(1) 站内机械设备、电气设备及钢丝绳应有必要的防护、隔离措施。

(2) 站台（尤其出站侧）应有栏杆或防护网，防止乘客跌落。

(3) 驱动迂回轮应有防止钢丝绳滑出轮槽飞出的装置。

(4) 制动液压站和张紧液压站应设有手动泵，当液压系统出现故障时可以用手动泵临时进行工作，并设有油压上下限开关，上限泄油、下限补油。

(5) 张紧小车前后均应装设缓冲器防止意外撞击。

(6) 吊厢门应安装闭锁系统，不能由车内打开，也不能由于撞击或大风的影响而自动开启。

(7) 应设行程保护装置，在张紧小车、重锤或油缸行程达到极限之前，发出报警信号或自动停车。

2. 站内电气设施及安全装置

(1) 减速机应设有润滑油保护装置。

(2) 站台、机房、控制室应设蘑菇头带自锁装置的紧急停车按钮。

(3) 有负力的索道应设超速保护，在运行速度超过额定速度15%时，能自动停车。

(4) 应在风力最大处设风向风速仪。

(5) 站房之间应有独立的专用电话，至少要有一个站房或在站房附近有外线电话。

(6) 所有沿线的安全装置和站内的安全装置组成联锁安全电路，索道紧急制动或突然断电后，在事故开关复位之前，不能重新启动驱动装置。

(7) 索道夜间运行时，站内及线路上应有针对性照明，支架上电力线电压不允许超过36V。

(8) 对于单线循环固定抱索器脉动式索道还应增加两条要求：

①应配备至少2套不同类型、来源及独立控制的进站减速控制装置；每套装置应能可靠减速。

②应设有进站速度检测开关，当索道减速后，应能按设定减速曲线可靠减速至低速进站，若未按设计减速或设定的低速进站时，由检测开关控制自动紧急停车。

(9) 对于单线固定抱索器往复式索道另应增加两条要求：

①应设越位开关，在客车超越停车位置时，索道应能自动紧急停车。

②开车时站台间应有信号联络控制系统，在站台未发开车信号前，索道不能启动。

3. 线路机电设施及安全装置

(1) 应根据地形情况配备救护工具和救护设施，沿线路不能垂直救护时，应配备水平救护设施。吊具距地大于15m时，应有缓降器救护工具，绳索长度应适应最大高度救护要求。

(2) 压索支架应有防脱索二次保护装置及地锚。

(3) 托压索轮组内侧应设有防止钢丝绳往回跳的挡绳板，外侧应安装捕捉器和U型开关，脱索时接住钢丝绳并紧急停车。

(二) 单线循环脱挂抱索器客运架空索道应具备的安全装置

1. 站内机械设施及安全装置

同单线循环固定抱索器要求。

2. 站内电气设施及安全装置

（1）减速机应设有润滑油保护装置。

（2）站台、机房、控制室应设蘑菇头带自锁装置的紧急停车按钮。

（3）有负力的索道应设超速保护，在运行速度超过额定速度15%时，能自动停车。

（4）道岔应设有闭锁安全监控装置，保证道岔在发车和收车位置时的安全。

（5）应设有钢丝绳位置检测开关，当钢丝绳偏离设定位置时，索道应自动停车。

（6）应设有开关门检测开关，当已过开关门轨道后，吊厢门未关闭或打开时，索道应自动停车。

（7）应设有抱索器松开和闭合状态检测开关，当抱索器在挂结前未打开钳口，或过了脱开段后，抱索器未脱开钢丝绳，索道应自动停车。

（8）应设有抱索器抱紧力和外形监测装置，钳口抱索形状若不符合要求自动停车。

（9）应设有接地棒，解决钢丝绳防雷接地问题。

（10）站房检查维修平台上应有维修闭锁开关。

（11）其余要求与单线循环固定抱索器相关要求一致。

3. 线路机电设施及安全装置

（1）高度10m以上支架爬梯应设护圈，超过25m时，每隔10m设休息平台，检修平台应有扶手或护栏。滑雪索道支架底部应有防碰撞安全保护装置，爬梯侧面相应位置应有防滑雪者插入装置。

（2）其余要求与单线循环固定抱索器相关要求一致。

（三）双线往复式客运架空索道应具备的安全装置

1. 站内机械设施及安全装置

（1）承载索与张紧索的连接应有二次保护装置及防止自行旋转的装置。

（2）承载索两端锚固的索道，应采用可测可调的双重锚固装置。

（3）对于重锤行程大，牵引索跳动大的索道，应加液压缓冲装置。

（4）吊架与车厢连接处应有减震措施。车厢定员大于15人和运行速度大于3m/s的索道客车吊架与运行小车之间应设减摆器。

（5）运行小车两端应设防止出轨的导靴和缓冲挡块，多冰雪地区设刮雪器或破冰装置。

（6）其余要求与单线循环固定抱索器相关要求一致。

2. 站内电气设施及安全装置

（1）应有2套独立电源供电。

（2）减速机应设有润滑油保护装置。

（3）站台、机房、控制室应设蘑菇头带自锁装置的紧急停车按钮。

（4）应配备至少2套不同类型、来源及独立控制的进站减速控制装置；每套装置应能可靠减速。

（5）其余要求与单线循环固定抱索器相关要求一致。

3. 线路机电设施及安全装置

（1）根据地形情况配备救护工具和救护设施，沿线路无法用缓降器救护时，应设救援车。

（2）高度10m以上支架爬梯应设护圈，超过25m时，每隔10m设休息平台，检修平台应有扶手或护栏。

(四) 客运拖牵索道应具备的安全装置

(1) 人可以触及的转动部件及人体可能碰撞的设施应当有保护栏杆或防护网。
(2) 应设有制动器或防倒转装置。
(3) 钢丝绳张紧系统应当有二次保护装置。
(4) 其余要求与单线循环固定抱索器相关要求一致。

(五) 客运缆车应具备的安全装置

1. 站内机械设施及安全装置

(1) 凹曲线段和水平曲线段应设置绳索捕捉装置。
(2) 站台终点应设弹簧或液（气）压缓冲器。
(3) 行走机构应设防止脱轨的装置，行走机构两端应装设缓冲器挡板和清轨器。
(4) 其余要求与单线循环固定抱索器相关要求一致。

2. 站内电气设施及安全装置

(1) 应设超速保护，在运行速度超过额定速度10%时，应自动停车。
(2) 其余要求与单线循环脱挂抱索器基本一致。

3. 线路机电设施及安全装置

(1) 在个别有危树的地方应装设检测树倒的装置，一旦树倒立即报警并停车。
(2) 线路上应设有钢丝绳脱槽安全检测装置，一旦钢丝绳脱槽，应能自动停车。

二、客运索道使用安全技术

(一) 客运索道的日常检查

(1) 客运索道每天在开始运送乘客之前应进行一次试车，确认安全无误并经值班站长或授权负责人签字后方可运送乘客。
(2) 司机除按运转维护规程操作外，对驱动机、操作台每班至少检查一次。
(3) 值班电工、钳工对专责设备每班至少检查一次，线路润滑巡视工每班至少全线巡视一周（线路长的索道可分段分工检查）。
(4) 若设备停运期间遇到恶劣天气（风暴、暴雪、冰雹），应对线路进行彻底的检查，证明一切正常后方可运送乘客。
(5) 如果是事故停车，造成运行中断，只有在排除了故障或采取了有关安全措施，且必须经值班站长同意后，方可重新运送乘客。紧急情况下运转，索道站长或其代表一定要在场，才允许在事故状态下再开车以便将乘客运回站房。
(6) 索道每天停止运营前，操作人员应检查并确认索道线路上或上车区域是否仍有乘客，并关闭索道的入口。

(二) 客运索道的检查和维修

(1) 应在规定的时期内对钢丝绳和抱索器进行无损探伤。对于单线循环式索道上运载工具间隔相等的固定抱索器，应按规定的时间间隔移位。
(2) 运营后每1~2年应对支架各相关位置（如中心点、托压索轮及支架横担水平度、垂直度、支架形变等）进行检测，以防发生脱索等重大事故。

·典型例题·

1. 客运索道是指利用动力驱动、柔性绳索牵引箱体等运载工具运送人员的机电设备，包括客运架空索道、客运缆车、客运拖牵索道等。客运索道的运行管理和日常检查、维修是其安全运行的重要保障。下列客运索道安全运行的要求中，正确的是（　　）。

A．客运索道每天开始运送乘客之前都应进行三次试运转
B．单线循环固定抱索器客运架空索道一般情况下不允许夜间运行
C．单线循环式索道上运载工具间隔相等的固定抱索器，应按规定的时间间隔移位
D．客运索道线路巡视工至少每周进行一次全线巡视

【解析】选项A错误，在运送乘客之前应进行一次空车循环试车。选项B错误，夜间运行的索道，站内及线路上应有针对性照明，支架上电力线不允许超过36V。选项D错误，线路巡视工每班至少巡视一周。

2．客运索道是景区承载乘客的重要设施，根据国家市场监督管理总局颁发的《客运索道安全监督管理规定》可知，下列关于客运索道的安全管理中，符合要求的是（　　）。

A．使用单位应设置兼职的安全管理人员，对客运索道使用情况进行经常性的检查
B．每天开始运行前，应彻底检查全线设备是否处于完好状态，运送乘客之前应进行一次试车，确认无误并经值班站长签字或授权负责人签字后方可运送乘客
C．司机除按运转维护规程操作外，对驱动机、操作台每月检查一次，对当月所发生的故障是否排除，应写在运行日记中
D．值班电工、钳工对专责设备每月至少检查一次，线路润滑巡视工每周至少全线巡视一次
E．若设备停运期间遇到恶劣天气，应对线路进行彻底的检查，证明一切正常后方可运送乘客

【解析】客运索道安全管理规定如下：

（1）使用单位应设置安全管理机构或者配备专职的安全管理人员，对客运索道使用情况进行经常性的检查，发现问题立即处理，情况紧急时，可以决定停止使用客运索道。

（2）每天开始运行前，应彻底检查全线设备是否处于完好状态，运送乘客之前应进行一次试车，确认无误并经值班站长签字或授权负责人签字后方可运送乘客。

（3）司机除按运转维护规程操作外，对驱动机、操作台每班至少检查一次，对当班所发生的故障是否排除，应写在运行日记中。交接班时按规定的检查次序进行，并查看前一班正在操作运转的情况。值班电工、钳工对专责设备每班至少检查一次，线路润滑巡视工每班至少全线巡视一周。

（4）若设备停运期间遇到恶劣天气，应对线路进行彻底的检查，证明一切正常后方可运送乘客。

（5）紧急情况下，索道站长或其代表一定要在场，才允许在事故状态下再开车以便将乘客运回站房。

（6）应在规定的时期内对钢丝绳和抱索器进行无损探伤，对于单线循环式索道上运载工具间隔相等的固定抱索器，应按规定的时间间隔位移。运营后每1～2年应对支架各相关位置进行检测，以防发生重大脱索事故。

答案：1.C　2.BE

第八节　大型游乐设施安全技术

一、大型游乐设施使用安全管理

大型游乐设施检查方面，使用单位应进行大型游乐设施的每日检查、每月检查和年度检查。

（1）对使用的游乐设施，每年要进行一次全面检查，必要时要进行载荷试验，并按额定速度进行起升、运行、回转、变速等机构的安全技术性能检查。

（2）月检要求检查下列项目：各种安全装置；动力装置、传动和制动系统；绳索、链条和乘坐物；控制电路与电气元件；备用电源。

（3）日检要求检查下列项目：控制装置、限速装置、制动装置和其他安全装置是否有效及可靠；运行是否正常，有无异常的振动或者噪音；易磨损件状况；门联锁开关及安全带等是否完好；润滑点的检查和添加润滑油；重要部位（轨道、车轮等）是否正常。

二、大型游乐设施的安全装置

（一）乘人安全束缚装置（安全带、安全杠和挡杆）

（1）束缚装置应可靠地固定在游乐设备的结构件上。

（2）乘人装置的设计，其座位结构和型式，自身应具有一定的束缚功能。

（3）束缚装置的锁紧装置在游乐设施出现功能性故障或急停刹车的情况下，仍能保持其闭锁状态，除非采取疏导乘人的紧急措施。

（4）束缚装置应可靠、舒适，与乘人直接接触的部件有适当的柔软性。

（二）锁紧装置（锁具）

锁具必须有效地将乘客约束在座位上，不能自行打开且乘客不能打开，必须当设备停止后由操作人员打开，让乘客离开座位。

（三）吊挂乘坐的保险装置

（1）吊挂座椅的保险装置。吊挂座椅除用4根钢丝绳吊挂外，还必须另设4根保险钢丝绳。

（2）吊挂摆动舱的保险装置。

（四）止逆行装置（止逆装置）

沿斜坡牵引的提升系统，必须设有防止载人装置逆行的装置，止逆行装置逆行距离的设计应使冲击负荷最小，在最大冲击负荷时必须止逆可靠。

（五）制动装置

为了使游乐设施安全停止或减速，大部分运行速度较快的设备都采用了制动装置。

（六）超速限制装置（限速装置）

在游乐设施中，采用直流电机驱动或者设有速度可调系统时，必须设有防止超出最大设定速度的限速装置，限速装置必须灵敏可靠。

（七）运动限制装置（限位装置）

绕水平轴回转并配有平衡重的游乐设施，乘人部分在最高点有可能出现静止状态时，应有防止或处理该状态的措施;油缸或气缸行程的终点,应设置限位装置,且灵敏可靠。

(八) 防碰撞及缓冲装置

同一轨道、滑道、专用车道等有两组以上(含两组)无人操作的单车或列车运行时,应设防止相互碰撞的自动控制装置和缓冲装置。当有人操作时,应设有效的缓冲装置。

三、大型游乐设施使用安全技术

(一) 建立健全安全管理制度和操作规程

科学建立管理制度和操作规程,一般应包括下列内容:①作业人员守则;②安全操作规程;③设备管理制度;④日常安全检查制度;⑤维修保养制度;⑥定期报检制度;⑦安全培训考核制度;⑧紧急救援演习制度;⑨意外事件和事故处理制度;⑩技术档案管理制度。

(二) 游乐设施运营中操作、服务人员应特别注意事项

1. 操作人员应特别注意的事项

(1) 游乐设备正式运营前,操作人员应将空车按实际工况运行2次以上,确认一切正常再开机营业。

(2) 开机前,先鸣铃以示警告,让等待上机的乘客及服务员远离游乐设施,以防开机后碰伤。

(3) 设备运行中,在乘客产生恐惧、大声叫喊时,操作人员应立即停机,让恐惧乘客下来。

(4) 设备运行中,操作人员不能离开岗位。

(5) 紧急停止按钮的位置,必须让本机台所有取得证件的操作人员都知道,以便需要紧急停车时,每个操作人员都能操作。

(6) 营业终了时,关掉总电源,并对设备设施进行安全检查。

(7) 要准备好常用的急救工具及药品。

2. 服务人员应特别注意的事项

(1) 让等待上机的乘客站到栅栏外面,开机前安全栅栏内不准站人,避免开机时刮伤。

(2) 必须逐个检查乘客的安全带是否系好(安全压杠是否压好)。

(3) 为了不造成座舱在高空中旋转的游乐设施偏载,服务人员要负责疏导乘客,尽量使其均匀乘坐。

(4) 要准备好常用的急救工具及药品。

·典型例题·

1. 沿斜坡牵引的大型游乐设施提升系统,必须设置( )。

A. 限时装置　　　　　　　　　　B. 缓冲装置
C. 防碰撞装置　　　　　　　　　D. 防逆行装置

【解析】根据游乐设施的性能、结构及运行方式的不同。必须设置相应形式的安全装置,其中止逆装置是沿斜坡牵引的提升系统,必须设有防止载人装置逆行的装置,在最大冲击负荷时必须止逆可靠,止逆装置安全系数≥4。

2. 运营单位应对大型游乐设施进行自行检查,包括日检、月检和年检,下列对大型游乐设施进行检查的项目中,属于日检必须检查的项目是( )。

A. 限速装置　　　　　　　　　　B. 动力装置
C. 绳索、链条　　　　　　　　　D. 控制电路和电器元件

【解析】大型游乐设施检查方面,使用单位应进行大型游乐设施的自我检查、每日检查、

每月检查和年度检查。

(1) 对使用的游乐设施,每年要进行一次全面检查,必要时要进行载荷试验,并按额定速度进行起升、运行、回转、变速等机构的安全技术性能检查。

(2) 月检要求检查下列项目:各种安全装置、动力装置、传动和制动系统;绳索、链条和乘坐物;控制电路与电气元件;备用电源。

(3) 日检要求检查下列项目:控制装置、限速装置、制动装置和其他安全装置是否有效及可靠;运行是否正常,有无异常的振动或者噪音;易磨损件状况;门联锁开关及安全带等是否完好;润滑点的检查和添加润滑油;重要部位(轨道、车轮等)是否正常。

3. 大型游乐设施是一种日常生活中比较常见的特种设备,该设备的操作人必须掌握相关知识,并能正确处理各种突发情况。下列关于大型游乐设施操作人员安全操作要求的说法,错误的是(   )。

A. 设备运行中乘客产生恐惧大声叫喊时,操作人员应立即停机,让其下来

B. 必须确保设备紧急停车按钮位置让本机所有取得证件的操作人员知道

C. 游乐设施正式运营前,操作人员操作空车按实际工况运行 1 次

D. 设备运行中,操作人员不能离开岗位,遇到紧急情况时及时采取措施

【解析】大型游乐设施操作人员应特别注意的事项:

(1) 游乐设备正式运营前,操作员应将空车按实际工况运行 2 次以上,确认一切正常再开机营业。

(2) 开机前,先鸣铃以示警告,让等待上机的乘客及服务员远离游乐设施,以防开机后碰伤。确认乘客都已坐好并符合安全要求,确认周围环境无安全隐患,场内无闲杂人员再开机。

(3) 设备运行中,在乘客产生恐惧、大声叫喊时,操作员应立即停机,让恐惧的乘客下来。

(4) 设备运行中,操作人员不能离开岗位。要随时注意观察乘客及设备情况,遇有紧急情况时,要及时停机并采取相应的措施。

(5) 紧急停止按钮的位置,必须让本机台所有取得证件的操作人员都知道,以便需要紧急停车时,每个操作员都能操作。

(6) 营业终了时,关掉总电源,并对设备设施进行安全检查。

答案:1.D 2.A 3.C

同步强化训练

一、单项选择题

1. 锅炉缺水是锅炉运行中最常见的事故之一,尤其当出现严重缺水时,常常会造成严重后果。如果对锅炉缺水处理不当,可能导致锅炉爆炸。当锅炉出现严重缺水时,正确的处理方法是(   )。

A. 立即给锅炉上水   B. 立即停炉
C. 进行"叫水"操作   D. 加强水循环

2. 倾翻事故是自行式起重机的常见事故。下列情形中,容易造成自行式起重机倾翻事故的是(   )。

A. 没有车轮止垫   B. 没有设置固定锚链
C. 悬臂伸长与规定起重量不符 D. 悬臂制造装配有缺陷

3. 起重司索工的工作质量与整个起重作业安全关系很大。下列司索工安全作业的要求中，正确的是（　　）。
   A. 不允许多人同时吊挂同一重物
   B. 不允许司索工用诱导绳控制所吊运的既大又重的物体
   C. 吊钩要位于被吊物重心的正上方，不得斜拉吊钩硬挂
   D. 重物与吊绳之间必须加衬垫

4. 当压力容器发生超压超温时，下列应急措施中，正确的是（　　）。
   A. 停止进料，对有毒易燃易爆介质，应打开放空管，将介质通过接管排至安全地点
   B. 停止进料，关闭放空阀门
   C. 逐步减少进料，关闭放空阀门
   D. 逐步减少进料，对有毒易燃易爆介质，应打开放空管，将介质通过接管排至安全地点

5. 起重机械操作过程中要坚持"十不吊"原则，在下列情形中，不能起吊的是（　　）。
   A. 起重机装有音响清晰的喇叭、电铃信号装置，在起重臂、吊钩、平衡重等转动体上标有鲜明的色彩标志
   B. 起吊载荷达到起重机额定载荷的90%时，应先将重物吊离地面200~300mm后，检查起重机的安全性、吊索的可靠性、重物的平稳性、绑扎的牢固性，确认后起吊
   C. 对关键、重要的货物，为防止吊装绳脱钩，应派人系好安全带、抓牢吊钩，随重物一道安全吊至工位
   D. 吊运小口径钢管，按标记绑扎位置起吊，吊索与钢管的夹角为90°

6. 为保证压力容器安全运行，通常设置安全阀、爆破片等安全附件。下列关于安全阀、爆破片设置要求的说法中，不正确的是（　　）。
   A. 安全阀与爆破片并联组合时，安全阀开启压力应略低于爆破片的标定爆破压力
   B. 安全阀与爆破片并联组合时，爆破片的标定爆破压力不得超过容器的设计压力
   C. 安全阀出口侧串联安装爆破片时，容器内介质应不含胶着物质
   D. 安全阀进口与容器间串联安装爆破片时，爆破片破裂后泄放面积小于安全阀的进口面积

7. 锅炉的正常停炉是预先计划内的停炉。停炉操作应按规定的次序进行，以免造成锅炉部件的损坏，甚至引发事故。锅炉正常停炉的操作次序应该是（　　）。
   A. 先停止燃料供应，随之停止送风，再减少引风
   B. 先停止送风，随之减少引风，再停止燃料供应
   C. 先减少引风，随之停止燃料供应，再停止送风
   D. 先停止燃料供应，随之减少引风，再停止送风

8. 安全阀是锅炉上的重要安全附件之一，它对锅炉内部压力极限值的控制及对锅炉的安全保护起着重要作用，应（　　）。
   A. 每年对其检验、定压一次并铅封完好，每月自动排放试验一次
   B. 每年对其检验、定压二次并铅封完好，每月自动排放试验二次
   C. 每年对其检验、定压二次并铅封完好，每月自动排放试验一次
   D. 每年对其检验、定压一次并铅封完好，每月自动排放试验二次

9. 盛装易燃易爆介质的压力容器发生超压超温情况，应采取应急措施予以处置。下列措施中，错误的是（　　）。
   A. 对于反应容器应立即停止进料　　　　B. 打开放空管，紧急就地放空

C. 通过水喷淋冷却降温　　　　　　D. 马上切断进气阀门

10. 起重机械定期检验是指在使用单位进行经常性日常维护保养和自行检查的基础上，由检验机构进行全面检验。《起重机械定期检验规则》规定，起重机械定期检验中应当进行性能检验，首检后每间隔一个检验周期应进行一次的试验项目是（　　）。
    A. 静载荷试验　　　　　　　　　　B. 动载荷试验
    C. 额定载荷试验　　　　　　　　　D. 超载试验

11. 防坠安全器是防止吊笼坠落的机械式安全保护装置，主要用于施工升降机，其作用是（　　）。
    A. 限制吊笼的行程，防止吊笼坠落
    B. 限制吊笼的运行速度，防止吊笼坠落
    C. 限制吊笼的运行高度，防止吊笼坠落
    D. 限制吊笼的运行速度和高度，防止吊笼坠落

12. 叉车护顶架是为保护司机免受重物落下造成伤害而设置的安全装置。下列关于叉车护顶架的说法中，错误的是（　　）。
    A. 起升高度超过1.8m，必须设置护顶架
    B. 护顶架一般都是由型钢焊接而成
    C. 护顶架必须能够遮掩司机的上方
    D. 护顶架应进行疲劳载荷试验检测

13. 场（厂）内专用机动车辆的液压系统中，超载或者油缸到达终点油路仍未切断，以及油路堵塞引起压力突然升高，造成液压系统损坏。为控制场（厂）内专用机动车辆液压系统的最高压力，系统中必须设置（　　）。
    A. 安全阀　　　　　　　　　　　　B. 切断阀
    C. 止回阀　　　　　　　　　　　　D. 调节阀

14. 大型游乐设施机械设备的运动部件上设置有行程开关，当行程开关的机械触头碰上挡块时，联锁系统将使机械设备停止运行或改变运行状态。这类安全装置称为（　　）。
    A. 锁紧装置　　　　　　　　　　　B. 限位装置
    C. 止逆装置　　　　　　　　　　　D. 限速装置

二、多项选择题

1. 为保证场（厂）内专用机动车辆的安全使用，国家对其生产、使用、检验等均有相应的制度和要求。下列关于场（厂）内专用机动车辆相关要求的说法中，正确的有（　　）。
   A. 试制的新部件，必须由认可的型式试验机构进行型式试验，合格后方可使用
   B. 从事维修保养的单位必须取得相应资格证书
   C. 司机必须经过专门考核并取得交管部门核发的机动车驾驶证
   D. 经过大修的场（厂）内机动车辆在正式使用前，必须进行验收检验
   E. 在用场（厂）内机动车辆安全定期检验周期为1年

2. 起重机械安全装置是安装于起重机械上，在起重机械作业过程中起到保护和防止起重机械发生事故的装置。下列装置中属于起重机械安全装置的有（　　）。
   A. 位置限制与调整装置　　　　　　B. 回转锁定装置
   C. 力矩限制器　　　　　　　　　　D. 安全钩
   E. 飞车防止器

参考答案及解析

一、单项选择题

1. 【答案】B

【解析】锅炉缺水处理不当,可能导致锅炉爆炸。锅炉轻微缺水时,可以立即向锅炉上水,使水位恢复正常,严重缺水时,必须紧急停炉,选项B正确。

2. 【答案】C

【解析】自行式起重机倾翻事故大多是由起重机作业前支承不当引发,如野外作业场地支承地基松软,起重机支腿未能全部伸出等。起重量限制器或起重力矩限制器等安全装置动作失灵、悬臂伸长与规定起重量不符、超载起吊等因素也都会造成自行式起重机倾翻事故,选项C正确。

3. 【答案】C

【解析】当多人吊挂同一吊物时,应由一专人负责指挥,在确认吊挂完备后,所有人员都离开站在安全位置以后,才可发起钩信号。吊运大而重的物体应加诱导绳,诱导绳应能使司索工既可握住绳头,同时又能避开吊物正下方,以便发生意外时司索工可利用该绳控制吊物。吊钩要位于被吊物重心的正上方,不得斜拉吊钩硬挂,防止提升后吊物翻转、摆动。尖棱利角应加垫物,防止起吊吃力后损坏吊索。

4. 【答案】A

【解析】压力容器事故应急措施:

(1) 压力容器发生超压超温时要马上切断进汽阀门;对于反应容器停止进料;对于无毒非易燃介质,要打开放空管排汽;对于有毒易燃易爆介质要打开放空管,将介质通过接管排至安全地点。

(2) 如果属超温引起的超压,除采取上述措施外,还要通过水喷淋冷却以降温。

(3) 压力容器发生泄漏时,要马上切断进料阀门及泄漏处前端阀门。

(4) 压力容器本体泄漏或第一道阀门泄漏时,要根据容器、介质不同使用专用堵漏技术和堵漏工具进行堵漏。

(5) 易燃易爆介质泄漏时,要对周边明火进行控制,切断电源,严禁一切用电设备运行,并防止静电产生。

5. 【答案】C

【解析】起重机械操作过程中要坚持"十不吊"原则,即:①指挥信号不明或乱指挥不吊;②物体重量不清或超负荷不吊;③斜拉物体不吊;④重物上站人或有浮置物不吊,选项C正确;⑤工作场地昏暗,无法看清场地、被吊物及指挥信号不吊;⑥遇有拉力不清的埋置物时不吊;⑦工件捆绑、吊挂不牢不吊;⑧重物棱角处与吊绳之间未加衬垫不吊;⑨结构或零部件有影响安全工作的缺陷或损伤时不吊;⑩钢(铁)水装得过满不吊。

6. 【答案】D

【解析】当安全阀进口与容器之间串联安装爆破片装置时,应满足下列条件:安全阀和爆破片装置组合的泄放能力应满足要求;爆破片破裂后的泄放面积应不小于安全阀进口面积,同时应保证爆破片破裂的碎片不影响安全阀的正常动作;爆破片装置与安全阀之间应装设压力表、旋塞、排气孔或报警指示器,以检查爆破片是否破裂或渗漏,选项 D 正确。

7. 【答案】A

【解析】锅炉正常停炉的次序应该是先停燃料供应，随之停止送风，减少引风，与此同时，逐渐降低锅炉负荷，相应地减少锅炉上水，但应维持锅炉水位稍高于正常水位，选项 A 正确。

8. 【答案】A

【解析】安全阀应每年对其检验、定压一次并铅封完好。每月自动排放试验一次，每周手动排放试验一次，做好记录并签名，选项 A 正确。

9. 【答案】B

【解析】压力容器发生超压超温时，要马上切断进气阀门，对于反应容器停止进料；对于无毒非易燃介质，要打开放空管排气；对于有毒易燃易爆介质要打开放空管，将介质通过接管排至安全地点。如果属于超温引起的超压，除应采取上述措施外，还要通过水喷淋冷却以降温。选项 B 需要针对不同的情况采取不同的处理方法，不能一概而论。

10. 【答案】C

【解析】性能试验中的额定载荷试验、静载荷试验、动载荷试验项目，首检和首次定期检验时必须进行，额定载荷试验项目，以后每间隔一个检验周期进行一次。

11. 【答案】B

【解析】防坠安全器工作原理是，当吊笼超速运行，其速度达到防坠安全器的动作速度时，防坠安全器应立即动作，并可靠地制停吊笼。在安全器发生作用的同时切断传动装置的电源。

12. 【答案】D

【解析】对于叉车等起升高度超过 1.8m 的工业车辆，必须设置护顶架，以保护司机免受重物落下造成的伤害。护顶架一般都是由型钢焊接而成，必须能够遮掩司机的上方，还应保证司机有良好的视野。护顶架应进行静态和动态两种载荷试验检测，护顶架检测不包括疲劳载荷试验，选项 D 错误。

13. 【答案】A

【解析】液压系统中，可能由于超载或者油缸到达终点油路仍未切断，以及油路堵塞引起压力突然升高，造成液压系统破坏。因此系统中必须设置安全阀，用于控制系统最高压力。最常用的是溢流安全阀。

14. 【答案】B

【解析】限位开关就是用以限定机械设备的运动极限位置的电气开关，当行程开关的机械触头碰上挡块时，切断了控制电路，机械就停止运行或改变运行。

二、多项选择题

1. 【答案】ABDE

【解析】场（厂）内专用机动车辆相关要求：
(1) 使用许可厂家的合格产品，场（厂）内机动车辆的设计、制造单位，必须取得生产许可证或者安全认可证，才能生产相应种类的场（厂）内机动车辆。试制场（厂）内机动车辆新产品或者部件，必须由认可的型式试验机构进行整机或者部件的型式试验，合格后方可提供用户使用。
(2) 登记建档，新增、大修、改造的场（厂）内机动车辆在正式使用前，首先必须进行验收检验，合格后到当地特种设备安全监察机构登记，经审查批准登记建档、取得场（厂）内机动车辆牌照，方可使用。

(3) 作业人员，司机必须经过专门考核并取得特种设备作业人员操作证，方可独立操作。

(4) 定期检验制度，在用场（厂）内机动车辆安全定期检验周期为1年。

2.【答案】ABCD

【解析】起重机械安全装置包括：位置限制与调整装置；防风防爬装置；安全钩、防后倾装置和回转锁定装置；起重量限制器；力矩限制器；防坠安全器；导电滑线防护措施；防碰装置；登机信号按钮；危险电压报警器。

第四章
防火防爆安全技术

掌握火灾、爆炸事故机理,运用防火防爆安全相关技术和标准,辨识、分析、评价火灾、爆炸安全风险,制定相应安全技术措施。

第一节　火灾爆炸事故机理

一、燃烧与火灾

(一) 定义、条件

1. 燃烧的定义

燃烧是物质与氧化剂作用发生的放热反应，它通常同时释放出火焰或可见光。

2. 燃烧和火灾发生的必要条件

物质燃烧的必要条件：①存在可燃物；②存在氧化物（助燃物）；③热源；④未受到抑制的链式反应条件。其中，第①、②、③条件构成燃烧三要素，缺少任何一个，燃烧都不能发生。燃烧发生后要使燃烧继续发展下去，必须存在第④条件，即物质的链式反应未受到抑制。

(二) 燃烧过程、热量传播方式和形式

1. 燃烧过程

除结构简单的可燃气体（如氢气）外，大多数可燃物质的燃烧并非是物质本身在燃烧，而是物质受热分解出的气体或液体蒸气在气相中的燃烧。

(1) 可燃气体燃烧。燃烧所需要的热量只用于本身的氧化分解，并使其达到自燃点而燃烧。

(2) 可燃液体燃烧。首先蒸发成蒸气，其蒸气进行氧化分解后达到自燃点而燃烧。

(3) 可燃固体燃烧。

①简单物质硫、磷等，受热后首先熔化，蒸发成蒸气进行燃烧，没有分解过程。

②复杂物质，在受热时首先分解为气态或液态产物，其气态和液态产物的蒸气进行氧化分解着火燃烧。

③部分可燃固体如焦炭，不能分解为气态物质，在燃烧时则呈炽热状态，没有火焰产生。

2. 燃烧热量传播方式

在燃烧发生的整个过程中，热量通过热传导、热辐射和热对流三种方式进行传播。

3. 燃烧形式

各种可燃物质由于物质性质、聚集状态的差异，其燃烧形式也有区别，归纳起来可燃物质燃烧形式有以下 6 种。

(1) 扩散燃烧，是指可燃气体由喷口（管口或容器泄漏口）喷出，在喷口处与空气中的氧互相扩散、混合，当达到可燃浓度并有足够能量的点火源时形成的燃烧。扩散燃烧通常是可燃气体与氧气边扩散混合边燃烧，如天然气井口发生的井喷燃烧、打火机的燃烧、放空火炬。

(2) 预混燃烧，又称混合燃烧、动力燃烧、爆炸式燃烧，是指在燃烧（或燃爆）前，可燃气体与空气通过旋流器进行充分混合，并形成一定浓度的可燃气体混合物，被点火源点燃所引起的燃烧或爆炸。由于混合物性质、聚集状态（雷诺数、混合比、混合均匀度、空间机构）、点火源功率的不同，其化学反应速度有很大差别，可表现为燃烧、爆燃、爆炸、爆轰。如家用燃气灶火焰、接力用火炬的火焰、气体切割焊接、气体爆炸等。失去控制的混合燃烧往往会造成重大的经济损失和人员伤亡。

(3) 蒸发燃烧，是可燃液体蒸发产生的蒸气被点燃，进而加热液体表面促使其继续蒸发、继续燃烧的现象，如酒精、汽油、苯等。熔点较低的可燃固体受热后熔融，然后像可燃液体一

样蒸发成蒸气而燃烧,也称为蒸发燃烧,如硫、沥青、石蜡、高分子材料、萘和樟脑等的燃烧。

(4) 分解燃烧,是指分子结构复杂的固体可燃物,在受热分解出其组成成分及加热温度相应的热分解产物再氧化燃烧。如木材、纸张、棉、麻、毛及合成的高分子材料等的燃烧。

(5) 表面燃烧,是指有些固体可燃物的蒸气压非常小或难以发生热分解,不能发生蒸发或分解燃烧,当氧气包围物质的表层时,呈炽热状态发生无火焰燃烧,属于非均相燃烧。如木炭、焦炭,以及铝、镁、铁、钨等金属的燃烧。

(6) 阴燃,是指某些固体可燃物在空气不流通、加热温度较低或可燃物含水分较多等条件下发生的只冒烟、无火焰的燃烧现象。有焰燃烧和阴燃在一定条件下可以相互转化。如大量堆放的煤、杂草、湿木材等。

(三) 火灾的分类

《火灾分类》(GB/T 4968—2008) 按物质的燃烧特性将火灾分为六类:

A 类火灾:指固体物质火灾,这种物质通常具有有机物性质,一般在燃烧时能产生灼热灰烬,如木材、棉、毛、麻、纸张火灾等。

B 类火灾:指液体火灾和可熔化的固体物质火灾,如汽油、煤油、柴油、原油、甲醇、乙醇、沥青、石蜡火灾等。

C 类火灾:指气体火灾,如煤气、天然气、甲烷、乙烷、丙烷、氢气火灾等。

D 类火灾:指金属火灾,如钾、钠、镁、钛、锂、铝镁合金火灾等。

E 类火灾:指带电火灾,是物体带电燃烧的火灾,如发电机、电缆、家用电器等。

F 类火灾:指烹饪器具内烹饪物火灾,如动植物油脂等。

(四) 火灾的基本概念及参数

1. 闪燃

闪燃是指可燃性液体挥发出来的蒸气与空气混合达到一定的浓度或者可燃性固体加热到一定温度后,遇明火发生的一闪即灭的燃烧。发生闪燃的原因是易燃或可燃液体在闪燃温度下蒸发的速度比较慢,蒸发出来的蒸气仅能维持一刹那的燃烧,来不及补充新的蒸气维持稳定的燃烧,因而一闪即灭。但闪燃却是引起火灾事故的先兆之一。

2. 闪点

根据《消防词汇第 1 部分:通用术语》(GB/T 5907.1—2014),闪点是指在规定的试验条件下,可燃性液体或固体表面产生的蒸气在试验火焰作用下发生闪燃的最低温度。闪点是可燃性液体性质的主要标志之一,是衡量液体火灾危险性大小的重要参数。闪点越低,火灾危险性越大;反之则越小。

3. 自燃

可燃物质在没有外部火源的作用时,因受热或自身发热并蓄热所产生的燃烧,称为自燃。即物质在无外界引火源条件下,由于其本身内部所发生的生物、物理或化学变化而产生热量并积蓄,使温度不断上升而自然燃烧的现象。根据热源的不同,物质自燃分为自热自燃和受热自燃两种。

4. 自燃点

在规定的条件下,可燃物质产生自燃的最低温度称为自燃点。在这一温度时,物质与空气(氧)接触,不需要明火的作用就能发生燃烧。液体和固体可燃物受热分解而析出来的可燃气体挥发物越多,其自燃点越低。固体可燃物粉碎得越细,其自燃点越低。一般情况下,密度越大,闪点越高而自燃点越低。比如,下列油品的密度:汽油<煤油<轻柴油<重柴油<蜡油<

渣油，而其闪点依次升高，自燃点则依次降低。

5. 燃点

在规定的试验条件下，应用外部热源使物质表面起火并持续燃烧一定时间所需的最低温度。燃点对可燃固体和闪点较高的液体具有重要意义，在控制燃烧时，需将可燃物的温度降至其燃点以下。一般情况下燃点越低，火灾危险性越大。

6. 阴燃

阴燃也叫熏烟燃烧，可燃固体在空气不流通、加热温度较低、分解出的可燃挥发分较少或逸散较快、含水分较多等条件下，往往发生只冒烟而无火焰的燃烧现象。

7. 爆燃

伴随爆炸的燃烧波，以亚音速传播的爆炸称为爆燃。

8. 引燃能（最小点火能）

引燃能是指释放能够触发初始燃烧化学反应的能量，也叫最小点火能，影响其反应发生的因素包括温度、释放的能量、热量和加热时间。

9. 着火延滞期（诱导期）

着火延滞期指可燃性物质和助燃气体的混合物在高温下从开始暴露到起火的时间。混合气着火前自动加热的时间称为诱导期，在燃烧过程中又称为着火延滞期或着火落后期，单位用ms表示。

（五）典型火灾的发展规律

典型火灾事故的发展分为初起期、发展期、最盛期、减弱期和熄灭期。

（1）初起期是火灾开始发生的阶段，这一阶段主要特征是冒烟、阴燃。

（2）发展期是火势由小到大发展的阶段。轰燃就发生在这一阶段。

（3）最盛期的火灾燃烧方式是通风控制火灾，火势的大小由建筑物的通风情况决定。

（4）减弱、熄灭期是火灾由最盛期开始消减直至熄灭的阶段，熄灭的原因可以是燃料不足、灭火系统的作用等。

由于建筑物内可燃物、通风等条件的不同，建筑火灾有可能达不到最盛期，而是缓慢发展后就熄灭了。典型的火灾发展过程如图4-1所示。

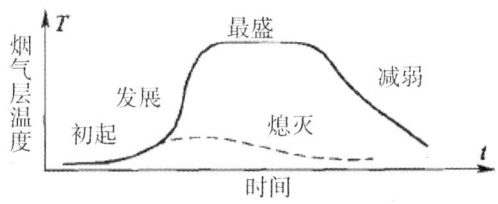

图4-1 典型的火灾发展过程

（六）燃烧机理

燃烧作为一种化学反应，对反应物的组分浓度、引燃能的大小及反应的温度和压力均有一定的要求。在这些情况下，若可燃物没有达到一定浓度，或氧化剂的量不足，或引燃能不够大，燃烧反应也不会发生。

实际上，当可燃物和氧化剂开始发生燃烧后，反应区内还必须能够不断生成活性基团。因为可燃物与氧化剂之间的反应不是直接发生的，而是经过生成活性基团和原子等中间物质，通过链反应进行。如果除去活性基团，链反应中断，连续的燃烧也会停止。

二、爆炸

(一) 爆炸概述

1. 爆炸的定义

是在极短时间内,释放出大量能量,产生高温,并放出大量气体,在周围介质中造成高压的化学反应或状态变化,同时破坏性极强。在这种释放和转化的过程中,系统的能量将转化为机械功以及光和热的辐射等。

2. 爆炸的特征

一般来说,爆炸现象具有以下特征:

(1) 爆炸过程高速进行。
(2) 爆炸点及其周围压力急剧升高,多数爆炸伴有温度升高。
(3) 发出或大或小的响声。
(4) 周围介质发生震动或邻近的物质遭到破坏。

其中最主要的特征是爆炸点及其周围压力急剧升高。

3. 爆炸的分类

(1) 按照能量的来源,爆炸可分为物理爆炸、化学爆炸和核爆炸三类,见表4-1。

表 4-1 按爆炸能量来源分类

爆炸分类	具体含义	举例
物理爆炸	一种纯物理过程,只发生物态变化,不发生化学反应	蒸汽锅炉爆炸、轮胎爆炸、水的大量急剧气化
化学爆炸	物质发生高速放热化学反应(主要是氧化反应及分解反应),产生大量气体,并急剧膨胀做功而形成的爆炸	炸药爆炸,可燃气体、可燃粉尘与空气形成的爆炸性混合物爆炸
核爆炸(原子爆炸)	原子核发生裂变或聚变反应,瞬间放出巨大能量而形成的爆炸	原子弹、氢弹的爆炸

(2) 按照爆炸反应相的不同,爆炸可分为气相爆炸、液相爆炸、固相爆炸三类,见表4-2。

表 4-2 按爆炸反应相分类

类别		爆炸机理	举例
气相爆炸	混合气体爆炸	可燃性气体和助燃气体以适当的浓度混合,由燃烧波或爆炸的传播而引起的爆炸	空气和氢气、丙烷、乙醚等混合气的爆炸
	气体的分解爆炸	单一气体由于分解反应产生大量的反应热引起的爆炸	乙炔、乙烯、氯乙烯等在分解时引起的爆炸
	粉尘爆炸	空气中飞散的易燃性粉尘剧烈燃烧引起的爆炸	空气中飞散的铝粉、镁粉、亚麻、玉米淀粉等引起的爆炸
	喷雾爆炸	空气中易燃液体被喷成雾状物,在剧烈燃烧时引起的爆炸	油压机喷出的油雾、喷漆作业引起的爆炸

续表

	类别	爆炸机理	举例
液相爆炸	混合危险物质的爆炸	氧化性物质与还原性物质或其他物质混合引起的爆炸	硝酸和油脂、液氧和煤粉、高锰酸钾和浓酸、无水顺丁烯二酸和烧碱等混合时引起的爆炸
	蒸气爆炸	由于过热，发生快速蒸发而引起的爆炸	熔融的矿渣与水接触，钢水与水混合产生蒸气爆炸
固相爆炸	易爆化合物的爆炸	有机过氧化物、硝基化合物、硝酸酯等燃烧引起爆炸和某些化合物的分解反应引起的爆炸	丁酮过氧化物、三硝基甲苯、硝基甘油等的爆炸；氧化铅、乙炔铜的爆炸
	导线爆炸	在有过载电流流动时，使导线过热，金属迅速气化而引起的爆炸	导线因电流过载而引起的爆炸
	固相转化时造成的爆炸	固相相互转化时放出热量，造成空气急速膨胀而引起的爆炸	无定形锑转化成结晶锑时，由于放热而造成爆炸

(3) 按照爆炸速度的不同，爆炸可分为爆燃、爆炸和爆轰三类，见表4-3。

表4-3 按爆炸速度分类

分类	内容
爆燃（燃爆）	是火炸药或燃爆性气体混合物的一种快速燃烧现象，伴有爆炸的一种以亚音速传播的燃烧波
爆炸	物质爆炸时的燃烧速度为每秒十几米至数百米，爆炸时在爆炸点引起压力激增，有较大破坏力，有震耳的声响
爆轰	物质爆炸时的燃烧速度为 1 000～7 000m/s。爆轰时的特点是突然引起极高压力，并产生超音速"冲击波"

4. 爆炸的阶段

第一阶段，物质（或系统）的潜在能以一定的方式转化为强烈的压缩能。

第二阶段，压缩物质急剧膨胀，对外做功，从而引起周围介质的变化和破坏。

不管由何种能源引起的爆炸，它们都同时具备两个特征，即能源具有极大的密度和极大的能量释放速度。

(二) 爆炸的破坏作用

1. 冲击波

爆炸形成的高温、高压、高能量密度的气体产物，以极高的速度向周围膨胀，强烈压缩周围的静止空气，使其压力、密度和温度突跃升高，像活塞运动一样推向前进，产生波状气压向四周扩散冲击。这种冲击波能造成附近建筑物的破坏，其破坏程度与冲击波能量的大小有关，与建筑物的坚固程度及其产生冲击波的中心距离有关。

2. 碎片冲击

爆炸的机械破坏效应会使容器、设备、装置以及建筑材料等的碎片，在相当大的范围内飞散而造成伤害。

3. 震荡作用

爆炸发生时，特别是较猛烈的爆炸往往会引起短暂的地震波。在爆炸波及的范围内，这种地震波会造成建筑物的震荡、开裂、松散倒塌等危害。

4. 次生事故

（1）发生爆炸时，如果车间、库房里存放有可燃物，会造成火灾。

（2）高空作业人员受冲击波或震荡作用，会造成高处坠落事故。

（3）粉尘作业场所轻微的爆炸冲击波会使积存在地面上的粉尘扬起，造成更大范围的二次爆炸等。

（三）可燃气体爆炸

1. 分解爆炸性气体爆炸

某些气体如乙炔、乙烯、环氧乙烷等，即使在没有氧气的条件下，也能被点燃爆炸，其实质是一种分解爆炸。除上述气体外，分解爆炸性气体还有臭氧、联氨、丙二烯、甲基乙炔、乙烯基乙炔、一氧化氮、二氧化氮、氰化氢、四氟乙烯等。

分解爆炸的敏感性与压力有关，其所需的能量随压力升高而降低。在高压下较小的点火能量就能引起分解爆炸，而压力较低时则需要较高的点火能量才能引起分解爆炸，当压力低于某值时，就不再产生分解爆炸，此压力值称为分解爆炸的极限压力（临界压力）。

乙炔是常见的分解爆炸气体，火焰、火花可以引起分解爆炸，开关阀门所伴随的绝热压缩产生热量也可以发火爆炸。

乙炔易与铜、银、汞等重金属反应生成爆炸性的乙炔盐，只需轻微的撞击便能发生爆炸而使乙炔着火。因此，安全规程中规定：选用含铜量小于65%的铜合金制造盛乙炔的瓶阀；在用乙炔焊接时，不能使用含银焊条。

乙烯分解爆炸所需的发火能比乙炔的要大，所以低压下不易发生事故，但用高压法工艺制造聚乙烯时，由于压力高达200MPa以上，易发生分解爆炸事故。

环氧乙烷分解爆炸的临界压力为40kPa，所以对环氧乙烷的生产与储运都要严加小心。

2. 可燃性混合气体爆炸

一般情况下，可燃性混合气体与爆炸性混合气体难以严格区分。由于条件不同，有时发生燃烧，有时发生爆炸，在一定条件下两者也可能转化。

燃烧与化学爆炸的区别在于燃烧反应（氧化反应）的速度不同。燃烧反应过程一般可以分为三个阶段：

（1）扩散阶段。可燃气分子和氧气分子分别从释放源通过扩散达到相互接触。所需时间称为扩散时间。

（2）感应阶段。可燃气分子和氧化分子接受点火源能量，离解成自由基或活性分子。所需时间称为感应时间。

（3）化学反应阶段。自由基与反应物分子相互作用，生成新的分子和新的自由基，完成燃烧反应。所需时间称为化学反应时间。

扩散阶段时间远远大于其余两阶段时间，因此是否需要经历扩散过程，就成了决定可燃气体燃烧或爆炸的主要条件。

(四) 物质爆炸浓度极限

1. 爆炸极限

当可燃性气体、蒸气或可燃粉尘与空气（或氧）在一定浓度范围内均匀混合，遇到火源发生爆炸的浓度范围称为爆炸浓度极限，简称爆炸极限。将这一浓度范围的混合气体（或粉尘）称作爆炸性混合气体（或粉尘）。

可燃性气体、蒸气的爆炸极限一般用可燃气体或蒸气在混合气体中所占体积分数来表示；可燃粉尘的爆炸极限用混合物的质量浓度（$g \cdot m^{-3}$）来表示。

2. 爆炸的相关概念

(1) 爆炸下限：能发生爆炸的最低浓度。

(2) 爆炸上限：能发生爆炸的最高浓度。

(3) 危险度 H：用爆炸上限、下限之差与爆炸下限浓度之比表示，即式（4-1）：

$$H = (L_上 - L_下)/L_下 \text{ 或 } H = (Y_上 - Y_下)/Y_下 \qquad (4-1)$$

一般情况下，H 值越大，表示可燃性混合物的爆炸极限范围越宽，其爆炸危险性越大。

3. 爆炸极限的影响因素

(1) 温度的影响。混合爆炸气体的初始温度越高，爆炸极限范围越宽，则爆炸下限越低、上限越高，爆炸危险性增加。

(2) 压力的影响。一般而言，初始压力增大，气体爆炸极限也变大，爆炸危险性增加。当混合物的初始压力减小时，爆炸极限范围缩小；当压力降到某一数值时，则会出现下限与上限重合，初始压力再降低时，不会使混合气体爆炸。把爆炸极限范围缩小为零的压力称为爆炸的临界压力。

(3) 惰性介质的影响。在混合气体中加入惰性气体（如氮、二氧化碳、水蒸气、氩、氦等），随着惰性气体含量的增加，爆炸极限范围缩小。当惰性气体的浓度增加到某一数值时，爆炸上下限趋于一致，使混合气体不发生爆炸。

(4) 爆炸容器对爆炸极限的影响。若容器材料的传热性好，管径越细，火焰在其中越难传播，爆炸极限范围变小。当容器直径或火焰通道小到某一数值时，火焰就不能传播下去。这一直径称为临界直径或最大灭火间距。如甲烷的临界直径为 0.4～0.5mm，氢和乙炔为 0.1～0.2mm。

(5) 点火源的影响。点火源的活化能量越大，加热面积越大，作用时间越长，爆炸极限范围也越大。

(五) 粉尘爆炸

1. 粉尘爆炸的机理和特点

(1) 粉尘爆炸的机理。

当可燃性固体呈粉体状态，粒度足够细，飞扬悬浮于空气中，并达到一定浓度，在相对密闭的空间内，遇到足够的点火能量，就能发生粉尘爆炸。

(2) 具有粉尘爆炸危险性的物质。

常见的有金属粉尘（如镁粉、铝粉等）、煤粉、粮食粉尘、饲料粉尘、棉麻粉尘、烟草粉尘、纸粉、木粉、火炸药粉尘和大多数含有 C、H 元素及与空气中氧反应能放热的有机合成材料粉尘等。

(3) 粉尘爆炸的特点。

①与可燃气体爆炸相比，粉尘爆炸压力上升和下降速度都较缓慢，较高压力持续时间长，释放的能量大，爆炸的破坏性和对周围可燃物的烧毁程度较严重。

②爆炸感应期较长。粉尘的爆炸过程比气体的爆炸过程复杂，要经过尘粒的表面分解或蒸发阶段及由表面向中心燃烧的过程，所以感应期比气体长得多。

③粉尘初始爆炸产生的气浪会使沉积粉尘扬起，在新的空间内形成爆炸性混合物，从而可能会发生二次爆炸。二次爆炸往往比初次爆炸压力更大，破坏更严重，在连续化生产系统中，二次爆炸甚至可能连续出现，形成连锁爆炸，有的能达到爆轰的程度。

④粉尘有不完全燃烧现象，在燃烧后的气体中含有大量的CO及粉尘（如塑料粉）自身分解的有毒气体，会伴随中毒死亡的事故。

2. 粉尘爆炸的条件及爆炸过程

（1）粉尘爆炸的条件。

①粉尘本身具有可燃性。

②粉尘悬浮在空气中并达到一定浓度。

③有足以引起粉尘爆炸的起始能量。

（2）粉尘爆炸与可燃气爆炸过程的区别。

①粉尘爆炸所需的发火能要大得多。

②在可燃气爆炸中，促使稳定上升的传热方式主要是热传导，而在粉尘爆炸中，热辐射的作用大。

3. 粉尘爆炸的特性及影响因素

（1）粉尘爆炸的特性。

评价粉尘爆炸危险性的主要特征参数是爆炸极限、最小点火能量、最低着火温度、粉尘爆炸压力及压力上升速率。

（2）粉尘爆炸的影响因素。

粉尘爆炸压力及压力上升速率主要受粉尘粒度、初始压力、粉尘爆炸容器、湍流度等因素的影响。粒度对粉尘爆炸压力上升速率的影响比粉尘爆炸压力大得多。

①粉尘粒度越细，比表面越大，反应速度越快，爆炸上升速率就越大。随初始压力的增大，密闭容器的粉尘爆炸压力及压力上升速率也增大，当初始压力低于压力极限时（如数十毫巴），粉尘则不再可能发生爆炸。

②容器尺寸会对粉尘爆炸压力及压力上升速率有很大的影响。

③粉尘爆炸在管道中传播碰到障碍片时，因湍流的影响，粉尘呈漩涡状态，使爆炸波阵面不断加速。当管道长度足够长时，甚至会转化为爆轰。

4. 粉尘的爆炸极限

爆炸极限包括上限及下限，但有实际应用意义的主要是下限。可燃粉尘的爆炸极限一般以其单位体积混合物中的质量（$g \cdot m^{-3}$）来表示。

粉尘爆炸极限不是固定不变的，它的影响因素主要有粉尘粒度、分散度、湿度、点火源的性质、可燃气含量、氧含量、惰性粉尘和灰分温度等。一般来说，粉尘粒度越细，分散度越高，可燃气体和氧的含量越大，火源强度、初始温度越高，湿度越低，惰性粉尘及灰分越少，爆炸极限范围越大，粉尘爆炸危险性也就越大。

（六）燃烧、爆炸的转化

爆炸的最主要特征是压力的急剧上升，并不一定着火（发光、放热）；而燃烧一定有发光放热现象，但与压力无特别关系。

无论是固体或液体爆炸物，还是气体爆炸混合物，都可以在一定的条件下进行燃烧，但当条件变化时，它们又可转化为爆炸。

固体或液体炸药燃烧转化为爆炸的主要条件有三条：

（1）炸药处于密闭的状态下，燃烧产生的高温气体增大了压力，使燃烧转化为爆炸。

（2）燃烧面积不断扩大，使燃速加快，形成冲击波，从而使燃烧转化为爆炸。

（3）药量较大时，炸药燃烧形成的高温反应区将热量传给了尚未反应的炸药，使其余的炸药受热爆炸。

一般来说，火灾与爆炸两类事故往往连续发生。大的爆炸之后常伴随有巨大的火灾；存在有爆炸物质和燃爆混合物的场所，大的火灾往往创造了爆炸的条件。

· 典型例题 ·

1. 火灾是指在时间或空间上失去控制的燃烧。引燃能、着火诱导期、闪点及自燃等都是描述火灾的参数。下列关于火灾的基本概念及参数的说法，正确的是（　　）。

    A. 热分解温度是评价可燃固体危险性的主要目标之一，是可燃物质受热发生分解的初始温度

    B. 引燃能是指释放能够触发燃烧化学反应的能量，影响其反应发生的因素仅有温度

    C. 闪燃是在一定温度下，在可燃液体表面上产生足够的可燃蒸气，遇火产生持续燃烧的现象

    D. 自燃是物质在通常环境条件下自发燃烧的现象，与煤油相比，汽油的密度小，自燃点低

【解析】闪燃是在一定温度下，在可燃液体表面上能产生足够的可燃蒸气，遇火能产生一闪即灭的燃烧现象。引燃能是指释放能够触发初始燃烧化学反应的能量，也称最小点火能，影响其反应发生的因素包括温度、释放的能量、热量和加热时间。

2. 粉尘爆炸是一个瞬间的连锁反应，属于不稳定的气固二相流反应，与气体爆炸相比，下列关于粉尘爆炸速度、燃烧时间、能量、破坏程度的说法中，正确的是（　　）。

    A. 粉尘爆炸速度比气体爆炸小，但燃烧时间长，产生的能量大，破坏程度大

    B. 粉尘爆炸速度比气体爆炸大，但燃烧时间长，产生的能量大，破坏程度大

    C. 粉尘爆炸速度比气体爆炸小，但燃烧时间短，产生的能量大，破坏程度大

    D. 粉尘爆炸速度比气体爆炸大，但燃烧时间短，产生的能量大，破坏程度大

【解析】粉尘爆炸速度或爆炸压力上升速度比气体爆炸小，但燃烧时间长，产生的能量大，破坏程度大，选项 A 正确。

3. 按照爆炸反应相的不同，爆炸可分为气相爆炸、液相爆炸和固相爆炸。下列各种爆炸中，属于气相爆炸的有（　　）。

    A. 熔融的钢水与水混合产生蒸汽爆炸

    B. 空气和氢气、丙烷、乙醚等混合气的爆炸

    C. 油压器喷出的油雾、喷漆作业引起的爆炸

    D. 空气中飞散的铝粉、镁粉、亚麻、玉米淀粉等引起的爆炸

E. 丁酮过氧化物、三硝基甲苯、硝基甘油等的爆炸

【解析】气相爆炸包括可燃性气体和助燃性气体混合物的爆炸；气体的分解爆炸；液体被喷成雾状物在剧烈燃烧时引起的喷雾爆炸；飞扬悬浮于空气中的可燃粉尘引起的爆炸等。选项B属于混合气体爆炸；选项C属于喷雾爆炸；选项D属于粉尘爆炸。

4. 衡量物质火灾危险性的参数有最小点火能、着火延滞期、闪点、着火点、自燃点等。下列关于火灾危险性的说法，正确的有（　　　）。

  A. 一般情况下，闪点越低，火灾危险性越大
  B. 一般情况下，着火点越高，火灾危险性越小
  C. 一般情况下，最小点火能越高，火灾危险性越小
  D. 一般情况下，自燃点越低，火灾危险性越小
  E. 一般情况下，着火延滞期越长，火灾危险性越大

【解析】一般情况下，着火点越低，火灾危险性越大；闪点越低，火灾危险性越大，选项A、B正确。引燃能是指释放能够触发初始燃烧化学反应的能量，也叫最小点火能；着火延滞期越长，火灾危险性越小，选项C正确，选项D、E错误。

答案：1. A　2. A　3. BCD　4. ABC

第二节　消防设施与器材

一、消防设施

根据《中华人民共和国消防法》的规定，消防设施是指火灾自动报警系统、自动灭火系统、消火栓系统、防烟排烟系统以及应急广播和应急照明、安全疏散设施等。

（一）火灾自动报警系统

1. 火灾自动报警系统的定义

根据《火灾自动报警系统设计规范》（GB 50116—2013）的规定，火灾自动报警系统是指探测火灾早期特征、发出火灾报警信号，为人员疏散、防止火灾蔓延和启动自动灭火设备提供控制与指示的消防系统。

2. 火灾自动报警系统的功能

火灾自动报警系统实现火灾早期探测和报警、向各类消防设备发出控制信号并接收设备反馈信号进而实现预定消防功能，主要完成探测和报警功能，控制和联动等功能主要由联动控制系统来完成。

联动控制系统是由联动控制器与现场的主动型设备和被动型设备组成。现场主动型设备是指在火灾参数的作用下，设备自主执行某种动作；现场被动型设备是指在控制器或人为的控制下才能动作，所以消防系统中有三种控制方式：自动控制、联动控制、手动控制。

3. 火灾自动报警系统的组成

火灾自动报警系统由触发装置、火灾报警装置、火灾警报装置和电源等部分组成，如图4-2所示，复杂系统还包括消防控制设备。

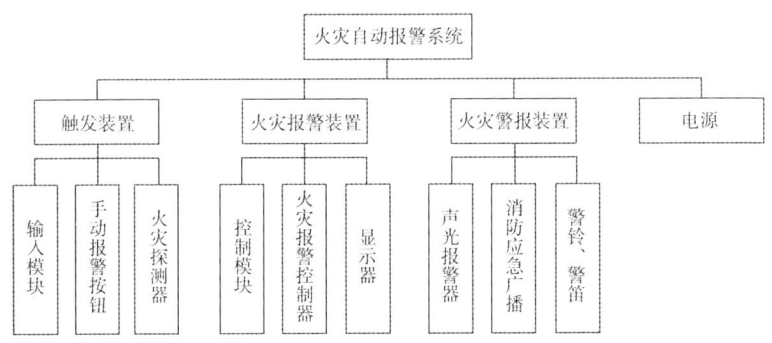

图 4-2 火灾自动报警系统的组成

（1）触发装置。自动或手动产生火灾报警信号的器件，包括输入模块、火灾探测器和手动报警按钮。

（2）报警装置。用以接收、显示和传递火灾报警信号，并能发出控制信号和具有其他辅助功能的控制装置。火灾报警控制器就是其中最基本的一种。

（3）警报装置。用以发出区别于环境声、光的火灾警报信号的装置。声光警报器就是一种最基本的火灾警报装置，它以声、光音响方式向报警区域发出火灾警报信号，以警示人们采取安全疏散、灭火救灾措施。

（4）消防控制设备。是在火灾自动报警系统中，当接收到来自触发器件的火灾报警信号，能自动或手动启动相关消防设备并显示其状态的设备。

4. 系统的分类

根据《火灾自动报警系统设计规范》（GB 50116—2013）的规定，火灾自动报警系统分为三种形式：

（1）区域报警系统。系统应由火灾探测器、手动报警按钮、声光警报器及火灾报警控制器等组成，系统中可包括消防控制室图形显示装置和指示楼层的区域显示器。

（2）集中报警系统。系统应由火灾探测器、手动报警按钮、声光警报器、消防应急广播、消防专用电话、消防控制室图形显示装置、火灾报警控制器、消防联动控制器等组成。

（3）控制中心报警系统。与集中报警系统的组成相同。有两个及以上消防控制室时，应确定一个主消防控制室。主消防控制室应能显示所有火灾报警信号和联动控制状态信号，并应能控制重要的消防设备。

（二）自动灭火系统

1. 水灭火系统

水灭火系统包括室内外消火栓系统、自动喷水灭火系统、水幕和水喷雾灭火系统。

2. 气体自动灭火系统

以气体作为灭火介质的灭火系统称为气体自动灭火系统。灭火剂应当具有的特性是化学稳定性好、耐储存、腐蚀性小、不导电、毒性低、蒸发后不留痕迹，适用于扑救多种类型火灾。

3. 泡沫灭火系统

泡沫灭火系统指空气机械泡沫系统。按发泡倍数可分为低倍数泡沫灭火系统、中倍数泡沫灭火系统和高倍数泡沫灭火系统。发泡倍数在 20 倍以下的称为低倍数泡沫，发泡倍数在 21～200 倍之间的称为中倍数泡沫，发泡倍数在 201～1 000 倍之间的称为高倍数泡沫。

（三）防烟排烟系统

火灾的烟气，包括烟雾、有毒气体和热气，不但影响到消防人员的扑救，而且会直接威胁人身安全。火灾时，水平和垂直分布的各种空调系统、通风管道及竖井、楼梯间、电梯井等是烟气蔓延的主要途径。建筑防烟排烟系统包括防烟系统和排烟系统。

1. 防烟系统

防烟系统是指通过自然通风方式，防止火灾烟气在楼梯间、前室、避难层（间）等空间内积聚，或通过采用机械加压送风方式阻止火灾烟气侵入楼梯间、前室、避难层（间）等空间的系统。防烟系统分为自然通风系统和机械加压送风系统。

2. 排烟系统

排烟系统是指采用自然排烟或机械排烟的方式，将房间、走道等空间的火灾烟气排至建筑物外的系统，分为自然排烟系统和机械排烟系统。

排烟窗、排烟井是建筑物中常见的自然排烟形式，它们主要适用于烟气具有足够大的浮力、可能克服其他阻碍烟气流动的驱动力的区域。机械排烟可克服自然排烟的局限，有效地排出烟气。

(四) 火灾应急广播与警报装置

火灾警报装置（包括警铃、警笛、警灯等）是发生火灾时向人们发出警告的装置，即告诉人们着火了，或者其他意外事故。火灾应急广播是火灾时（或意外事故时）指挥现场人员进行疏散的设备。

二、消防器材

(一) 灭火器

1. 灭火剂

灭火剂是能够有效地破坏燃烧条件，中止燃烧的物质。灭火剂被喷射到燃烧物和燃烧区域后，可使燃烧物冷却、燃烧物与氧气隔绝、燃烧区内氧的浓度降低、燃烧的连锁反应中断，最终导致维持燃烧的必要条件受到破坏，停止燃烧反应，从而起到灭火作用。

（1）水和水系灭火剂。

水是最常用的灭火剂，可以单独用来灭火。这种在水中加入化学物质的灭火剂称为水系灭火剂。水能从燃烧物中吸收很多热量，使燃烧物的温度迅速下降，使燃烧中止。水在受热汽化时，体积增大1 700多倍，当大量的水蒸气笼罩于燃烧物的周围时，可以阻止空气进入燃烧区，从而大大减少氧的含量，使燃烧因缺氧而窒息熄灭。

不能用水扑灭的火灾主要包括：

①密度小于水和不溶于水的易燃液体的火灾，如汽油、煤油、柴油等。苯类、醇类、醚类、酮类、酯类及丙烯腈等大容量储罐，如用水扑救，则水会沉在液体下层，被加热后会引起爆沸，形成可燃液体的飞溅和溢流，使火势扩大。

②遇水产生燃烧物的火灾，如金属钾、钠、碳化钙等，不能用水，而应用砂土灭火。

③硫酸、盐酸和硝酸引发的火灾，不能用水流冲击，因为强大的水流能使酸飞溅，流出后遇可燃物质，有引起爆炸的危险。

④电气火灾未切断电源前不能用水扑救，因为水是良导体，容易造成触电。

⑤高温状态下化工设备的火灾不能用水扑救，以防高温设备遇冷水后骤冷，引起形变或爆裂。

（2）气体灭火剂。

气体灭火剂具有释放后对保护设备无污染、无损害等优点。目前较常用的气体灭火剂有二氧化碳灭火剂、七氟丙烷灭火剂、混合气体 IG-541 灭火剂等。

①二氧化碳灭火剂。由于二氧化碳不含水、不导电、无腐蚀性，对绝大多数物质无破坏作

用，因此可以用来扑灭精密仪器和一般电气火灾。它还适用于扑救可燃液体和固体火灾，特别是不能用水灭火以及受到水、泡沫、干粉等灭火剂的玷污容易损坏的固体物质火灾。但是二氧化碳不宜用来扑灭金属钾、镁、钠、铝等及金属过氧化物（如过氧化钾、过氧化钠）、有机过氧化物、氯酸盐、硝酸盐、高锰酸盐、亚硝酸盐、重铬酸盐等氧化剂的火灾。

②七氟丙烷灭火剂。该灭火剂属于含氢氟烃类灭火剂，具有灭火浓度低、灭火效率高、对大气无污染的优点。该灭火剂主要用来取代致使臭氧层出现空洞的卤代烷灭火剂。

卤代烷 1211、1301 灭火剂具有优良的灭火性能，但是释放后的卤代烷灭火剂与大气层的臭氧发生反应，致使臭氧层出现空洞，使生存环境恶化。因此，国家环保局于 1994 年专门发出《关于在非必要场所停止再配置卤代烷灭火器的通知》。

③混合气体 IG-541 灭火剂。由氮气、氩气、二氧化碳自然组合的一种混合物，对大气层具有无污染的特点。平时以气态形式储存，所以喷放时，不会形成浓雾或造成视野不清，使人员在遇到火灾时能清楚地分辨逃生方向，且对人体基本无害。

（3）泡沫灭火剂。

泡沫灭火剂有两大类，即化学泡沫灭火剂和空气泡沫灭火剂。

①化学泡沫灭火剂。通过硫酸铝和碳酸氢钠的水溶液发生化学反应，产生二氧化碳而形成泡沫。

②空气泡沫灭火剂，也称为机械泡沫。由含有表面活性剂的水溶液在泡沫发生器中通过机械作用而产生泡沫。在应用中，按发泡倍数泡沫系统可分为低倍数泡沫、中倍数泡沫和高倍数泡沫。高倍数泡沫灭火剂的发泡倍数高（201～1 000 倍），能在短时间内迅速充满着火空间，特别适用于大空间灭火，并具有灭火速度快的优点。高倍数泡沫灭火技术多次在扑救油罐区、液化烃罐区、地下油库、汽车库、油轮、冷库等场所的失控性大火中起到决定性作用。

（4）干粉灭火剂。

干粉灭火剂由一种或多种具有灭火能力的细微无机粉末组成，窒息、冷却、辐射及对有焰燃烧的化学抑制作用是干粉灭火效能的集中体现。

干粉灭火剂中的灭火组分进入燃烧区域火焰中时，捕捉并终止燃烧反应产生的自由基，降低了燃烧反应的速率，当火焰中干粉浓度足够高，与火焰的接触面积足够大，自由基中止速率大于燃烧反应生成的速率，链式燃烧反应被终止，从而使火焰熄灭。

干粉灭火剂与水、泡沫、气体等灭火剂相比，在灭火速率、灭火面积、等效单位灭火成本效果三个方面有一定优越性，因其灭火速率快，制作工艺过程不复杂，使用温度范围宽广，对环境无特殊要求，以及使用方便，不需外界动力、水源，无毒、无污染、安全等特点，目前在手提式灭火器和固定式灭火系统上得到广泛的应用。

2. 灭火器的种类及其使用范围

灭火器由筒体、器头、喷嘴等部件组成，借助驱动压力可将所充装的灭火剂喷出，达到灭火目的。

灭火器的种类很多，按其移动方式分为手提式、推车式和悬挂式；按驱动灭火剂的动力来源可分为储气瓶式、储压式、化学反应式；按所充装的灭火剂则又可分为清水、泡沫、酸碱、二氧化碳、卤代烷、干粉、7150 等灭火器。

（1）清水灭火器。

清水灭火器充装的是清洁的水，并加入适量的添加剂，采用储气瓶加压的方式，利用二氧化碳钢瓶中的气体作动力，将灭火剂喷射到着火物上，达到灭火的目的。其主要由筒体、筒盖、喷射系统及二氧化碳储气瓶等部件组成。清水灭火器适用于扑救可燃固体物质火灾，即A类火灾。

（2）泡沫灭火器。

泡沫灭火器是通过筒内酸性溶液与碱性溶液混合后发生化学反应或借助气体压力，喷射出泡沫覆盖在燃烧物的表面上，隔绝空气，起到窒息灭火的作用。泡沫灭火器包括化学泡沫灭火器和空气泡沫灭火器两种。

①化学泡沫灭火器内充装有酸性和碱性两种化学药剂的水溶液，使用时，两种溶液混合引起化学反应生成泡沫，并在压力的作用下，喷射出泡沫灭火。目前开发和使用的化学泡沫灭火剂产品是由硫酸铝、碳酸氢钠及复合添加剂和水组成的。

②空气泡沫灭火器充装的是空气泡沫灭火剂，具有良好的热稳定性，抗烧时间长，灭火能力比化学泡沫高3~4倍，性能优良，保存期长，使用方便，是取代化学泡沫灭火器的更新换代产品。它可根据不同需要分别充装蛋白泡沫、氟蛋白泡沫、聚合物泡沫、轻水（水成膜）泡沫和抗溶泡沫等，用来扑救各种油类及极性溶剂的初起火灾。

泡沫灭火器适合扑救脂类、石油产品等B类火灾以及木材等A类物质的初起火灾，但不能扑救B类水溶性火灾，也不能扑救带电设备及C类和D类火灾。

（3）酸碱灭火器。

酸碱灭火器是一种内部装有65%的工业硫酸和碳酸氢钠的水溶液作灭火剂的灭火器。使用时，两种药液混合发生化学反应，产生二氧化碳压力气体，灭火剂在二氧化碳气体压力下喷出进行灭火。该类灭火器适用于扑救A类物质的初起火灾，如木、竹、织物、纸张等燃烧的火灾。它不能用于扑救B类物质燃烧的火灾，也不能用于扑救C类可燃气体或D类轻金属火灾，同时也不能用于带电场合火灾的扑救。

（4）二氧化碳灭火器。

二氧化碳灭火器是利用其内部充装的液态二氧化碳的蒸气压将二氧化碳喷出灭火的一种灭火器具，其通过降低氧气含量，造成燃烧区窒息而灭火。一般当氧气的含量低于12%或二氧化碳浓度达30%~35%时，燃烧中止。由于二氧化碳是一种无色的气体，灭火不留痕迹，并有一定的电绝缘性能等特点，因此，更适宜于扑救600V以下带电电器、贵重设备、图书档案、精密仪器仪表的初起火灾，以及一般可燃液体的火灾。

（5）卤代烷灭火器。

凡内部充入卤代烷灭火剂的灭火器，统称为卤代烷灭火器。卤代烷灭火剂主要通过抑制燃烧的化学反应过程，使燃烧中断达到灭火目的。其作用是通过除去燃烧连锁反应中的活性基因来完成，这一过程称抑制灭火。我国只生产1211和1301灭火器。

1211灭火器主要用于扑救易燃、可燃液体、气体及带电设备的初起火灾，也能对固体物质如竹、木、纸、织物等的表面火灾进行扑救，尤其适用于扑救精密仪器、计算机、珍贵文物及贵重物资仓库等处的初起火灾，也能用于扑救飞机、汽车、轮船、宾馆等场所的初起火灾。

（6）干粉灭火器。

干粉灭火器以液态二氧化碳或氮气作动力，将灭火器内干粉灭火剂喷出进行灭火。该类灭火器主要通过抑制作用灭火，按使用范围可分为普通干粉和多用干粉两大类。

①普通干粉也称BC干粉，是指碳酸氢钠干粉、改性钠盐、氨基干粉等，主要用于扑灭可燃液体、可燃气体以及带电设备火灾。

②多用干粉也称ABC干粉，是指磷酸铵盐干粉、聚磷酸铵干粉等，它不仅适用于扑救可燃液体、可燃气体和带电设备的火灾，还适用于扑救一般固体物质火灾，但都不能扑救轻金属

火灾。

（二）火灾探测器

火灾探测器是火灾自动报警系统的基本组成部分之一，它至少含有一个能够连续或以一定频率周期监视与火灾有关的适宜的物理和/或化学现象的传感器，并且至少能够向控制和指示设备提供一个合适的信号，是否报火警可由探测器或控制和指示设备做出判断。

火灾探测器根据其探测火灾特征参数的不同，主要分为感光式火灾探测器、感烟式火灾探测器、感温式火灾探测器、复合式火灾探测器和可燃气体火灾探测器等。

1. 感光式火灾探测器

响应火焰发出的特定波段电磁辐射的探测器，又称火焰探测器，适用于监视有易燃物质区域的火灾发生，如仓库、燃料库、变电所、计算机房等场所，特别适用于没有阴燃阶段的燃料火灾（如醇类、汽油、煤气等易燃液、气体火灾）的早期检测报警。

按检测火灾光源的性质分类，有红外火焰火灾探测器和紫外火焰火灾探测器两种。红外线波长较长，烟粒对其吸收和衰减能力较弱，致使有大量烟雾存在的火场，在距火焰一定距离内，仍可使红外线敏感元件感应，发出报警信号；紫外火焰探测器适用于有机化合物燃烧的场合，例如油井、输油站、飞机库、可燃气罐、液化气罐、易燃易爆品仓库等，特别适用于火灾初期不产生烟雾的场所（如生产储存酒精、石油等场所）。

2. 感烟式火灾探测器

响应悬浮在大气中的燃烧和/或热解产生的固体或液体微粒的探测器，适用于探测火灾初期的烟雾，具有能早期发现火灾、灵敏度高、响应速度快、使用面较广等特点。感烟火灾探测器分为点型感烟火灾探测器和线型感烟火灾探测器。

（1）点型感烟火灾探测器。分为离子感烟火灾探测器和光电感烟火灾探测器两种。离子感烟火灾探测器最显著的优点是它对黑烟的灵敏度非常高，特别是对早期火警反应特别快；光电式感烟火灾探测器是利用烟雾粒子对光线产生散射、吸收原理的感烟火灾探测器。光电式感烟火灾探测器有一个很大的缺点就是对黑烟灵敏度很低，对白烟灵敏度较高。

（2）线型感烟火灾探测器。目前生产和使用的线型感烟火灾探测器都是红外光束型的感烟火灾探测器，它是利用烟雾粒子吸收或散射红外线光束的原理对火灾进行监测。

3. 感温式火灾探测器

响应异常温度、温升速率和温差变化等参数的探测器，根据其感热效果和结构型式，可分为定温式、差温式和差定温组合式三类。

（1）定温火灾探测器。在火灾现场的环境温度达到预定值及其以上时，即能响应动作，发出火警信号的火灾探测器。这种探测器有较高的可靠性和稳定性，保养维修也方便，只是响应过程长，灵敏度较低。根据工作原理的不同，定温火灾探测器又可分为双金属片定温火灾探测器、热敏电阻定温火灾探测器、低熔点合金火灾探测器等。

（2）差温火灾探测器。是一种环境升温速率超过预定值，即能响应的感温探测器。根据工作原理不同，可分为电子差温火灾探测器、膜盒感温火灾探测器等。

（3）差定温组合式火灾探测器。一种既能响应预定温度报警，又能响应预定温升速率报警的火灾探测器。

4. 复合式火灾探测器

复合式火灾探测器包括复合式感温感烟火灾探测器、复合式感温感光火灾探测器、复合式感温感烟感光火灾探测器、分离式红外光束感温感光火灾探测器。

5. 可燃气体火灾探测器

响应燃烧或热解产生的气体的火灾探测器。

> ·典型例题·

1. 以气体作为灭火介质的灭火系统称为气体灭火系统。气体灭火系统的使用范围是由气体灭火剂的灭火性质决定的。下列性质中，属于气体灭火剂特性的是（　　）。

A. 污染性　　　　　　　　　　　B. 导电性
C. 蒸发后不留痕迹　　　　　　　D. 腐蚀性

【解析】气体灭火剂具有释放后对保护设备无污染、无损害等优点，选项C正确。

2. 干粉灭火剂的主要成分是碳酸氢钠和少量的防潮剂硬脂酸镁及滑石粉等，其中起主要灭火作用的基本原理是（　　）。

A. 窒息作用　　　　　　　　　　B. 冷却作用
C. 辐射作用　　　　　　　　　　D. 化学抑制作用

【解析】干粉灭火剂由一种或多种具有灭火能力的细微无机粉尘组成，其中的化学抑制作用是灭火的基本原理，起主要灭火作用。

3. 不同火灾场景应使用相应的灭火剂，选择正确的灭火剂是灭火的关键。下列火灾中，能用水灭火的是（　　）。

A. 普通木材家具引发的火灾
B. 未切断电源的电气火灾
C. 硫酸、盐酸和硝酸引发的火灾
D. 高温状态下化工设备火灾

【解析】不能用水扑灭的火灾主要包括：①密度小于水和不溶于水的易燃液体的火灾，如汽油、煤油、柴油等；②遇水产生燃烧物的火灾，如金属钾、钠、碳化钙等；③硫酸、盐酸和硝酸引发的火灾，不能用水流冲击；④电气火灾未切断电源前不能用水扑救；⑤高温状态下化工设备的火灾不能用水扑救。

答案：1. C　2. D　3. A

第三节　防火防爆技术

一、火灾爆炸预防基本原则

（一）防火基本原则

（1）以不燃溶剂代替可燃溶剂。

（2）密闭和负压操作。

（3）通风除尘。

（4）惰性气体保护。

（5）采用耐火建筑材料。

（6）严格控制火源。

(7) 阻止火焰的蔓延。
(8) 抑制火灾可能发展的规模。
(9) 组织训练消防队伍和配备相应消防器材。

(二) 防爆基本原则

防爆的基本原则是防止第一过程的出现，控制第二过程的发展，削弱第三过程的危害。主要应采取以下措施：

(1) 防止爆炸性混合物的形成。
(2) 严格控制火源。
(3) 及时泄出燃爆开始时的压力。
(4) 切断爆炸传播途径。
(5) 减弱爆炸压力和冲击波对人员、设备和建筑的损坏。
(6) 检测报警。

二、着火源及其控制

工业生产过程中，存在着多种引起火灾和爆炸的着火源，例如化工企业中常见的着火源有明火、化学反应热、化工原料的分解自燃、热辐射、高温表面、摩擦和撞击、绝热压缩、电气设备及线路的过热和火花、静电放电、雷击和日光照射等。

(一) 明火

明火是指敞开的火焰、火星和火花等，如生产过程中的加热用火、维修焊接用火及其他火源是导致火灾爆炸最常见的原因。

1. 加热用火的控制

加热易燃物料时，要尽量避免采用明火设备，而宜采用热水或其他介质间接加热，如蒸汽或密闭电气加热等加热设备，不得采用电炉、火炉、煤炉等直接加热。明火加热设备的布置，应远离可能泄漏易燃气体或蒸汽的工艺设备和储罐区，并应布置在其上风向或侧风向。对于有飞溅火花的加热装置，应布置在上述设备的侧风向。

2. 维修焊割用火的控制

(1) 在输送、盛装易燃物料的设备、管道上，或在可燃可爆区域内动火时，应将系统和环境进行彻底的清洗或清理。如该系统与其他设备连通时，应将相连的管道拆下断开或加堵金属盲板隔绝，再进行清洗，然后用惰性气体进行吹扫置换，气体分析合格后方可动焊。

(2) 动火现场应配备必要的消防器材，并将可燃物品清理干净。在可能积存可燃气体的管沟、电缆沟、深坑、下水道内及其附近，应用惰性气体吹扫干净，再用非燃体遮盖。

(3) 气焊作业时，应将乙炔发生器放置在安全地点，以防回火爆炸伤人或将易燃物引燃。

(4) 电杆线破残应及时更换或修理，不得利用与易燃易爆生产设备有联系的金属构件作为电焊地线，以防止在电路接触不良的地方产生高温或电火花。

3. 其他明火的控制

(1) 存在火灾和爆炸危险的场所，如厂房、仓库、油库等地，不得使用蜡烛、火柴或普通灯具照明。汽车、拖拉机一般不允许进入，如确需进入，其排气管上应安装火花熄灭器。

(2) 在有爆炸危险的车间和仓库内，禁止吸烟和携带火柴、打火机等，为此，应在醒目的地方张贴警示标记以引起注意。明火与有火灾爆炸危险的厂房和仓库相邻时，应保证足够的安全距离。

（二）摩擦和撞击

摩擦和撞击往往是可燃气体、蒸气和粉尘、爆炸物品等着火爆炸的根源之一。例如机器轴承的摩擦发热、铁器和机件的撞击、钢铁工具的相互撞击、砂轮的摩擦等都能引起火灾，甚至铁桶容器裂开时，亦能产生火花，引起逸出的可燃气体或蒸气着火。常用控制措施如下：

（1）工人应禁止穿钉鞋，不得使用铁器制品。

（2）搬运储存可燃物体和易燃液体的金属容器时，应当用专门的运输工具，禁止在地面上滚动、拖拉或抛掷，并防止容器的互相撞击，以免产生火花，引起燃烧或容器爆裂造成事故。

（3）吊装可燃易爆物料用的起重设备和工具，应经常检查，防止吊绳等断裂下坠发生危险。

（4）如果机器设备不能用不发生火花的各种金属制造，应当使其在真空中或惰性气体中操作。

（5）在有爆炸危险的生产中，机件的运转部分应该用两种材料制作，其中之一是不发生火花的有色金属材料（如铜、铝）。机器的轴承等转动部分，应该有良好的润滑，并经常清除附着的可燃物污垢。

（6）敲打工具应用铍铜合金或包铜的钢制作。

（7）地面应铺沥青、菱苦土等较软的材料。输送可燃气体或易燃液体的管道应做耐压试验和气密性检查，以防止管道破裂、接口松脱而跑漏物料，引起着火。

（三）电气设备及线路的过热和火花

电气设备或线路出现危险温度、电火花和电弧时，就成为引起可燃气体、蒸气和粉尘着火、爆炸的一个主要着火源。

电火花可分为工作火花和事故火花两类，前者是电气设备（如直流电焊机）正常工作时产生的火花，后者是电气设备和线路发生故障或错误作业出现的火花。电气设备或线路出现危险温度、电火花和电弧时，便成为引起可燃气体、蒸气和粉尘着火、爆炸的一个主要火源。常用控制措施如下：

（1）保证电气设备的正常运行，保持电气设备的电压、电流、温升等参数不超过允许值，保持电气设备和线路具有足够的绝缘能力以及良好的连接。

（2）电气设备和电线的绝缘，不得受到生产过程中产生的蒸气及气体的腐蚀，因此电线应采用铁管线，电线的绝缘材料要具有防腐蚀的性能。

（3）在运行中，应保持设备及线路各导电部分连接的可靠，活动触头的表面要光滑，并要保证足够的触头压力，以保证接触良好。

（4）固定接头时，特别是铜、铝接头要接触紧密，保持良好的导电性能。在具有爆炸危险的场所，可拆卸的连接应有防松措施。

（5）铝导线间的连接应采用压接、熔焊或钎焊，不得简单地采用缠绕接线。

（6）电气设备应保持清洁，定期清扫电气设备，以保持清洁，防止灰尘。

（7）具有爆炸危险的厂房内，应根据危险程度的不同，采用防爆型电气设备。

（四）静电放电

为防止静电放电火花引起的燃烧爆炸，可根据生产过程中的具体情况采取相应的防静电措施：

(1) 控制流速。流体在管道中的流速必须加以控制，例如易燃液体在管道中的流速不宜超过 4~5m/s，可燃气体在管道中的流速不宜超过 6~8m/s。灌注液体时，应防止产生液体飞溅和剧烈的搅拌现象。向储罐输送液体的导管，应放在液面之下或将液体沿容器的内壁缓慢流下，以免产生静电。易燃液体灌装结束时，应经过一段时间，待静电荷松弛后，再进行操作，以防静电放电火花引起着火爆炸。

(2) 保持良好接地。下列生产设备应有可靠的接地装置：输送可燃气体和易燃液体的管道以及各种阀门、灌油设备和油槽车（包括灌油桥台、铁轨、油桶、加油用鹤管和漏斗等）；通风管道上的金属网过滤器；生产或加工易燃液体和可燃气体的设备储罐；输送可燃粉尘的管道和生产粉尘的设备以及其他能够产生静电的生产设备。为消除各部件的电位差，可采用等电位措施。例如在管道、法兰之间加装跨接导线，可以消除两者之间的电位差。

(3) 采用静电消散技术。流体在管道输送过程中，在管道的末端再加装一直径较大的松弛容器，还可大大地消除流体在管内流动时所积累的静电。

(4) 人体静电防护。生产和工作人员应尽量避免穿尼龙或的确良等易产生静电的工作服，而且为了导除人身上积累的静电，最好穿布底鞋或导电橡胶底胶鞋。工作地面宜采用水泥地面。

(5) 在具有爆炸危险的厂房内，一般不允许采用平皮带传动，可以采用三角皮带传动。采用皮带传动时，为防止传动皮带在运转中产生静电发生危险，可每隔 3~5 天在皮带上涂抹一次防静电的涂料。此外，还应防止皮带下垂，皮带与金属接地物的距离不得小于 20~30cm，以减小对接地金属物放电的可能性。

(6) 增高厂房或设备内空气的湿度，当相对湿度在 65%~70% 以上时能防止静电的积累。对于不会因空气湿度而影响产品质量的生产，可用喷水或喷水蒸气的方法增加空气湿度。

三、爆炸控制

防止爆炸的一般原则：一是控制混合气体中的可燃物含量处在爆炸极限以外；二是使用惰性气体取代空气；三是使氧气浓度处于其极限值以下。为此应防止可燃气体向空气泄漏，或防止空气进入可燃气体中；控制、监视混合气体各组分浓度；装设报警装置和设施。

防止形成爆炸介质的措施主要有设备（系统）密闭、厂房通风、惰性介质保护、以不燃溶剂代替可燃溶剂、危险物品隔离储存等。

（一）惰性介质保护

在化工生产中，采取的惰性气体（或阻燃性气体）主要有氮气、二氧化碳、水蒸气、烟道气等。如下情况通常需考虑采用惰性介质保护：

(1) 可燃固体物质的粉碎、筛选处理及其粉末输送时，采用惰性气体进行覆盖保护。

(2) 处理可燃易爆的物料系统，在进料前用惰性气体进行置换，以排除系统中原有的气体，防止形成爆炸性混合物。

(3) 将惰性气体通过管线与火灾爆炸危险的设备、储槽等连接起来，在发生危险时使用。

（4）易燃液体利用惰性气体充压输送。

（5）在有爆炸性危险的生产场所，对有可能引起火灾危险的电器、仪表等采用充氮正压保护。

（6）易燃易爆系统检修动火前，使用惰性气体进行吹扫置换。

（7）发现易燃易爆气体泄漏时，采用惰性气体（水蒸气）冲淡。发生火灾时，用惰性气体进行灭火。

（二）设备（系统）密闭和正压操作

装盛可燃易爆介质的设备和管路，如果气密性不好，就会由于介质的流动性和扩散性，造成跑、冒、滴、漏现象，逸出的可燃易爆物质，在设备和管路周围空间形成爆炸性混合物。同样的道理，当设备或系统处于负压状态时，空气就会渗入，使设备或系统内部形成爆炸性混合物。

容易发生可燃易燃物质泄漏的部位主要有设备的转轴与壳体或墙体的密封处，设备的各种孔（人孔、手孔、清扫孔）盖及封头盖与主体的连接处，以及设备与管道、管件的各个连接处等。

在验收新的设备时，在设备修理之后及在使用过程中，必须根据压力计的读数用水压试验来检查其密闭性，测定其是否漏气并进行气体分析。此外，可于接缝处涂抹肥皂液进行充气检测。为了检查无味气体（氢、甲烷等）是否漏出，可在其中加入显味剂（硫醇、氨等）。

当设备内部充满易爆物质时，要采用正压操作，以防外部空气渗入设备内。设备内的压力必须加以控制，不能高于或低于额定的数值。压力过高，轻则渗漏加剧，重则破裂导致大量可燃物质排出；压力过低，就有渗入空气、发生爆炸的可能。通常可设置压力报警器，在设备内压力失常时及时报警。

对爆炸危险度大的可燃气体（如乙炔、氢气等）以及危险设备和系统，在连接处应尽量采用焊接接头，减少法兰连接。

（三）厂房通风

必须用通风的方法使可燃气体、蒸汽或粉尘的浓度不致达到危险的程度，一般应控制在爆炸下限 1/5 以下。

在设计通风系统时，应考虑到气体的相对密度。某些比空气重的可燃气体或蒸气，即使是少量物质，如果在地沟等低洼地带积聚，也可能达到爆炸极限。此时，车间或厂房的下部亦应设通风口，使可燃易爆物质及时排出。从车间排出含有可燃物质的空气时，应设防爆的通风系统，鼓风机的叶片应采用碰击时不会产生火花的材料制造，通风管内应设有防火遮板，使一处失火时迅速隔断管路，避免波及他处。

（四）以不燃溶剂代替可燃溶剂

以不燃或难燃的材料代替可燃或易燃材料，是防火与防爆的根本性措施。常用的不燃溶剂主要有甲烷和乙烷的氯衍生物，如四氯化碳、三氯甲烷和三氯乙烷等。使用汽油、丙酮、乙醇等易燃溶剂的生产，可以用四氯化碳、三氯乙烷或丁醇、氯苯等不燃溶剂或危险性较低的溶剂代替。又如四氯化碳用于代替溶解脂肪、沥青、橡胶等所采用的易燃溶剂。

（五）危险物品隔离储存

由于各种危险化学品的性质不同，因此，它们的储存条件也不相同。为防止不同性质物品在储存中相互接触而引起火灾和爆炸事故,禁止一起储存,见表4-4。

表 4-4 禁止一起储存的物品

组别	物品名称	禁止一起储存的物品	备注
1	爆炸物品:苦味酸、梯恩梯、硝化棉、硝化甘油、硝铵炸药、雷汞等	不准与任何其他类的物品共储,必须单独隔离储存	起爆药、雷管与炸药必须隔离储存
2	易燃液体:汽油、苯、二硫化碳、丙酮、乙醚、甲苯、酒精、硝基漆、煤油	不准与其他种类物品共同储存	如数量甚少,允许与固体易燃物品隔开后存放
3	易燃气体:乙炔、氢、氯化甲烷、硫化氢、氨等	除惰性气体外,不准和其他种类的物品共储	
3	惰性气体:氮、二氧化碳、二氧化硫、氟利昂等	除易燃气体、助燃气体、氧化剂和有毒物品外,不准和其他种类物品共储	
3	助燃气体:氧、氟、氯等	除惰性气体和有毒物品外,不准和其他物品共储	氯兼有毒害性
4	遇水或空气能自燃的物品:钾、钠、电石、磷化钙、锌粉、铝粉、黄磷等	不准与其他种类的物品共储	钾、钠须浸入石油中,黄磷浸入水中,均单独储存
5	易燃固体:赛璐珞、电影胶片、赤磷、萘、樟脑、硫黄、火柴等	不准与其他种类的物品共储	赛璐珞、胶片、火柴均须单独隔离储存
6	氧化剂:能形成爆炸混合物物品、氯酸钾、氯酸钠、硝酸钾、硝酸钠、硝酸钡、次硝酸钙、亚硝酸钠、过氧化钠、过氧化氢(30%)等	除惰性气体外,不准与其他种类的物品共储	过氧化物遇水有发热爆炸危险,应单独储存。过氧化氢应储存在阴凉处所
6	能引起燃烧的物品:溴、硝酸、铬酸、高锰酸钾、重硝酸钾	不准与其他种类的物品共储	与氧化剂亦应隔离
7	有毒物品:光气、三氧化二钾、氰化钾、氰化钠等	除惰性气体外,不准与其他种类的物品共储	

(六)防止容器或室内爆炸的安全措施

(1)抗爆容器。若选择这种结构形式的设备在剧烈爆炸下没有被炸碎,而只产生部分变形,那么设备的操作人员就可以得到保护。

(2)爆炸卸压。通过固定的开口及时进行泄压,则容器内部就不会产生高爆炸压力,因而也就不必使用能抗这种高压的结构,把没有燃烧的混合物和燃烧的气体排放到大气里去。卸压装置可分为一次性使用的装置(如爆破膜)和重复使用的装置(如安全阀)。

(3)房间泄压。它主要是用来保护容器和装置的,能使被保护设备不被炸毁和使用人员不受伤害。它可用卸压措施来保护房间,但不能保护房间里的人。这种情况下,房间内的设施必须是遥控的,并在运行期间严禁人员进入房间。一般可以通过窗户、外墙和建筑物的房顶来进行卸压。

(七) 爆炸抑制系统

爆炸抑制系统由能检测初始爆炸的传感器和压力式的灭火剂罐组成。灭火剂罐通过传感装置动作,在尽可能短的时间内,把灭火剂均匀地喷射到应保护的容器里,使爆炸燃烧被扑灭,使爆炸得以控制。

四、防火防爆安全装置

防火防爆安全装置可以分为阻火隔爆装置与防爆泄压装置两大类。

(一) 阻火隔爆装置

阻火隔爆按照作用机理,可分为机械隔爆和化学抑爆两类。机械隔爆是依靠某些固体或液体物质阻隔火焰的传播;化学抑爆主要是通过释放某些化学物质来抑制火焰的传播。

机械隔爆装置主要有工业阻火器、主动式隔爆装置和被动式隔爆装置等。其中工业阻火器装于管道中,形式最多,应用也最为广泛。

1. 工业阻火器

工业阻火器分为机械阻火器、液封和料封阻火器。工业阻火器常用于阻止爆炸初期火焰的蔓延,一些具有复合结构的机械阻火器也可阻止爆轰火焰的传播。

2. 主动式和被动式隔爆装置

主动式、被动式隔爆装置是靠装置某一元件的动作来阻隔火焰。工业阻火器在工业生产过程中时刻都在起作用,对流体介质的阻力较大,而主、被动式隔爆装置只是在爆炸发生时才起作用,因此他们在不动作时对流体介质的阻力小。另外,工业阻火器对于纯气体介质才是有效的,对气体中含有杂质(如粉尘、易凝物等)的输送管道,应当选用主、被动式隔爆装置为宜。

主动式(监控式)隔爆装置由一灵敏的传感器探测爆炸信号,经放大后输出到执行机构,控制隔爆装置喷洒抑爆剂或关闭阀门,从而阻隔爆炸火焰的传播。被动式隔爆装置是由爆炸波来推动隔爆装置的阀门或闸门来阻隔火焰。

被动式隔爆装置主要有自动断路阀、管道换向隔爆等形式。

3. 其他阻火隔爆装置

(1) 单向阀。单向阀又称止逆阀、止回阀。它的作用是仅允许液体(气体或液体)向一个方向流动,遇到倒流时即自行关闭,从而避免在燃气或燃油系统中发生液体倒流,或高压窜入低压造成容器管道的爆裂,或发生回火时火焰倒吸和蔓延等事故。

(2) 阻火阀门。阻火阀门是为了阻止火焰沿通风管道或生产管道蔓延而设置的阻火装置。在正常情况下,阻火阀门受环状或者条状的易溶金属的控制,处于开启状态。一旦着火,温度升高,易熔金属即会熔化,此时阀门失去控制,受重力作用自动关闭,将火阻断在阀门一边。

(3) 火星熄灭器(防火罩、防火帽)。通常安装在可能产生火星设备的排放系统上,如加护热炉的烟道,汽车、拖拉机的尾气排放管上等,用以防止飞出的火星引燃可燃物料。

(4) 化学抑制防爆(简称化学抑爆、抑制防爆)装置。化学抑爆是在火焰传播显著加速的初期通过喷洒抑爆剂来抑制爆炸的作用范围及猛烈程度的一种防爆技术。它可用于装有气相氧化剂中可能发生爆燃的气体、油雾或粉尘的任何密闭设备。常用的抑爆剂有化学粉末、水、卤代烷和混合抑爆剂等。

爆炸抑制系统主要由爆炸探测器、爆炸抑制器和控制器三部分组成。其作用原理是：高灵敏度的爆炸探测器探测到爆炸发生瞬间的危险信号后，通过控制器启动爆炸抑制器，迅速将抑爆剂喷入被保护的设备中，将火焰扑灭从而抑制爆炸进一步发展。

(二) 防爆泄压装置及技术

防爆泄压装置主要有安全阀、爆破片、防爆门（窗）等。

1. 安全阀

安全阀的作用是为了防止设备和容器内压力过高而爆炸，包括防止物理性爆炸（如锅炉、蒸馏塔等爆炸）和化学性爆炸（如乙炔发生器的乙炔受压分解爆炸等）。安全阀按其结构和作用原理可分为杠杆式、弹簧式和脉冲式等；按气体排放方式分为全封闭式、半封闭式和敞开式三种。设置安全阀时应注意以下几点：

（1）新装安全阀，应有产品合格证。安装前应由安装单位继续复校后加铅封，并出具安全阀校验报告。

（2）当安全阀的入口处装有隔断阀时，隔断阀必须保持常开状态并加铅封。

（3）压力容器的安全阀最好直接装设在容器本体上。液化气体容器上的安全阀应安装于气相部分，防止排出液体物料，发生事故。

（4）如安全阀用于排泄可燃气体，直接排入大气，则必须引至远离明火或易燃物且通风良好的地方，排放管必须逐段用导线接地以消除静电作用。如果可燃气体的温度高于它的自燃点，应考虑防火措施或将气体冷却后再排入大气。

（5）安全阀用于泄放可燃液体时，宜将排泄管接入事故储槽、污油罐或其他容器。用于泄放高温油气或易燃、可燃气体等遇空气可能立即着火的物质时，宜接入密闭系统的放空塔或事故储槽。

（6）一般安全阀可放空，但要考虑放空口的高度及方向的安全性。室内的设备，如蒸馏塔、可燃气体压缩机的安全阀、放空口宜引出房顶，并高于房顶 2m 以上。

2. 爆破片（又称防爆膜、防爆片）

爆破片的使用是一次性的，如果被破坏，需要重新安装。

爆破片的作用是：如果压力容器的介质不洁净、易于结晶或聚合，这些杂质或结晶体有可能堵塞安全阀，使得阀门不能按规定的压力开启，失去了安全阀泄压作用，在此情况下就只得用爆破片作为泄压装置。

爆破片一定要选用有生产许可证单位制造的合格产品，安装要可靠，表面不得有油污；运行中应经常检查法兰连接处有无泄漏；爆破片一般 6～12 个月更换一次。凡有重大爆炸危险性的设备、容器及管道，都应安装爆破片（例如气体氧化塔、球磨机、进焦煤炉的气体管道、乙炔发生器等）。

3. 防爆门（窗）

防爆门（窗）一般设置在使用油、气或燃烧煤粉的燃烧室外壁上，在燃烧室发生爆燃或爆炸时用于泄压，以防设备遭到破坏。为防止燃烧火焰喷出时将人烧伤或者翻开的门（窗）盖将人打伤，防爆门（窗）应设置在人不常到的地方，高度最好不低于 2m。

· 典型例题 ·

1. 预防火灾爆炸事故的基本原则是防止和限制燃烧爆炸的危险因素；当燃烧爆炸物不可避免时，要尽可能消除或隔离各类点火源；阻止和限制火灾爆炸的蔓延扩展，尽量降低火灾爆炸事故造成的损失。下列预防火灾爆炸事故的措施中，属于阻止和限制火灾爆炸蔓延扩展原则的是（　　）。

A. 严格控制环境温度 B. 安装避雷装置
C. 使用防爆电器 D. 安装火灾报警系统

【解析】防止火灾爆炸事故发生的基本原则主要有以下三点：

(1) 防止燃烧、爆炸系统的形成。

①替代。

②密闭。

③惰性气体保护。

④通风置换。

⑤安全监测及连锁。

(2) 消除点火源。能引发事故的火源有明火、高温表面、冲击、摩擦、自燃、发热、电气、静电火花、化学反应热、光线照射等，具体做法有：

①控制明火和高温表面。

②防止摩擦和撞击产生火花。

③火灾爆炸危险场所采用防爆电气设备避免电气火花。

(3) 限制火灾、爆炸蔓延扩散的措施。限制火灾、爆炸蔓延扩散的措施包括阻火装置、阻火设施、防爆泄压装置及防火防爆分隔等。

选项 D 中火灾报警系统只有在火灾爆炸发生后才起到报警作用，提示相关人员及时采取措施进行救援和灭火，因此属于阻止和限制火灾爆炸蔓延扩展的措施。

2. 防火防爆安全装置用于防止火灾爆炸的发生、阻止燃爆扩展、减少燃爆损失。隔爆装置是防火防爆安全装置之一。下列关于隔爆装置的说法，正确的有（　　）。

A. 隔爆装置用来阻隔火焰，与工业阻火器的阻火原理不同
B. 隔爆装置只在燃爆发生时才起作用，其本身对流体阻力小
C. 被动式隔爆装置由某一执行机构控制其达到隔爆目的
D. 对流体中含有粉尘、易凝物等的输送管道，应选用隔爆装置
E. 主动式隔爆装置主要有自动断路阀、管道换向隔爆等形式

【解析】主动式（监控式）隔爆装置由一灵敏的传感器探测爆炸信号，经放大后输出给执行机构，控制隔爆装置喷洒抑爆剂或关闭阀门，从而阻隔爆炸火焰的传播。被动式隔爆装置主要有自动断路阀、管道换向隔爆等形式，是由爆炸波推动隔爆装置的阀门或闸门来阻隔火焰。

答案：1. D　2. ABD

第四节　烟花爆竹安全技术

一、概述

(一) 烟花爆竹的定义

现代的烟花爆竹是以烟火药为原料，经过工艺制作，在燃放时能够产生特种效果的产品。

(二) 烟花爆竹的组成及性质

1. 烟花爆竹的组成

烟火药最基本的组成是氧化剂和可燃剂，还包括制品具有一定强度的黏结剂，产生特种烟火效应的功能添加剂等。

(1) 氧化剂。烟火药所用的氧化剂通常要求是富氧的离子型固体，在中等温度下即可分解放出氧。

(2) 可燃剂。烟火药的可燃剂可分为金属可燃剂、非金属可燃剂和有机化合物可燃剂。

(3) 黏结剂。烟火药组分中的黏结剂主要起增强制品机械强度、减缓药剂燃速、降低药剂敏感度和改善药剂物理化学安定性等作用。

(4) 功能添加剂。功能添加剂主要包括使火焰着色的染焰剂、加快或减缓燃速的调速剂、增强物理化学安定性的安定剂、降低机械感度的钝感剂以及增强各种烟火效应的添加物质等。

2. 烟花爆竹的性质

烟花爆竹的组成决定了它具有燃烧和爆炸的特性。

燃烧是可燃物质（包括可燃固体、可燃液体和可燃气体）发生强烈的氧化还原反应，同时发出热和光的现象。其主要特性有：

(1) 能量特征。它是标志火药做功能力的参量，一般是指1kg火药燃烧时气体产物所做的功。

(2) 燃烧特性。它标志火药能量释放的能力，主要取决于火药的燃烧速率和燃烧表面积。燃烧速率与火药的组成和物理结构有关，还随初温和工作压力的升高而增大。

(3) 力学特性。它是指火药要具有相应的强度，满足在高温下保持不变形、低温下不变脆，能承受在使用和处理时可能出现的各种力的作用，以保证稳定燃烧。

(4) 安定性。它是指火药必须在长期储存中保持其物理化学性质的相对稳定。

(5) 安全性。由于火药在特定的条件下能发生爆轰，因此要求在配方设计时必须考虑火药在生产、使用和运输过程中安全可靠。

二、烟花爆竹基本安全知识

(一) 烟花爆竹、原材料和半成品的感度及影响因素

从生产状况来看，烟花爆竹的敏感度主要有热感度和机械感度两个方面。

1. 热感度

烟花爆竹药剂在热能（直接加热、高温、热辐射、电火花、火焰等）作用下，发生爆炸变化的能力称为炸药的热感度，在使用上常以炸药的爆发点和火焰感度来表示，静电火花感度则常用引燃能量（焦耳）来表示。

(1) 爆发点。使炸药开始爆炸变化，介质所需的加热的最低温度叫作炸药的爆发点。

(2) 火焰感度。炸药在火焰作用下，发生爆炸变化的能力叫作炸药的火焰感度。

(3) 最小引燃能量、最小引爆电流。最小引燃能量是引起爆炸性混合物发生爆炸的最小电火花所具有的能量。最小引爆电流是引起爆炸物爆炸的最小电火花所具备的电流。

(4) 热安定性。烟花爆炸药剂，包括成品和化工原料，其热安定性（稳定性）是指其在长期储存中保持其物理化学性质不变的能力。

2. 机械感度

烟花爆竹药剂在机械力作用下（冲击、摩擦、针刺等）发生爆炸的能力，称为机械感度。烟花爆竹药剂感度的影响因素如下：

（1）温度。炸药温度升高，各种感度会增高，当温度接近炸药的爆发点时，很小的外界作用就可以引起爆炸。

（2）物理状态。同一种炸药在凝胶状态的爆轰感度比非凝胶状态低得多。压装炸药的爆轰感度比同种炸药熔装的高得多。

（3）结晶粒子的大小。炸药的结晶粒度愈细，爆轰感度愈大。

（4）密度。炸药超过一定的密度后，密度增加时炸药的爆轰感度总体是下降的，即需要更大一些的起爆强度才能起爆，这主要是由于密度过大使燃烧转爆炸的过程困难。

（5）杂质。炸药中掺有惰性物质，感度会发生巨大变化，杂质主要影响炸药的机械感度。不同的杂质对炸药感度有着不同的影响。提高感度的杂质为敏化剂，减低感度的杂质为钝化剂。

（二）烟花爆竹、烟火药安全生产的安全措施

1. 烟火药制造过程中的防火防爆主要措施

（1）烟火药原材料应符合质量标准。

（2）粉碎应在单独工房进行，粉碎前后应筛掉机械杂质，筛选时不得采用铁质、塑料等产生火花和静电的工具。

（3）黑火药原料的粉碎，应将硫黄和木炭两种原料混合粉碎。

（4）铝粉、镁铝合金粉、氯酸盐、赤磷等高感度原料的粉碎，必须在专用工房中，使用专用设备和专用工具，并有专人操作。

（5）粉碎和筛选原料时应坚持做到：

①三固定：固定工房、固定设备、固定最大粉碎药量。

②四不准：不准混用工房、不准混用设备和工具、不准超量投料、不准在工房内存放粉碎好的药物。

③所有粉碎和筛选设备应接地，电气设备必须是防爆型的，要做到远距离操作，进出料时必须停机停电，工房应注意通风。

（6）烟火药的配制与混合时要严把领药、称药、混药三道关口。

（7）压药与造粒工房要做到定机、定员，药物升温不得超过20℃，机械造粒时应有防爆墙隔离和联锁装置等。

（8）药物干燥时要控制药量、温度，严禁明火。

2. 烟花爆竹生产过程中的防火防爆主要措施

（1）领药时要按照"少量、多次、勤运走"的原则限量领药。

（2）装、筑药应在单独工房操作。装、筑不含高感度的烟火药时，每间工房定员2人；装、筑高感度烟火药时，每间工房定员1人。半成品、成品要及时转运，工作台应靠近出口窗口。装、筑药工具应采用木、铜、铝制品或不产生火花的材质制品，严禁使用铁质工具。工作台上等冲击部位必须垫上接地导电橡胶板。

（3）钻孔与切割有药半成品时，应在专用工房内进行，每间工房定员2人，人均使用工房

面积不得少于3.5m²，严禁使用不合格工具和长时间使用同一件工具。

（4）贴筒标和封口时，操作间主通道宽度不得小于1.2m，人均使用面积不得少于3.5m²，半成品停滞量的总药量，人均不得超过装、筑药工序限量的2倍。

（5）手工生产硫酸盐引火线时，应在单独工房内进行，每间工房定员2人，人均使用工房面积不得少于3.5m²，每人每次限量领药1kg；机器生产硝酸盐引火线时，每间工房不得超过两台机组，工房内药物停滞量不得超过2.5kg；生产氯酸盐引火线时，无论手工或机器生产，都限于单独工房、单机、单人操作，药物限量0.5kg。

（6）干燥烟火爆竹时，一般采用日光、热风散热器、蒸汽干燥，或用红外线、远红外线烘烤，严禁使用明火。

（三）烟花爆竹工厂的布局和建筑安全要求

1. 建筑物危险等级

《烟花爆竹工程设计安全标准》（GB 50161—2022）明确了危险性建筑物的危险等级，应按下列规定划分为1.1、1.3级：

1.1级建筑物危险等级：建筑物内的危险品在制造、储存、运输中具有整体爆炸危险或有迸射危险，其破坏效应将波及周围。

1.3级建筑物危险等级：建筑物内的危险品在制造、储存、运输中具有燃烧危险，偶尔有较小爆炸或较小迸射危险，或两者兼有，但无整体爆炸危险，其破坏效应局限于本建筑物内，对周围建筑物影响较小。

厂房的危险等级应由其中最危险的生产工序确定。仓库的危险等级应由其中所储存最危险的物品确定。

2. 工厂布局

（1）生产、储存爆炸物品的工厂、仓库应建在远离城市的独立地带，禁止设立在城市市区和其他居民聚集的地方及风景名胜区。

（2）生产爆炸物品的工厂在总体规划和设计时，应严格按照生产性质及功能进行分区、布置，并使各分区与外部目标、各区之间保持必要的外部距离。

3. 工厂平面布置

（1）危险品生产区的总平面布置应符合下列规定：

①同时生产烟花爆竹多个产品类别的企业应做到分小区布置。

②生产线的厂（库）房的总平面布置应符合工艺流程及生产能力的要求，宜避免危险品的往返和交叉运输。

③危险性建筑物之间、危险性建筑物与其他建筑物之间的距离应符合内部最小允许距离的要求。

④同一危险等级的厂房和库房宜集中布置；计算药量大或危险性大的厂房和库房，宜布置在危险品生产区的边缘或其他有利于安全的地形处；粉尘污染比较大的厂房应布置在厂区的边缘。

⑤危险品生产厂房宜小型、分散。

⑥危险品生产厂房靠山布置时，距山脚不宜太近。当危险品生产厂房布置在山凹中时，应考虑人员的安全疏散和有害气体的扩散。

（2）危险品生产区和危险品总仓库区的围墙设置应符合下列规定：

①危险品生产区和危险品总仓库区应设置高度不低于2m的围墙。

②围墙与危险性建筑物、构筑物之间的距离宜设为 12m，且不应小于 5m。

③围墙应为密砌墙，特殊地形设置密砌围墙有困难时，局部地段可设置刺丝网围墙。

④危险品生产区和危险品总仓库区的绿化，宜种植阔叶树。

⑤距离危险性建筑物、构筑物外墙四周 5m 内宜设置防火隔离带。

4. 工艺布置

（1）烟花爆竹的生产工艺宜采用机械化、自动化、自动监控等可靠的先进技术。

（2）易燃易爆粉尘散落的工作场所应设置清洗设施，并应有充足的清洗用水。

（3）在危险品生产区内，危险品生产厂房允许最大存药量应符合现行国家标准；危险品中转库最大存药量不应超过 2 天生产需要量，临时存药间或临时存药洞的最大存药量不应超过单人半天的生产需要量，且不应超过 10kg。

（4）1.1 级、1.3 级厂房和库房（仓库）应为单层建筑，其平面宜为矩形。

（5）1.1 级厂房应单机单栋或单人单栋独立设置，当采取抗爆间室、隔离操作时可以联建。引火线制造厂房应单间单机布置，每栋厂房联建间数不超过 4 间。

（6）1.3 级厂房设置应符合下列规定：

①工作间联建时应采用密实砌体墙隔开，且联建间数不应超过 6 间，当厂房建筑耐火等级为三级时，联建间数不应超过 4 间。

②机械插引厂房工作间联建间数不应超过 4 间，且每个工作间应为单人、单机布置。

③原料称量、氧化剂的粉碎和筛选、可燃物的粉碎和筛选，应独立设置厂房。

（7）不同危险等级的中转库应独立设置，且不得和生产厂房联建。

（8）有固定作业人员的非危险品生产厂房不得和危险品厂房联建。

（9）1.1 级厂房的人均使用面积不宜少于 9.0m^2，1.3 级厂房的人均使用面积不宜少于 4.5m^2。

（10）烟花爆竹成品、药品半成品和药剂的干燥，宜采用热水、低压蒸汽或利用日光干燥，严禁采用明火烘干。

（11）运输危险品应采用敞开式或半敞开式的廊道，不宜与危险品生产厂房直接相连。

5. 工厂安全距离的定义及安全距离的确定

（1）工厂安全距离的定义。烟花爆竹工厂的安全距离实际上是危险性建筑物与周围建筑物之间的最小允许距离。

（2）工厂安全距离的确定。烟花爆竹工厂的内、外部安全距离是根据危险性建筑物的计算药量、建筑物的危险性等级和防护情况确定的。

①防护屏障内的危险品药量，应计入该屏障内的危险性建筑物的计算药量。

②抗爆间室的危险品药量可不计入危险性建筑物的计算药量。

③厂房内采取了分隔防护措施，相互间不会引起同时爆炸或燃烧的药量可分别计算，取其最大值。

④厂房计算药量和停滞药量规定，实际上都是烟花爆竹生产易燃易爆品建筑物中暂时搁置时允许存放的最大药量。

6. 生产烟花爆竹建筑物的安全要求

（1）一般规定。

①各级危险性建筑物的耐火等级均不应低于现行国家标准《建筑设计防火规范》（GB 50016—2014［2018年版］）中二级耐火等级的规定。

②建筑面积小于$20m^2$的1.1级建筑物或建筑面积不超过$300m^2$的1.3级建筑物的耐火等级可为三级。

③危险性建筑物应有适当的净空，室内梁或板中的最低净空高度不宜小于2.8m，并应满足正常的采光和通风要求。

④距离本厂围墙小于12m的危险性建筑物，危险性建筑物面向围墙方向的外墙宜为实体墙。如设有门、窗或洞口，应采取防火措施。

（2）危险品生产区危险性建筑物的结构选型和构造。

① 1.1级建筑物的结构形式应符合下列规定：

除《烟花爆竹工程设计安全标准》（GB 50161—2022）第8.2.1条第2款规定以外的1.1级建筑物，均应采用现浇钢筋混凝土框架结构。

当符合下列条件之一者，可采用钢筋混凝土柱、梁承重结构或砌体承重结构：

a. 建筑面积小于$20m^2$，且操作人员不超过2人的厂房。

b. 远距离控制而室内无人操作的厂房。

②1.3级建筑物的结构形式应符合下列规定：

除《烟花爆竹工程设计安全标准》（GB 50161—2022）第8.2.2条第2款规定以外的1.3级建筑物，均应采用现浇钢筋混凝土框架结构。

当符合下列条件之一者，可采用钢筋混凝土柱、梁承重结构或砌体承重结构：

a. 同时满足跨度不大于7.5m，长度不大于30m，室内净高不大于4m，且横隔墙间距不大于15m的厂房。

b. 横隔墙较密且间距不大于6m的厂房。

③采用砌体承重结构的1.1级、1.3级建筑物不得采用独立砖柱承重。危险性建筑物的砌体厚度不应小于240mm，并不得采用空斗墙和毛石墙。

（3）抗爆间室。

抗爆间室墙厚及屋盖应根据设计药量计算后确定，并应符合下列规定：

①当设计药量大于1kg时，抗爆间室的墙及屋盖应采用现浇钢筋混凝土结构，墙厚不宜小于300mm。

②当设计药量不大于1kg时，抗爆间室的墙及屋盖宜采用现浇钢筋混凝土结构，墙厚不应小于200mm。

③当设计药量不大于1kg时，抗爆间室的墙及屋盖可采用钢板或组合钢板结构。

（4）危险品生产区危险性建筑物的安全疏散。

①危险品生产厂房安全出口的设置应符合下列规定：

a. 1.1级、1.3级厂房每一危险性工作间的建筑面积大于$18m^2$时，安全出口的数目不应少于2个。

b. 1.1级、1.3级厂房每一危险性工作间的建筑面积小于$18m^2$，且同一时间内的作业人员不超过3人时，可设1个安全出口，但必须设置安全窗。当建筑面积小于$9m^2$，且同一时间内的作业人员不超过2人时，也可设1个安全出口。

c. 安全出口应布置在建筑物室外有安全通道的一侧。

②1.1级、1.3级厂房外墙上宜设置安全窗。安全窗可作为安全出口，但不得计入安全出口的数目。

③厂房内的主通道宽度不应小于1.2m；每排操作岗位间的通道宽度和工作间内的通道宽度不应小于1.0m。

④疏散门的设置应符合下列规定：

a. 应为向外开启的平开门，室内不得装插销。

b. 当设置门斗时，应采用外门斗，门的开启方向应与疏散方向一致。

c. 危险性工作间的外门口不应设置台阶，应做成防滑坡道。

(5) 危险品生产区危险性建筑物的建筑构造。

①1.1级、1.3级厂房的门应采用向外开启的平开门，外门宽度不应小于1.2m。

②危险品生产区内建筑物的门窗玻璃宜采用防止碎玻璃伤人的措施。

③黑火药和烟火药生产厂房应采用木门窗。

④危险性工作间的内墙应抹灰。排水沟的坡度不宜小于1%。

(四) 烟花爆竹工厂电气安全要求

1. 防雷电措施

对于危险品的生产和储存的爆炸危险性建筑物，应按相应的防雷类别（第一类、第二类）采取防直击雷、防雷电感应、防雷电波侵入和防雷击电磁脉冲的措施，实施总等电位连接，以减少和预防雷电危害。

2. 防静电措施

为防止静电火花引起危险品燃烧爆炸事故的发生，应按照静电危险环境的级别（EA、EB、EC）控制静电危害，并采取直接和间接静电接地措施，部分危险场所（黑火药生产厂房、黑火药及电雷管库的地面和台面）应采用防静电措施。

3. 通信

生产区和总仓库区应设置畅通的固定电话。电话设备选型及线路的技术要求应符合《烟花爆竹工程设计安全标准》(GB 50161—2022) 的有关规定。

(五) 烟花爆竹及其原料储存和运输安全要求

1. 储存

(1) 仓库设置分为化工原料、黑火药、烟火药、纸张、附加材料、半成品、成品、成箱及其他等仓库。

(2) 入库要登记，并且入库的原材料、半成品应贴有明显的标签，包括名称、产地、出厂日期、危险等级和重量等。

(3) 库房堆码要求：库墙与堆垛之间、堆垛与堆垛之间应留有适当的间距作为通道和通风巷，主要通道宽度不小于2m。

(4) 库房内木地板，垛架和木箱上使用的铁钉，钉头要低于木板表面3mm以上，钉孔要用油灰填实。

(5) 无木地板的仓库，地面要设置30cm高的垛架，铺以防潮材料。

(6) 木质包装严禁在库房内进行拆箱、钉箱和其他可能引起爆炸的作业。

(7) 库房内应有测温、测湿计，每天进行检查登记，做好防潮、降温、通风处理。

(8) 库房内应分别安置相应的消防栓、水池、灭火器材料等消防工具。

(9) 烟火药化工原材料应按功效分类。

(10) 烟火药的原材料和产品的储存要符合相应的条件。

2. 运输

如果烟火药、烟花爆竹半成品和成品的运输过程操作不当，很容易发生事故。根据《烟花爆竹安全管理条例》规定，国家对烟花爆竹的运输实行许可证制度。未经许可，任何单位或个人不得进行烟花爆竹运输活动。

经由道路运输烟花爆竹应该注意以下事项：

(1) 随车携带烟花爆竹道路运输许可证。

(2) 不得违反运输许可事项。

(3) 运输车辆悬挂或安装符合国家标准的易燃易爆危险物品警示标志。

(4) 烟花爆竹的装载符合国家有关标准和规范。

(5) 装载烟花爆竹的车厢不得载人。

(6) 运输车辆限速行驶，途中经停必须有专人看守。

(7) 出现危险情况立即采取必要的措施，并报告当地公安部门。

厂内运输烟火药应注意：

(1) 运输车辆。

①搬运烟火药的运输车辆应使用汽车、板车、手推车，不许使用三轮车和畜力车，禁止使用翻斗车和各种挂车。运输时，遮盖要严密。

②手推车、板车的轮盘必须是橡胶制品，应以低速行驶，机动车的行驶速度不得超过10km/h。

③进入仓库区的机动车辆，必须设防火花装置。

(2) 装卸。

烟花爆竹装卸作业中，只许单件搬运，不得碰撞、拖拉、摩擦、翻滚和剧烈振动，不允许使用铁锹等铁质工具。

(3) 途中。

①运输中不得强行抢道，车距应不少于20m，烟火药装车堆码应不超过车厢高度。

②厂区不在一处，厂区之间原材料、半成品的运输应遵守厂外危险品运输规定。

· 典型例题 ·

1. 烟花爆竹的燃烧特性标志着火药能量释放的能力，其主要取决于火药的（　　）。

A. 能量释放和燃烧速率　　　　B. 燃烧速率和燃烧表面积

C. 燃烧速率和化学组成　　　　D. 做功能力和燃烧速率

【解析】火药能量释放的能力，主要取决于火药的燃烧速率和燃烧表面积。

2. 烟火药制作过程中，容易发生爆炸。在粉碎和筛选原料环节，应坚持做到"三固定"，即（　　）。

A. 固定安装　　　　　　　　　B. 固定最大粉碎药量

C. 固定操作人员　　　　　　　D. 固定工房

E. 固定设备

【解析】烟火药粉碎和筛选原料时应坚持做到:

(1) 三固定:固定工房、固定设备、固定最大粉碎量。

(2) 四不准:不准混用工房、不准混用设备和工具、不准超量投料、不准在工房内存放粉碎好的药物。

(3) 所有粉碎和筛选设备应接地,电气设备必须是防爆型的,要做到远距离操作,进出料时必须停机停电,工房应注意通风。

答案:1. B 2. BDE

第五节　民用爆破器材安全技术

一、民用爆破器材生产安全基础知识

民用爆破器材是用于非军事目的的各种炸药(起爆药、猛炸药、火药、烟火药)及其制品和火工品的总称。

(一) 民用爆破器材的分类

民用爆炸物品包括工业炸药(27类)、工业雷管(10类)、工业索类火工品(5类)、其他民用爆炸品(5类)、原材料(12类)。

1. 工业炸药

如乳化炸药、铵梯类炸药、膨化硝铵炸药、水胶炸药及其他炸药制品等。

2. 工业雷管

如工业电雷管、磁电雷管、电子雷管、导爆管雷管、继爆管等。

3. 工业索类火工品

如工业导火索、工业导爆索、切割索、塑料导爆管、引火线。

4. 其他民用爆炸品

如安全气囊用点火具、特殊用途烟火制品、海上救生烟火信号等。

5. 原材料

如梯恩梯(TNT)、工业黑索今(RDX)、民用推进剂、太安(PETN)、黑火药、起爆药、硝酸铵等。

(二) 民用爆破器材的火灾爆炸危险因素

本书以粉状乳化炸药的生产为例,说明民用爆破器材生产的火灾爆炸危险性。

粉状乳化炸药是将水相和油相在高速的运转和强剪切力作用下,借助乳化剂的乳化作用而形成乳化基质,再经过敏化剂敏化得到的一种油包水型的爆炸性物质。

粉状乳化炸药的生产工艺概括为以下步骤:油相制备→水相制备→乳化→敏化→装药包装。

制药所用的原材料和辅助材料,如硝酸铵、复合蜡(含乳化剂)等都具有易燃易爆性;成品粉状乳化炸药具有较高的爆轰和殉爆特性,制造过程中还有形成爆炸性粉尘的可能。另外,生产过程中需要采用较高温度和压力的蒸汽,乳化设备中有转动摩擦的部件,喷雾制粉过程中需要使用特种输送泵和功率较大的风机等。

粉状乳化炸药生产的火灾爆炸危险因素主要来自物质危险性，如生产过程中的高温、撞击摩擦、电气和静电火花、雷电引起的危险性。

粉状乳化炸药生产原料或成品在储存和运输中存在以下危险因素：

（1）硝酸铵储存过程中会发生自然分解，放出热量。当环境具备一定的条件时热量聚集，当温度达到爆发点时引起硝酸铵燃烧或爆炸。

（2）油相材料都是易燃危险品，储存时遇到高温、氧化剂等，易发生燃烧而引起燃烧事故。

（3）包装后的粉状乳化炸药仍具有较高的温度，炸药中的氧化剂和可燃剂会缓慢反应，当热量得不到及时散发时易发生燃烧而引起爆炸。

（4）乳化炸药的运输可能发生的翻车、撞车、坠落、碰撞及摩擦等险情，会引起危险品的燃烧或爆炸。

（三）民用爆破器材基本安全知识

1. 火药燃烧的特性及炸药爆炸三特征

（1）火药燃烧的特性主要有五个方面：

①能量特征。它是标志火药做功能力的参量，一般是指1kg火药燃烧时气体产物所做的功。

②燃烧特性。它标志火药能量释放的能力，主要取决于火药的燃烧速率和燃烧表面积。燃烧速率与火药的组成和物理结构有关，还随初温和工作压力的升高而增大。加入增速剂、嵌入金属丝或将火药制成多孔状，均可提高燃烧速率。加入降速剂，可降低燃烧速率。燃烧表面积主要取决于火药的几何形状、尺寸和对表面积的处理情况。

③力学特性。它是指火药要具有相应的强度，满足在高温下保持不变形、低温下不变脆，能承受在使用时可能出现的各种力的作用，以保证稳定燃烧。

④安定性。它是指火药必须在长期储存中保持其物理化学性质的相对稳定。为改善火药的安定性，一般在火药中加入少量的化学安定剂，如二苯胺等。

⑤安全性。由于火药在特定的条件下能发生爆轰，因此要求在配方设计时必须考虑火药在生产、使用和运输过程中安全可靠。

（2）炸药爆炸三特征。炸药的爆炸是一种化学过程，但与一般的化学反应过程相比，具有三大特征。

①反应过程的放热性。指爆炸变化过程所放出的热量，称爆炸热（或爆热）。

②反应过程的高速度。炸药中氧化剂和还原剂事先充分混合和接近，许多炸药的氧化剂和还原剂共存于一个分子内，能够发生快速的逐层传递的化学反应，使爆炸过程以极快的速度进行，通常为每秒几百米或几千米。

③反应生成物必定含有大量的气态物质。

2. 危险物质的燃烧爆炸敏感度及其影响因素

（1）起爆器材、工业炸药的燃烧爆炸敏感度。火炸药在外界作用下引起燃烧和爆炸的难易程度称为火炸药的敏感程度，简称火炸药的感度。火炸药有各种不同的感度，一般有火焰感度、热感度、机械感度（撞击感度、摩擦感度、针刺感度）、电感度（交直流电感度、静电感度、射频感度）、光感度（可见光感度、激光感度）、冲击波感度、爆轰感度。

起爆药最容易受外界微波的能量激发而发生燃烧或爆炸，并能极迅速地形成爆轰。

工业炸药属猛炸药，这类炸药在一定的外界激发冲量作用下能引起爆轰。

（2）火炸药爆炸影响因素。影响火炸药爆炸的因素有很多，主要有炸药的性质、装药的临界尺寸、炸药层的厚度和密度、炸药的杂质及含量、周围介质的气体压力和壳体的密封、环境温度和湿度等。

3. 爆炸冲击波的破坏作用和防护措施

（1）破坏作用。

爆炸所产生的空气冲击波的初始压力（波面压力）可达100MPa以上。其峰值超压达到一定值时，对建（构）筑物、人身及其他各种有生力量（动物等）构成一定程度的破坏或损伤。

（2）防护措施。

①生产、储存爆炸物品的工厂、仓库应建在远离城市的独立地带，禁止设立在城市市区和其他居民聚集的地方及风景名胜区。厂库建筑与周围的水利设施、交通枢纽、桥梁、隧道、高压输电线路、通信线路、输油管道等重要设施的安全距离，必须符合国家有关安全规定。

②生产爆炸物品的工厂在总体规划和设计时，应严格按照生产性质及功能进行分区、布置，并使各分区与外部目标、各区之间保持必要的外部距离。

（3）工厂平面布置。

①主厂区内应根据工艺流程、生产特性，在选定的区域范围内，充分利用有利安全的自然地形，按危险与非危险分开原则，加以区划、布置。主厂区应布置在非危险区的下风侧。

②总仓库区应远离工厂住宅区和城市等目标，有条件最好布置在单独的山沟或其他有利地形处。

③销毁厂应选择在有利的自然地形，如山沟、丘陵、河滩等地，在满足安全距离的条件下，确定销毁场地和有关建筑的位置。

（4）安全距离。

为保证爆炸事故发生后冲击波对建（构）筑物等的破坏不超过预定的破坏标准，危险品生产区、总仓库区、销毁场等区域内的建筑物应留有足够的安全距离，称为内部安全距离。危险品生产区、总仓库区、销毁场等与该区域外的村庄、居民建筑、工厂、城镇、运输线路、输电线路等必须保持足够的安全防护距离，称作外部安全距离。

（5）工艺布置。

①在生产工艺方面应尽量采用新技术，实现机械化、自动化、连续化、遥控化，做到人机隔离、远距离操作，并应减少厂房的存药量和操作人员。

②在生产工艺流程中，需区分开危险生产工序与非危险生产工序，且宜分别设置厂房。

③在厂房内进行工艺布置时，宜将危险生产工序布置在一端，接着布置危险较低的生产工序。危险生产工序的一端宜位于行人稀少的偏僻地段。危险品暂存间亦宜布置在地处偏僻的一端。

④危险品生产厂房和库房在平面上宜布置成简单的矩形，不宜设计成形体复杂的凹型、L型等。

⑤危险品生产厂房和库房要充分考虑人员的紧急疏散问题。

⑥有泄爆要求的工艺设备，在布置时应使其泄爆方向不直接对着其他建筑物或主要道路。

⑦抗爆间的设置要符合安全规范的要求。

（6）电气设备防爆。

①对于Ⅰ类（F0区）场所，即炸药、起爆药、击发药、火工品的储存场所，黑火药、

烟火药制造加工、储存场所，不应安装电气设备；烟火药、黑火药的Ⅰ类危险场所采用的仪表，应选择适应本场所的本质安全型。电气照明采用安装在建筑外墙壁龛灯或装在室外的投光灯。

②对于Ⅱ类（F1区）场所，即起爆药、击发药、火工品制造的场所，电气设备表面温度不得超过允许表面温度（有140℃、100℃等），且符合防爆电气设备的有关规定：应优先采用防粉尘点火型或尘密结构型、Ⅱ类B级隔爆型、本质安全型、增安型（仅限于灯类及控制按钮）。当生产设备采用电力传动时，电动机应安装在无危险场所，采取隔墙传动。

③对于Ⅲ类（F2区）场所，即理化分析成品试验站，选用密封型、防水防尘型设备。

(7) 防雷电措施。

对于危险品的生产和储存的爆炸危险性建筑物，应按相应的防雷类别（一类、二类），采取防直击雷、防雷电感应、防雷电波侵入和防雷击电磁脉冲的措施，实施总等电位联结，以减少和预防雷电危害。

(8) 防静电措施。

为防止静电火花引起危险品燃烧爆炸事故的发生，应按照静电危险环境的级别（EA、EB、EC）控制静电危害，并采取直接和间接静电接地措施，部分危险场所（黑火药生产厂房、黑火药及电雷管库的地面和台面）应采用防静电措施。

(9) 自动快速雨淋灭火。

烟火药和火炸药燃速极快，在数秒内就能造成难以扑救的火灾及爆炸事故，该系统适用于火灾蔓延速度快、火势发展迅猛，如储存和加工各种易燃易爆物品的场所。

(10) 火灾报警系统。

火灾报警系统是根据火灾酝酿期和发展期陆续出现的烟、热流、火光、气味等火灾信息，通过感温报警器、感烟器、光电报警器等，发出声、光警报，及早发现，采取灭火措施。一般火灾自动报警系统和自动喷水灭火系统、室内消火栓系统、防排烟系统、通风系统、空调系统、防火门、防火卷帘、挡烟垂壁等相关设备联动，自动或手动发出指令、启动相应的装置。

4. 预防燃烧爆炸事故的主要措施

(1) 民用爆破器材的生产工艺技术应是成熟、可靠或经过技术鉴定的。

(2) 凡从事民用爆破器材生产、储存的企业，应制定能指导正常生产作业的工艺技术规程和安全操作规程。

(3) 可能引起燃烧事故的机械化作业，应根据危险程度设置自动报警、自动停机、自动泄爆、应急等安全措施。

(4) 所有与危险品接触的设备、器具、仪表应相容。

(5) 有危及生产安全的专用设备应按有关规定进行安全鉴定。

(6) 预防火炸药生产中混入杂质。

(7) 在生产、储存、运输时，不允许使用明火，不得接触明火或表面高温物。特殊情况需要使用时，在工艺资料中应做出明确说明，并应限制在一定的安全范围内，且遵守用火细则。

(8) 在生产、储存、运输等过程中，要防止摩擦和撞击。

(9) 要有防止静电产生和积累的措施。

(10) 火炸药生产厂房内的所有电气设备都应采用防爆电气设备，所有设施都应满足防爆要求。

(11) 生产、储存工房均应设置避雷设施，所有建筑物都必须在避雷针的保护范围内。

(12) 在火炸药的生产过程中，避免空气受到绝热压缩。

(13) 要及时预防机械和设备故障。

(14) 生产用设备在停工检修时，要彻底清理残存的炸药；需要电焊时，除采用相应的安全措施外，还要采取消除杂散电流的措施。

二、民用爆破器材生产安全管理要求

为加强民用爆破器材企业安全生产工作，根据《中华人民共和国安全生产法》和《安全生产许可证条例》，国家有关部门相继颁布《民用爆破器材安全生产许可证实施办法》等管理规定，提出民用爆破器材企业安全生产应满足下列要求：

(1) 民用爆破器材生产企业必须依照有关规定取得安全生产许可证。未取得安全生产许可证的，不得从事生产活动。

(2) 民用爆破器材生产企业应当建立、健全主要负责人、分管负责人、安全生产管理人员、职能部门、岗位安全生产责任制，制定下列安全管理制度和操作规程：

①安全目标管理制度、安全奖惩制度、安全检查制度、安全技术措施审批制度。

②事故隐患整改制度、安全设施设备管理制度、从业人员安全教育培训制度、动火作业管理制度、安全投入保障制度、重大危险源检查监控和安全评估制度、防护用品（具）管理制度，以及原材料、辅助材料购买、检验、使用和保管制度。

③职业卫生管理制度。

④符合有关规程要求的安全操作规程。

(3) 民用爆破器材生产企业的安全投入应符合安全生产要求。

(4) 民用爆破器材生产企业应当设置安全生产管理机构，配备专职安全生产管理人员，并符合下列要求：

①确定安全生产主管人员。

②配备专职安全生产管理人员。

③配备相当数量的兼职安全生产管理人员。

(5) 民用爆破器材生产企业主要负责人、安全生产管理人员的安全生产知识和管理能力应当经考核合格。

(6) 民用爆破器材生产企业生产设施应当符合以下安全生产条件：

①具有与生产规模、产品品种相适应并符合《民用爆炸物品工程设计安全标准》（GB 50089—2018）要求的生产厂房和储存仓库。

②生产厂房、储存仓库、性能试验场的内外部安全距离和厂房布局、建筑结构、生产工艺布置、安全疏散条件、消防设施以及防爆、防雷、防静电等安全设施符合《民用爆炸物品工程设计安全标准》（GB 50089—2018）的要求。

③生产区域应有明显的安全警示标志或警示标语，危险工序现场应牢固张贴安全管理制度和操作规程。

④具有保证安全生产和产品质量的设备、仪器和工艺装备。

⑤电气设备及机械加工设备中的电器部分应符合《民用爆炸物品工程设计安全标准》（GB 50089—2018）的要求。

⑥特种设备应定期检验并符合有关法律法规、国家标准和行业标准规定的条件。

(7) 民用爆破器材工厂设计和厂址、厂房、储存仓库等设施的设计与测绘应当符合下列条件：

①由具有相应资质的专业机构承担设计和测绘工作。

②专业机构提供的文件、图样、技术资料等应符合国家有关法律法规和国家标准、行业标准的要求。

③设计图样和测绘图样应有设计单位、测绘单位及其设计人员、技术人员和审核单位及审核人的签章。

(8) 民用爆破器材生产企业工厂周边安全防护距离应符合国家有关规定。

(9) 民用爆破器材生产企业应当采取下列职业危害预防措施：

①为从业人员配备符合国家标准或行业标准的劳动防护用品。

②对重大危险源进行检测、评估，采取监控措施。

③为从业人员定期进行健康检查。

④在安全区内设立独立的操作人员更衣室。

(10) 民用爆破器材生产企业应当依法进行安全评价。

(11) 民用爆破器材生产企业应当建立生产安全事故应急救援组织，制定事故应急预案，配备应急救援人员和必要的应急救援器材和设备。

(12) 民用爆破器材生产企业在建设、生产和经营中，应当符合相应的标准和规范，如《民用爆炸物品工程设计安全标准》（GB 50089—2018）、《建筑设计防火规范》（GB 50016—2018）、《建筑物防雷设计规范》（GB 50057—2017）等国家标准、行业标准规定的其他条件。

如《民用爆炸物品工程设计安全标准》（GB 50089—2018）中要求：

①在为民用爆破器材工厂设计中，贯彻"安全第一，预防为主"的方针，采用技术手段，保障安全生产，防止发生爆炸和燃烧事故，保护国家和人民的生命财产，减少事故损失，促进生产建设的发展。

②本规范适用于民用爆破器材工厂的新建、改建、扩建和技术改造工程。

③民用器材爆破工厂的设计除应符合本规范外，还应符合国家现行的有关强制性标准的规定。

· 典型例题 ·

1. 《民用爆炸物品安全管理条例》规定，储存的民用爆炸物品数量不得超过储存设计容量，性质相抵触的民用爆炸物品必须（　　）。

A. 分开储存　　　　　　　　　　B. 分库储存

C. 分隔储存　　　　　　　　　　D. 分层储存

【解析】《民用爆炸物品安全管理条例》规定，储存的民用爆炸物品数量不得超过储存设计容量，对性质相抵触的民用爆炸物品必须分库储存。严禁在库房内存放其他物品。

2. 为保证爆炸事故发生后冲击波对建（构）筑物等的破坏不超过预定的破坏标准，危险品生产区、总仓库区、销毁场等与该区域外的村庄、居民建筑、工厂、城镇、运输线路、输电线路等必须保持足够的安全防护距离。这个安全距离称作（　　）。

A. 内部安全距离　　　　　　　　B. 外部安全距离

C. 扩展安全距离　　　　　　　　D. 适当安全距离

【解析】危险品生产区、总仓库区、销毁场等与该区域外的村庄、居民建筑、工厂、城镇、运输线路、输电线路等必须保持足够的安全防护距离,这个距离被称作外部安全距离,选项B正确。

3. 粉状乳化炸药的生产工艺包括油相制备、水相制备、乳化、喷雾制粉、装药包装等步骤,其生产工艺过程存在着火灾爆炸的风险。下列关于粉状乳化炸药生产、存储和运输过程危险因素的说法中,正确的是( )。

A. 粉状乳化炸药具有较高的爆轰特性,制造过程中,不会形成爆炸性粉尘
B. 制造粉状乳化炸药用的硝酸铵存储过程不会发生自然分解
C. 油相材料储存时,遇到高温、还原剂等,易发生爆炸
D. 包装后的乳化炸药仍具有较高的温度,其中的氧化剂和可燃剂会缓慢反应

【解析】粉状乳化炸药生产原料或成品在储存和运输中存在以下危险因素:
(1) 硝酸铵储存过程中会发生自然分解,放出热量。当环境具备一定的条件时热量聚集,当温度达到爆发点时引起硝酸铵燃烧或爆炸。
(2) 油相材料都是易燃危险品,储存时遇到高温、氧化剂等,易发生燃烧而引起燃烧事故。
(3) 包装后的粉状乳化炸药仍具有较高的温度,炸药中的氧化剂和可燃剂会缓慢反应,当热量得不到及时散发时易发生燃烧而引起爆炸。
(4) 危险品的运输可能发生的翻车、撞车、坠落、碰撞及摩擦等险情,会引起危险品的燃烧或者爆炸。

4. 粉状乳化炸药是将水相材料和油相材料在高速运转和强剪切力作用下,借助乳化剂的乳化作用而形成乳化基质,再经过敏化剂敏化作用得到的一种油包水型爆炸性物质。粉状乳化炸药生产过程中的火灾爆炸危险因素主要来自( )。

A. 物质的危险性
B. 生产设备的高速运转
C. 环境条件
D. 水相材料和油相材料间的强剪切力

【解析】粉状乳化炸药生产的火灾爆炸危险因素主要来自物质的危险性,如生产过程中的高温、撞击摩擦、电气和静电火花、雷电引起的危险性,选项A正确。

答案:1.B 2.B 3.D 4.A

同步强化训练

一、单项选择题

1.《火灾分类》(GB/T 4968—2008)按物质的燃烧特性将火灾分为A类火灾、B类火灾、C类火灾、D类火灾、E类火灾和F类火灾,其中带电电缆火灾属于( )火灾。

A. A类
B. B类
C. C类
D. E类

2. 当可燃性固体呈粉体状态,粒度足够细,飞扬悬浮于空气中,并达到一定浓度时,在相对密闭的空间内,遇到足够的点火能量,就能发生粉尘爆炸。下列各组常见粉尘中,都能够发生爆炸的是( )。

A. 纸粉尘、煤粉尘、粮食粉尘、石英粉尘

B. 煤粉尘、粮食粉尘、水泥粉尘、棉麻粉尘

C. 饲料粉尘、棉麻粉尘、烟草粉尘、玻璃粉尘

D. 金属粉尘、煤粉尘、粮食粉尘、木粉尘

3. 自燃点是指在规定条件下，不用任何辅助引燃能源而达到燃烧的最低温度。对于柴油、煤油、汽油、蜡油来说，其自燃点由高到低的排序是（   ）。

    A. 汽油—煤油—蜡油—柴油   B. 汽油—煤油—柴油—蜡油

    C. 煤油—汽油—柴油—蜡油   D. 煤油—柴油—汽油—蜡油

4. 某些气体即使在没有氧气的条件下，也能发生爆炸。其实这是一种分解爆炸，下列气体中，属于分解爆炸性气体的是（   ）。

    A. 一氧化碳   B. 乙烯

    C. 氧气   D. 氢气

5. 二氧化碳灭火器是利用其内部充装的液态二氧化碳的蒸气压将二氧化碳喷出灭火的一种灭火器具，其通过降低氧气含量，造成燃烧区窒息而灭火。一般能造成燃烧中止的氧气含量应低于（   ）。

    A. 12%   B. 14%   C. 16%   D. 18%

6. 化工企业火灾爆炸事故不仅能造成设备损毁、建筑物破坏，甚至会致人死亡，预防爆炸是非常重要的工作。防止爆炸的一般方法不包括（   ）。

    A. 控制混合气体中的可燃物含量处在爆炸极限以外

    B. 使用惰性气体取代空气

    C. 使氧气浓度处于极限值以下

    D. 设计足够的泄爆面积

7. 具有爆炸危险性的生产区域，通常禁止车辆驶入。但是，在人力难以完成工作而必须使机动车辆进入的情况下，允许进入该区域的车辆是（   ）。

    A. 装有灭火器或水的汽车   B. 两轮摩托车

    C. 装有生产物料的手扶拖拉机   D. 尾气排放管装有防火罩的汽车

8. 为了在建筑物内的爆炸品发生爆炸时，不至于对邻近的其他建筑物造成严重破坏和人员伤亡，烟花爆竹工厂与周围建筑物之间必须保持足够的安全距离。这个距离是指（   ）距离。

    A. 最远间隔   B. 最小允许

    C. 最近间隔   D. 最大允许

9. 民用爆破器材是广泛用于矿山、开山辟路、地质探矿等许多工业领域的重要消耗材料。下列爆破器材中，不属于民用爆破器材的是（   ）。

    A. 硝化甘油炸药   B. 乳化炸药

    C. 导火索   D. 烟花爆竹

10. 为加强民用爆破器材企业的安全生产工作，国家有关部门相继颁布《民用爆破器材安全生产许可证实施办法》等管理规定，提出民用爆破器材应符合安全生产要求。下列措施中，

属于职业危害预防要求的是（　　）。

A. 设置安全管理机构，配备专职安全生产管理人员

B. 在火炸药的生产过程中，避免空气受到绝热压缩

C. 及时预防机械和设备故障

D. 在安全区内设立独立的操作人员更衣室

11. 《民用爆炸物品工程设计安全标准》（GB 50089—2018）规定，生产场所应急照明照度标准不应低于该场所一般照明照度标准的（　　）。

A. 5%　　　　　　　　　　　　　　B. 10%

C. 20%　　　　　　　　　　　　　D. 25%

12. 通过对大量火灾事故的研究，火灾事故的发展阶段一般分为初起期、发展期、最盛期、减弱至熄灭期等，各个阶段具有不同的特征。下列燃烧特征或现象中，属于火灾发展期典型特征的是（　　）。

A. 冒烟　　　　　　　　　　　　　B. 阴燃

C. 轰燃　　　　　　　　　　　　　D. 压力逐渐降低

二、多项选择题

1. 按照爆炸反应相的不同，爆炸可以分为气相爆炸、液相爆炸和固相爆炸。下列属于气相爆炸的有（　　）。

A. 空气和氢气混合气发生的爆炸　　B. 空气中飞散的玉米淀粉引起的爆炸

C. 钢水与水混合产生蒸汽发生的爆炸　D. 液氧和煤粉混合时引起的爆炸

E. 喷漆作业引起的爆炸

2. 某钢厂在出钢水过程中，由于钢包内有雨水，熔融的钢水在进入锅包后，发生了剧烈爆炸，造成8死5伤的严重后果，该爆炸属于（　　）。

A. 物理爆炸　　　　　　　　　　　B. 化学爆炸

C. 气相爆炸　　　　　　　　　　　D. 液相爆炸

E. 气液两相爆炸

3. 决定爆破片防爆效率的因素有（　　）。

A. 环境　　　　　　　　　　　　　B. 系统压力

C. 膜片厚度　　　　　　　　　　　D. 膜片材料

E. 泄压面积

>>> 参考答案及解析 <<<

一、单项选择题

1. 【答案】D

   【解析】E类火灾是指带电火灾，是物体带电燃烧的火灾，如发电机、电缆、家用电器等。

2. 【答案】D

   【解析】具有粉尘爆炸危险性的物质较多，常见的有金属粉尘（如镁粉、铝粉等）、煤粉、

粮食粉尘、饲料粉尘、棉麻粉尘、烟草粉尘、纸粉、木粉、火炸药粉尘及大多数含有C、H元素及与空气中氧反应能放热的有机合成材料粉尘等。选项A中的石英粉尘不具爆炸性。选项B中的水泥粉尘不具爆炸性。选项C中的玻璃粉尘不具爆炸性。

3.【答案】B

【解析】一般情况下，密度越大，闪点越高而自燃点越低。比如，下列油品的密度：汽油＜煤油＜轻柴油＜重柴油＜蜡油＜渣油。其闪点依次升高，自燃点则依次降低，选项B正确。

4.【答案】B

【解析】分解爆炸性气体主要有乙炔、乙烯、环氧乙烷、臭氧、一氧化氮、二氧化氮、氰化氢、四氟乙烯等，选项B正确。

5.【答案】A

【解析】一般情况下，当氧气的含量低于12%或二氧化碳浓度达30%～35%时，燃烧中止，选项A正确。

6.【答案】D

【解析】防止爆炸的一般原则是：①控制混合气体中的可燃物含量处在爆炸极限以外；②使用惰性气体取代空气；③使氧气浓度处于其极限值以下。选项D不属于防止爆炸的方法，设计足够的泄爆面积主要是为了减小爆炸后的损失。

7.【答案】D

【解析】存在火灾和爆炸危险的场所，如厂房、仓库、油库等地，汽车、拖拉机一般不允许进入，若需要进入，其排气管上必须安装火花熄灭器，选项D正确。

8.【答案】B

【解析】烟花爆竹工厂的安全距离实际上是危险性建筑物与周围建筑物之间的最小允许距离，选项B正确。

9.【答案】D

【解析】民用爆破器材包括工业炸药、起爆器材、专用民爆器材。选项A、B属于工业炸药，选项C属于起爆器材。

10.【答案】D

【解析】民用爆破器材生产企业应当采取下列职业危害预防措施：①为从业人员配备符合国家标准或行业标准的劳动防护用品；②对重大危险源进行检测、评估，采取监控措施；③为从业人员定期进行健康检查；④在安全区内设立独立的操作人员更衣室。

11.【答案】B

【解析】应急照明的照度标准值宜符合下列规定：①应急照明的照度值除另有规定外，不低于该场所一般照明照度值的10%；②安全照明的照度值不低于该场所一般照明照度值的5%。

12.【答案】C

【解析】发展期是火势由小到大发展的阶段，轰燃就发生在这一阶段。

二、多项选择题

1.【答案】ABE

【解析】气相爆炸包括可燃性气体和助燃性气体混合物的爆炸；气体的分解爆炸；液体被喷成雾状物在剧烈燃烧时引起的爆炸，称为喷雾爆炸；飞悬浮于空气中的可燃粉尘引起的爆炸等。结合选项分析可知，选项A、B、E属于气相爆炸，选项C、D属于液相爆炸。

2. 【答案】AD

【解析】爆炸按照能量来源，可分为三类：物理爆炸、化学爆炸和核爆炸。按照爆炸反应相的不同，爆炸可分为以下三类：

（1）气相爆炸。包括可燃性气体和助燃性气体混合物的爆炸；气体的分解爆炸；液体被喷成雾状物在剧烈燃烧时引起的爆炸（称喷雾爆炸）；飞扬悬浮于空气中的可燃粉尘引起的爆炸等。

（2）液相爆炸。包括聚合爆炸、蒸发爆炸以及由不同液体混合物所引起的爆炸。例如硝酸和油脂，液氧和煤粉等混合时引起的爆炸；熔融的矿渣与水接触或钢水包与水接触时，由于过热发生快速蒸发引起的蒸汽爆炸等。

（3）固相爆炸。包括爆炸性化合物及其他爆炸性物质的爆炸；导线因电流过载，由于过热，金属迅速气化而引起的爆炸等。本题中，钢水和雨水明显为物理融合，发生物理爆炸。又由于是两种不同液体混合物引起的爆炸，因此为液相爆炸。

3. 【答案】CDE

【解析】爆破片的防爆效率取决于它的厚度、泄压面积和膜片材料的选择。

第五章
其他通用安全技术

运用其他相关通用安全技术和标准，辨识和分析生产经营过程中的危险、有害因素，制定相应安全技术措施。本章主要以危险化学品安全通用技术为例进行讲解。

第一节　危险化学品安全基础知识

一、危险化学品的概念及类别划分

（一）危险化学品的概念

危险化学品是指具有毒害、腐蚀、爆炸、燃烧、助燃等性质，对人体、设施、环境具有危害的剧毒化学品和其他化学品。

（二）化学品危险性类别的划分

《化学品分类和危险性公示通则》（GB 13690—2009）将化学品分为三大类：第一大类，含爆炸物、易燃气体、易燃气溶胶、易燃液体等16类，属于物理危险；第二大类，含急性毒性、皮肤腐蚀/刺激等10类，属于健康危险；第三大类，含危害水生环境等7类，属于环境危险。

二、危险化学品的主要危险特性

（一）燃烧性

爆炸品、压缩气体和液化气体中的可燃性气体、易燃液体、易燃固体、自燃物品、遇湿易燃物品、有机过氧化物等，在条件具备时均可能发生燃烧。

（二）爆炸性

爆炸品、压缩气体和液化气体、易燃液体、易燃固体、自燃物品、遇湿易燃物品、氧化剂和有机过氧化物等危险化学品均可能由于其化学活性或易燃性引发爆炸事故。

（三）毒害性

许多危险化学品可通过一种或多种途径进入人体和动物体内，当其在人体或动物体内累积到一定量时，便会扰乱或破坏肌体的正常生理功能，引起暂时性或持久性的病理改变，甚至危及生命。

（四）腐蚀性

强酸、强碱等物质能对人体组织、金属等物品造成损坏，接触人的皮肤、眼睛或肺部、食道等时，会引起表皮组织坏死而造成灼伤。内部器官被灼伤后可引起炎症，甚至会造成死亡。

（五）放射性

放射性危险化学品通过放出的射线可阻碍和伤害人体细胞活动机能并导致细胞死亡。

三、化学品安全技术说明书和危险化学品安全标签的内容及要求

（一）化学品安全技术说明书

化学品安全技术说明书（safety data sheet for chemical products，SDS）提供了化学品（物质或混合物）在安全、健康和环境保护等方面的信息，推荐了防护措施和紧急情况下的应对措施。在一些国家，化学品安全技术说明书又被称为物质安全技术说明书（material safety data sheet，MSDS），如图5-1所示。

图 5-1 化学品安全技术说明书

1. MSDS 的作用

MSDS 的主要作用体现在：

（1）是化学品安全生产、安全流通、安全使用的指导性文件。

（2）是应急作业人员进行应急作业时的技术指南。

（3）为危险化学品生产、处置、储存和使用各环节制订安全操作规程提供技术信息。

（4）为危害控制和预防措施的设计提供技术依据。

（5）是企业安全教育的主要内容。

2. MSDS 的内容

化学品安全技术说明书包括 16 项安全信息内容，具体项目如下：

化学品及企业标识；危险性概述；成分/组成信息；急救措施；消防措施；泄漏应急处理；操作处置与储存；接触控制和个体防护；理化特性；稳定性和反应性；毒理学资料；生态学信息；废弃处置；运输信息；法规信息；其他信息。

（二）危险化学品安全标签

危险化学品安全标签是用文字、图形符号和编码的组合形式表示化学品所具有的危险性和安全注意事项，它可粘贴、挂拴或喷印在化学品的外包装或容器上。

1. 标签要素

标签要素包括化学品标识、象形图、信号词、危险性说明、防范说明、应急咨询电话、供应商标识、资料参阅提示语等。对于小于或等于 100mL 的化学品小包装，为方便标签使用，安全标签要素可以简化，包括化学品标识、象形图、信号词、危险性说明、应急咨询电话、供应商名称及联系电话、资料参阅提示语等。

2. 标签具体内容

（1）化学品标识：用中英文分别标明化学品的化学名称或通用名称。名称要求醒目清晰，位于标签的上方。

（2）象形图：基于《化学品分类和标签规范》（GB 30000）规定的象形图化学品分类、警示标签和警示性说明安全规范。

（3）信号词：位于化学品名称的下方；根据化学品的危险程度和类别，用"危险""警告"两个词分别进行危害程度的警示。根据相关规范选择不同类别危险化学品的信号词。

（4）危险性说明：简要概述化学品的危险特性。居信号词下方。

（5）防范说明：该部分应包括安全预防措施、意外情况（如泄漏、人员接触或火灾等）的处理、安全储存措施及废弃处置等内容。

(6) 供应商标识：供应商名称、地址、邮编和电话等。

(7) 应急咨询电话：填写化学品生产商或生产商委托的 24h 化学事故应急咨询电话。

(8) 资料参阅提示语：提示化学品用户应参阅化学品安全技术说明书。

(9) 危险信息先后排序：当某种化学品具有两种及两种以上的危险性时，安全标签的象形图、信号词、危险性说明的先后顺序要按《化学品安全标签编写规定》执行。

3. 在使用安全标签时应注意的事项

(1) 安全标签的粘贴、挂拴或喷印应牢固，保证在运输、储存期间不脱落，不损坏。

(2) 安全标签应由生产企业在货物出厂前粘贴、挂拴或喷印。若要改换包装，则由改换包装单位重新粘贴、挂拴或喷印标签。

(3) 盛装危险化学品的容器或包装，在经过处理并确认其危险性完全消除之后，方可撕下安全标签，否则不能撕下相应的标签。

四、危险化学品的燃烧爆炸类型和过程

(一) 燃烧爆炸分类

危险化学品的燃烧按其要素构成的条件和瞬间发生的特点，可分为闪燃、着火和自燃三种类型。危险化学品的爆炸可按爆炸反应物质分为简单分解爆炸、复杂分解爆炸和爆炸性混合物爆炸。危险化学品爆炸的分类及内涵见表 5-1。

表 5-1　危险化学品爆炸分类及内涵

爆炸分类	内涵
简单分解爆炸	引起简单分解的爆炸物，在爆炸时并不一定发生燃烧反应，其爆炸所需要的热量是由爆炸物本身分解产生的。属于这一类的有乙炔银、叠氮铅等，这类物质受轻微震动即可能引起爆炸。此外，还有些可燃气体在一定条件下，特别是在受压情况下，能发生简单分解爆炸。例如乙炔、环氧乙烷等在压力下的分解爆炸
复杂分解爆炸	这类可爆炸物的危险性较简单分解爆炸物稍低。其爆炸时伴有燃烧现象，燃烧所需的氧由本身分解产生。例如梯恩梯、黑索金等
爆炸性混合物爆炸	所有可燃性气体、蒸气、液体雾滴及粉尘与空气（氧）的混合物发生的爆炸均属此类。这类混合物的爆炸需要一定的条件，如混合物中可燃物浓度、含氧量及点火能量等。实际上，这类爆炸就是可燃物与助燃物按一定比例混合后遇点火源发生的带有冲击力的快速燃烧

(二) 燃烧爆炸过程

1. 燃烧

除了一些熔点较高的无机固体外，可燃物质的燃烧一般是在气相中进行的。由于可燃物质的状态不同，其燃烧过程也不相同。

相对于可燃固体和液体，可燃气体最易燃烧，燃烧所需要的热量只用于本身的氧化分解，并使其达到着火点。气体在极短的时间内就能全部燃尽。

液体在点火源作用下，先蒸发成蒸气，而后氧化分解进行燃烧。

固体燃烧一般有两种情况：对于硫、磷等简单物质，受热时首先熔化，而后蒸发为蒸气进行燃烧，无分解过程；对于复合物质，受热时可能首先分解成其组成部分，生成气态和液态产物，而后气态产物和液态产物蒸气着火燃烧。

2. 分解爆炸性气体爆炸

某些单一成分的气体，在一定的温度下对其施加一定压力时则会产生分解爆炸。这主要是由于物质的分解热的产生而引起的，产生分解爆炸并不需要助燃性气体存在。在高压下容易产生分解爆炸的气体，当压力低于某数值时则不会发生分解爆炸，这个压力称为分解爆炸的临界压力。

3. 粉尘爆炸

粉尘爆炸是悬浮在空气中的可燃性固体微粒接触到火焰（明火）或电火花等点火源时发生的爆炸现象。金属粉尘、煤粉、塑料粉尘、有机物粉尘、纤维粉尘及农副产品谷物面粉等都可能造成粉尘爆炸事故。

粉尘爆炸的特点：

（1）粉尘爆炸的燃烧速度、爆炸压力均比混合气体爆炸小。

（2）粉尘爆炸多数为不完全燃烧，所以产生的一氧化碳等有毒物质也较多。

（3）可产生爆炸的粉尘颗粒非常小，可作为气溶胶状态分散悬浮在空气中，不产生下沉。堆积的可燃性粉尘通常不会爆炸。但局部的爆炸、爆炸波的传播会使堆积的粉尘受到扰动而飞扬，形成粉尘雾，从而产生二次、三次爆炸。

4. 蒸气云爆炸

可燃气体遇点火源被点燃后，若发生层流或近似层流燃烧，速度太低，不足以产生显著的爆炸超压，在这种条件下蒸气云仅仅是燃烧，在燃烧传播过程中，由于遇到障碍物或受到局部约束，引起局部紊流，火焰与火焰相互作用产生更高的体积燃烧速率，使膨胀流加剧，而这又使紊流更强烈，从而又导致更高的体积燃烧速率，结果火焰传播速度不断提高，可达层流燃烧的十几倍乃至几十倍，发生爆炸。

要发生带破坏性超压的蒸气云爆炸一般应具备以下几个条件：

（1）泄漏物必须可燃且具备适当的温度和压力条件。

（2）必须在点燃之前即扩散阶段形成一个足够大的云团，如果在一个工艺区域内发生泄漏，经过一段延迟时间形成云团后再点燃，则往往会产生剧烈的爆炸。

（3）产生的足够数量的云团处于该物质的爆炸极限范围内才能产生显著的爆炸超压。蒸气云团可分为三个区域，分别是：泄漏点周围是富集区，云团边缘是贫集区，介于二者之间的区域内的云团处于爆炸极限范围内。这部分蒸气云所占的比例取决于多个因素，包括泄漏物的种类和数量，泄漏时的压力，泄漏孔径的大小，云团受约束程度，以及风速、湿度和其他环境条件。

五、危险化学品燃烧爆炸事故对人员和环境的危害

危险化学品的燃烧爆炸事故通常伴随发热、发光、压力上升、真空和电离等现象，具有很强的破坏作用，其与危险化学品的数量和性质、燃烧爆炸时的条件以及位置等因素有关。主要破坏形式有以下几种。

（一）高温的破坏作用

燃烧爆炸时产生的高温，爆炸后建筑物内遗留大量的热或残余火苗，会把从破坏的设备内部不断喷出的可燃气体、易燃或可燃液体的蒸气点燃，也可能把其他易燃物点燃，引起火灾。当盛装易燃物的容器、管道发生爆炸时，爆炸抛出的易燃物有可能引起大面积火灾，这种情况在油罐、液化气瓶爆破后最易发生。正在运行的燃烧设备或高温的化工设备被破坏时，其灼热的碎片可能飞出，点燃附近储存的燃料或其他可燃物，引起火灾。此外，高温辐射还可能使附近人员受到严重灼烫伤害，甚至死亡。

（二）爆炸的破坏作用

1. 爆炸碎片的破坏作用

机械设备、装置、容器等爆炸后产生许多碎片，飞出后会在相当大的范围内造成危害。一般碎片飞散范围在半径 500m 以内。

2. 爆炸冲击波的破坏作用

物质爆炸时，产生的高温、高压气体以极高的速度膨胀，像活塞一样挤压周围空气，把爆炸反应释放出的部分能量传递给压缩的空气层，空气受冲击而发生扰动，使其压力、密度等产生突变，这种扰动在空气中传播就称为冲击波。冲击波的传播速度极快，在传播过程中，可以对周围环境中的机械设备和建筑物产生破坏作用，使人员伤亡。冲击波还可以在作用区域内产生震荡作用，使物体因震荡而松散，甚至破坏。

（三）造成中毒和环境污染

在实际生产中，许多物质不仅是可燃的，而且是有毒的，发生爆炸事故时，会使大量有毒物质外泄，造成人员中毒和环境污染。此外，有些物质本身毒性不强，但燃烧过程中可能释放出大量有毒气体和烟雾，造成人员中毒和环境污染。

六、危险化学品事故的控制和防护措施

（一）危险化学品中毒、污染事故预防控制措施

目前采取的主要措施是替代、变更工艺、隔离、通风、个体防护和保持卫生。

1. 替代

控制、预防化学品危害最理想的方法是不使用有毒有害和易燃、易爆的化学品，但这很难做到，通常的做法是选用无毒或低毒的化学品替代已有的有毒有害化学品。例如，用甲苯替代喷漆和涂漆中用的苯，用脂肪烃替代胶水或黏合剂中的芳烃等。

2. 变更工艺

虽然替代是控制化学品危害的首选方案，但是目前可供选择的替代品往往是很有限的，特别是因技术和经济方面的原因，不可避免地要生产、使用有害化学品。这时可通过变更工艺消除或降低化学品危害。如以往用乙炔制乙醛，采用汞作催化剂，现在发展为用乙烯为原料，通过氧化或氧氯化制乙醛，不需用汞作催化剂。通过变更工艺，彻底消除了汞害。

3. 隔离

隔离就是通过封闭、设置屏障等措施，避免作业人员直接暴露于有害环境中。最常用的隔离方法是将生产或使用的设备完全封闭起来，使工人在操作中不接触化学品。

隔离操作是另一种常用的隔离方法，简单地说，就是把生产设备与操作室隔离开。最简单

的形式就是把生产设备的管线阀门、电控开关放在与生产地点完全隔离的操作室内。

4. 通风

通风是控制作业场所中有害气体、蒸气或粉尘最有效的措施之一。借助于有效的通风，使作业场所空气中有害气体、蒸气或粉尘的浓度低于规定浓度，保证工人的身体健康，防止火灾、爆炸事故的发生。

通风分局部排风和全面通风两种。局部排风是把污染源罩起来，抽出污染空气，所需风量小，经济有效，并便于净化回收。全面通风则是用新鲜空气将作业场所中的污染物稀释到安全浓度以下，所需风量大，不能净化回收。

对于点式扩散源，可使用局部排风。使用局部排风时，应使污染源处于通风罩控制范围内。为了确保通风系统的高效率，通风系统设计的合理性十分重要。对于已安装的通风系统，要经常加以维护和保养，使其有效地发挥作用。

对于面式扩散源，要使用全面通风。全面通风亦称稀释通风，其原理是向作业场所提供新鲜空气，抽出污染空气，进而稀释有害气体、蒸气或粉尘，从而降低其浓度。采用全面通风时，在厂房设计阶段就要考虑空气流向等因素。因为全面通风的目的不是消除污染物，而是将污染物分散稀释，所以全面通风仅适合于低毒性作业场所，不适合于污染物量大的作业场所。

像实验室中的通风橱、焊接室或喷漆室可移动的通风管和导管都是局部排风设备。在冶炼厂，熔化的物质从一端流向另一端时散发出有毒的烟和气，两种通风系统都要使用。

5. 个体防护

当作业场所中有害化学品的浓度超标时，工人就必须使用合适的个体防护用品。个体防护用品不能降低作业场所中有害化学品的浓度，它仅仅是一道阻止有害物进入人体的屏障。防护用品本身的失效就意味着保护屏障的消失，因此个体防护不能被视为控制危害的主要手段，而只能作为一种辅助性措施。

防护用品主要有头部防护器具、呼吸防护器具、眼防护器具、躯干防护用品、手足防护用品等。

6. 保持卫生

保持卫生包括保持作业场所清洁和作业人员的个人卫生两个方面。经常清洗作业场所，对废弃物、溢出物加以适当处置，保持作业场所清洁，也能有效地预防和控制化学品危害。作业人员应养成良好的卫生习惯，防止有害物附着在皮肤上，防止有害物通过皮肤渗入体内。

(二) 危险化学品火灾、爆炸事故的预防

从理论上讲，防止火灾、爆炸事故发生的基本原则主要有以下三点。

1. 防止燃烧、爆炸系统的形成

(1) 替代。

(2) 密闭。

(3) 惰性气体保护。

(4) 通风置换。

(5) 安全监测及联锁。

2. 消除点火源

能引发事故的点火源有明火、高温表面、冲击、摩擦、自燃、发热、电气火花、静电火花、化学反应热、光线照射等。具体的做法有：

（1）控制明火和高温表面。

（2）防止摩擦和撞击产生火花。

（3）火灾爆炸危险场所采用防爆电气设备避免电气火花。

3. 限制火灾、爆炸蔓延扩散的措施

限制火灾、爆炸蔓延扩散的措施包括阻火装置、防爆泄压装置及防火防爆分隔等。

七、危险化学品的运输、储存与包装安全

（一）危险化学品运输安全技术与要求

化学品在运输中发生事故的情况比较常见，全面了解并掌握有关化学品的安全运输规定，对降低运输事故具有重要意义。

（1）国家对危险化学品的运输实行资质认定制度，未经资质认定，不得运输危险化学品。

（2）托运危险物品必须出示有关证明，在指定的铁路、公路交通、航运等部门办理手续。托运物品必须与托运单上所列的品名相符。

（3）危险物品的装卸人员，应按装运危险物品的性质，佩戴相应的劳动防护用品，装卸时必须轻装轻卸，严禁摔拖、重压和摩擦，不得损毁包装容器，并注意标志，堆放稳妥。

（4）危险物品装卸前，应对车（船）搬运工具进行必要的通风和清扫，不得留有残渣，对装有剧毒物品的车（船），卸车（船）后必须洗刷干净。

（5）装运爆炸、剧毒、放射性、易燃液体、可燃气体等物品，必须使用符合安全要求的运输工具；禁忌物料不得混运；禁止用电瓶车、翻斗车、铲车、自行车等运输爆炸物品。运输强氧化剂、爆炸品及用铁桶包装的一级易燃液体时，没有采取可靠的安全措施时，不得用铁底板车及汽车挂车；禁止用叉车、铲车、翻斗车搬运易燃、易爆液化气体等危险物品；温度较高地区装运液化气体和易燃液体等危险物品，要有防晒设施；放射性物品应用专用运输搬运车和抬架搬运，装卸机械应按规定负荷降低25%的装卸量；遇水燃烧物品及有毒物品，禁止用小型机帆船、小木船和水泥船承运。

（6）运输爆炸、剧毒和放射性物品，应指派专人押运，押运人员不得少于2人。

（7）运输危险物品的车辆，必须保持安全车速，保持车距，严禁超车、超速和强行会车。运输危险物品的行车路线，必须事先经当地公安交通部门批准，按指定的路线和时间运输，不可在繁华街道行驶和停留。

（8）运输易燃、易爆物品的机动车，其排气管应装阻火器，并悬挂"危险品"标志。

（9）运输散装固体危险物品，应根据性质，采取防火、防爆、防水、防粉尘飞扬和遮阳等措施。

（10）禁止利用内河以及其他封闭水域运输剧毒化学品。通过公路运输剧毒化学品的，托运人应当向目的地的县级人民政府、公安部门申请办理剧毒化学品公路运输通行证。办理剧毒化学品公路运输通行证时，托运人应当向公安部门提交有关危险化学品的品名、数量、运输始发地和目的地、运输路线、运输单位、驾驶人员、押运人员、经营单位和购买单位资质情况的材料。

(11) 运输危险化学品需要添加抑制剂或者稳定剂的，托运人交付托运时应当添加抑制剂或者稳定剂，并告知承运人。

(12) 危险化学品运输企业，应当对其驾驶员、船员、装卸管理人员、押运人员进行有关安全知识培训。驾驶员、装卸管理人员、押运人员必须掌握危险化学品运输的安全知识，并经所在地区的市级人民政府交通部门考核合格，船员经海事管理机构考核合格，取得上岗资格证，方可上岗作业。

（二）危险化学品储存的基本要求

根据《危险化学品仓库储存通则》（GB 15603—2022）的规定，储存危险化学品的基本安全要求是：

(1) 储存危险化学品必须遵照国家法律、法规和其他有关的规定。

(2) 危险化学品必须储存在经公安部门批准设置的专门的危险化学品仓库中，经销部门自管仓库储存危险化学品及储存数量必须经公安部门批准。未经批准不得随意设置危险化学品储存仓库。

(3) 危险化学品露天堆放，应符合防火、防爆的安全要求；爆炸物品、一级易燃物品、遇湿燃烧物品、剧毒物品不得露天堆放。

(4) 储存危险化学品的仓库必须配备有专业知识的技术人员，其库房及场所应设专人管理，管理人员必须配备可靠的个人安全防护用品。

(5) 储存的危险化学品应有明显的标志，标志应符合《危险货物包装标志》（GB 190—2009）的规定。同一区域储存两种或两种以上不同级别的危险化学品时，应按最高等级危险化学品的性能标志。

(6) 危险化学品储存方式分为三种：隔离储存、隔开储存、分离储存。

(7) 根据危险化学品性能分区、分类、分库储存。各类危险化学品不得与禁忌物料混合储存。

(8) 储存危险化学品的建筑物、区域内严禁吸烟和使用明火。

（三）危险化学品分类储存的安全技术

《危险化学品仓库储存通则》（GB 15603—2022）、《易燃易爆性商品储存养护技术条件》（GB 17914—2013）、《腐蚀性商品储存养护技术条件》（GB 17915—2013）、《毒害性商品储存养护技术条件》（GB 17916—2013）等标准分别规定了危险化学品储存场所的要求、储量的限制以及不同类别危险化学品的储存要求。

（四）危险化学品包装安全要求

《危险货物的运输包装通用技术条件》（GB 12463—2009）把危险货物包装分成三类：

(1) Ⅰ类包装：货物具有较大危险性，包装强度要求高。

(2) Ⅱ类包装：货物具有中等危险性，包装强度要求较高。

(3) Ⅲ类包装：货物具有的危险性小，包装强度要求一般。

标准里还规定了这些包装的基本要求、性能试验和检验方法等，也规定了包装容器的类型和标记代号。

《危险货物运输包装类别划分方法》（GB/T 15098—2008）规定了划分各类危险化学品运输包装类别的基本原则。

（五）化学品安全存放原则

某些化学品接触或混合时其危险性增加，有些化学品接触或混合易燃烧，还有些接触或混合易发生爆炸，还有些化学品在发生事故时，所使用的灭火方法不同。《危险化学品仓库储存通则》（GB 15603—2022）、《易燃易爆性商品储存养护技术条件》（GB 17914—2013）、《腐蚀性商品储存养护技术条件》（GB 17915—2013）、《毒害性商品储藏养护技术条件》（GB 17916—2013）等标准的附录中均附有危险化学品混存性能互抵表。必须掌握危险化学品之间的抵触和不相容性，避免将禁忌物料混储混运，以便保证储运安全。

化学品安全存放基本原则：

（1）酸与碱分开放。

（2）氧化性化学品与还原性化学品分开放。

（3）有机物与无机物分开放。

（4）易燃易爆的化学品应放在化学品安全柜（防爆柜）中，没有化学品安全柜的应放在通风阴凉的地方。

（5）易燃易挥发有机试剂存放处不得有电开关，有机试剂挥发遇到电火花很可能发生爆炸。

（6）氢气等易燃易爆气体与氧气、空气等具有助燃性的气体钢瓶不可放在同一房间内。

（7）特别注意强氧化剂（高锰酸钾、过氧化氢、浓硫酸、硝酸、次氯酸钠、高氯酸等）不得与易燃有机试剂（如丙酮、乙腈、乙醚、无水乙醇等）混放。

（8）玻璃瓶装化学品、具有强腐蚀性化学品、大瓶化学品应放在试剂柜下层（便于取放的高度），塑料瓶装、小瓶装和质量轻的试剂可放在试剂柜上层。

八、危险化学品经营的安全要求

（一）办理经营许可证的程序

《危险化学品安全管理条例》第三十五条明确了办理经营许可证的程序：

1. 申请

从事剧毒化学品、易制爆危险化学品经营的企业，应当向所在地设区的市级人民政府安全生产监督管理部门提出申请，从事其他危险化学品经营的企业，应当向所在地县级人民政府安全生产监督管理部门提出申请（有储存设施的，应当向所在地设区的市级人民政府安全生产监督管理部门提出申请）。

2. 审查与发证

设区的市级人民政府安全生产监督管理部门或者县级人民政府安全生产监督管理部门应当依法进行审查，并对申请人的经营场所、储存设施进行现场核查，自收到证明材料之日起30日内做出批准或者不予批准的决定。予以批准的，颁发危险化学品经营许可证；不予批准的，书面通知申请人并说明理由。

设区的市级人民政府安全生产监督管理部门和县级人民政府安全生产监督管理部门应当将其颁发危险化学品经营许可证的情况及时向同级环境保护主管部门和公安机关通报。

3. 登记注册

申请人持危险化学品经营许可证向工商行政管理部门办理登记注册手续后，方可从事危险化学品经营活动。

（二）危险化学品经营企业的条件和要求

1. 经营场所和储存设施的要求

《危险化学品经营企业安全技术基本要求》（GB 18265—2019）规定：

（1）商店选址：禁止选址在人员密集场所、居住建筑内。

(2) 危险化学品商店的营业场所面积（不含备货库房）应不小于 $60m^2$，危险化学品商店内不应设有生活设施。营业场所与备货库房之间，以及危险化学品商店与其他场所之间应进行防火分隔。

(3) 备货库房应设置高窗，窗上应安装防护铁栏，窗户应采取避光和防雨措施。

(4) 备货库房地面应防潮、平整、坚实、易于清扫。可能释放可燃性气体或蒸气，在空气中能形成粉尘、纤维等爆炸性混合物的备货库房应采用不发生火花的地面。储存腐蚀性危险化学品的备货库房的 地面、踢脚应采用防腐材料。

(5) 营业场所只允许存放单件质量小于 50kg 或容积小于 50L 的民用小包装危险化学品，其存放总质量不得超过 1t，且营业场所内危险化学品的量与 GB 18218 中所规定的临界量比值之和应不大于 0.3。

(6) 备货库房只允许存放单件质量小于 50kg 或容积小于 50L 的民用小包装危险化学品，其存放总质量不得超过 2t，且备货库房内危险化学品的量与 GB 18218 中所规定的临界量比值之和应不大于 0.6。

(7) 只允许经营除爆炸物、剧毒化学品（属于剧毒化学品的农药除外）以外的危险化学品 。

(8) 危险化学品不应露天存放。

(9) 危险化学品的摆放应布局合理，禁忌物品要求应按 GB 15603 的规定执行。

(10) 应建立危险化学品经营档案，档案内容至少应包括危险化学品品种 、数量 、出入记录等，数据保存期限应不少于 1 年

2. 有健全的安全管理制度

一般要有危险化学品购销管理制度；剧毒物品购销管理制度；危险化学品经营手续环节交接责任管理制度；危险化学品运输管理制度；经营人员岗位责任制；商品储存保管管理制度等。

(三) 剧毒化学品、易制爆危险化学品的经营

经营剧毒化学品的企业要申领经营许可证，经营剧毒品要设专人。

《危险化学品经营企业开业条件和技术要求》（GB 18265—2000）要求经营剧毒物品企业的人员，除经国家授权部门的专业培训，取得合格证书方能上岗的条件外，还应经过县级以上（含县级）公安部门的专门培训，取得合格证书后方可上岗。

《危险化学品安全管理条例》第四十一条规定：危险化学品生产企业、经营企业销售剧毒化学品、易制爆危险化学品，应当如实记录购买单位的名称、地址、经办人的姓名、身份证号码以及所购买的剧毒化学品、易制爆危险化学品的品种、数量、用途。销售记录以及经办人的身份证明复印件、相关许可证件复印件或者证明文件的保存期限不得少于 1 年。

剧毒化学品、易制爆危险化学品的销售企业、购买单位应当在销售、购买后 5 日内，将所销售、购买的剧毒化学品、易制爆危险化学品的品种、数量以及流向信息报所在地县级人民政府公安机关备案，并输入计算机系统。

九、泄漏控制与销毁处置技术

(一) 泄漏处理及火灾控制

1. 泄漏处理

(1) 泄漏源控制。利用截止阀切断泄漏源，在线堵漏减少泄漏量或利用备用泄料装置使其安全释放。

(2) 泄漏物处理。现场泄漏物要及时地进行覆盖、收容、稀释、处理。在处理时，还应按照危险化学品特性，采用合适的方法处理。

2. 火灾控制

（1）灭火一般注意事项：

①正确选择灭火剂并充分发挥其效能。常用的灭火剂有水、蒸汽、二氧化碳、干粉和泡沫等。在扑救火灾时，一定要根据燃烧物料的性质、设备设施的特点、火源点部位（高、低）及其火势等情况，要选择冷却、灭火效能特别高的灭火剂扑救火灾，充分发挥灭火剂各自的冷却与灭火的最大效能。

②注意保护重点部位。例如，当某个区域内有大量易燃易爆或毒性化学物质时，就应该把这个部位作为重点保护对象，在实施冷却保护的同时，要尽快地组织力量消灭其周围的火源点，以防灾情扩大。

③防止复燃复爆。将火灾消灭以后，要留有必要数量的灭火力量继续冷却燃烧区内的设备、设施、建（构）筑物等，消除着火源，同时将泄漏出的危险化学品及时处理。对可以用水灭火的场所要尽量使用蒸汽或喷雾水流稀释，排除空间内残存的可燃气体或蒸气，以防止复燃复爆。

④防止高温危害。火场上高温的存在不仅造成火势蔓延扩大，也会威胁灭火人员安全。可以使用喷水降温、利用掩体保护、穿隔热服装保护、定时组织换班等方法避免高温危害。

⑤防止毒害危害。发生火灾时，可能出现一氧化碳、二氧化碳、二氧化硫、光气等有毒物质。在扑救时，应当设置警戒区，进入警戒区的抢险人员应当佩戴个体防护装备，并采取适当的手段消除毒物。

（2）几种特殊化学品火灾扑救注意事项：

①扑救气体类火灾时，在没有采取堵漏措施的情况下，必须保持稳定燃烧。否则，大量可燃气体泄漏出来与空气混合，遇点火源就会发生爆炸，造成严重后果。

②扑救爆炸物品火灾时，切忌用沙土盖压，以免增强爆炸物品的爆炸威力；另外扑救爆炸物品堆垛火灾时，水流应采用吊射，避免强力水流直接冲击堆垛，以免堆垛倒塌再次引起爆炸。

③扑救遇湿易燃物品火灾时，绝对禁止用水、泡沫、酸碱等湿性灭火剂扑救。一般可使用干粉、二氧化碳、卤代烷扑救，但钾、钠、铝、镁等物品用二氧化碳、卤代烷无效。固体遇湿易燃物品应使用水泥、干砂、干粉、硅藻土等覆盖。对镁粉、铝粉等粉尘，切忌喷射有压力的灭火剂，以防止将粉尘吹扬起来，引起粉尘爆炸。

④扑救易燃液体火灾时，比水轻又不溶于水的液体用直流水、雾状水灭火往往无效，可用普通蛋白泡沫或轻泡沫扑救；水溶性液体最好用抗溶性泡沫扑救。

⑤扑救毒害和腐蚀品的火灾时，应尽量使用低压水流或雾状水，避免腐蚀品、毒害品溅出；遇酸类或碱类腐蚀品最好调制相应的中和剂稀释中和。

⑥易燃固体、自燃物品火灾一般可用水和泡沫扑救，只要控制住燃烧范围，逐步扑灭即可。但有少数易燃固体、自燃物品的扑救方法比较特殊。如2,4-二硝基苯甲醚、二硝基萘、萘等是易升华的易燃固体，受热放出易燃蒸气，能与空气形成爆炸性混合物，尤其是在室内，易发生爆炸。在扑救过程中应不时向燃烧区域上空及周围喷射雾状水，并消除周围一切点火源。

（二）废弃物销毁

1. 固体废弃物的处置

（1）危险废弃物。使危险废弃物无害化采用的方法是使它们变成高度不溶性的物质，也就是固化/稳定化的方法。

目前常用的固化/稳定化方法有水泥固化、石灰固化、塑性材料固化、有机聚合物固化、自凝胶固化、熔融固化和陶瓷固化。

(2) 工业固体废弃物。是指在工业、交通等生产过程中产生的固体废弃物。

一般工业废弃物可以直接进入填埋场进行填埋。对于粒度很小的固体废弃物,为了防止填埋过程中引起粉尘污染,可装入编织袋后填埋。

2. 爆炸性物品的销毁

一般可采用以下四种方法:爆炸法、烧毁法、溶解法、化学分解法。

3. 有机过氧化物废弃物处理

有机过氧化物是一种易燃、易爆品。其废弃物应从作业场所清除并销毁,其方法主要取决于该过氧化物的物化性质,根据其特性选择合适的方法处理,以免发生意外事故。处理方法主要有分解、烧毁、填埋。

· 典型例题 ·

1. 毒性危险化学品通过一定途径进入人体,在体内积蓄到一定剂量后,就会表现出中毒症状。毒性危险化学品通常进入人体的途径是(　　)。

A. 呼吸道、皮肤、消化道

B. 呼吸道、口腔、消化道

C. 皮肤、口腔、消化道

D. 口腔、鼻腔、呼吸道

【解析】许多危险化学品可通过一种或多种途径进入人体和动物体内,途径包括呼吸道、皮肤、消化道。当其在人体累积到一定量时,便会扰乱或破坏肌体的正常生理功能,引起暂时性或持久性的病理改变,甚至危及生命。

2. 危险化学品是对人体、设施、环境具有危害的剧毒化学品或其他化学品,相对普通化学品有显著不同的危险特性。下列化学品的特性中,属于危险化学品主要危险特性的是(　　)。

A. 燃烧性和活泼性

B. 放射性和爆炸性

C. 毒害性和敏感性

D. 爆炸性和挥发性

【解析】危险化学品主要危险特性有燃烧性、爆炸性、毒害性、腐蚀性、放射性。

3. 危险化学品的燃烧爆炸事故通常伴随发热、发光、高压、真空和电离等现象,具有很强的破坏效应,该效应与危险化学品的数量和性质、燃烧爆炸时的条件以及位置等因素均有关系。下列关于危险化学品破坏效应的说法,正确的是(　　)。

A. 爆炸的破坏作用主要包括高温的破坏作用和爆炸冲击波的破坏作用

B. 在爆炸中心附近,空气冲击波波阵面上的超压可达到几个甚至十几个大气压

C. 当冲击波大面积作用于建筑物时,所有建筑物将全部被破坏

D. 机械设备、装置、容器等爆炸后产生许多碎片,碎片破坏范围一般在 0.5～1.0km

【解析】危化品燃烧爆炸事故的破坏作用包含三个方面,即高温的破坏作用、爆炸的破坏作用(包括碎片和冲击波)和造成中毒和环境污染,故选项 A 说法不全面。选项 C 说法过于绝对,在爆炸中心附近,空气冲击波波阵面上的超压可达几个甚至十几个大气压,在这样高的超压作用下,建筑物被摧毁,机械设备、管道等也会受到严重破坏。当冲击波大面积作用于建筑物时,波阵面超压在 20～30kPa 内,就足以使大部分砖木结构建筑物受到严重破坏。选项 D 错误,一般碎片飞散范围在半径 500m 以内。

4. 粉尘爆炸是悬浮在空气中的可燃性固体微粒接触点火源时发生的爆炸现象。关于粉尘

爆炸特点的说法，错误的是（　　）。

A. 粉尘爆炸的燃烧速度、爆炸压力均比混合气体爆炸大
B. 粉尘爆炸多数为不完全燃烧，产生的一氧化碳等有毒物质较多
C. 堆积的可燃性粉尘通常不会爆炸，但若受到扰动，形成粉尘雾可能爆炸
D. 可产生爆炸的粉尘颗粒非常小，可分散悬浮在空气中，不产生下沉

【解析】粉尘爆炸的燃烧速度、爆炸压力均比混合气体爆炸小。

5. 某市危险化学品生产企业在停产停业后需要重新开业，组织新员工编写危险化学品安全标签。下列关于化学品安全标签要素编写的做法，不符合《化学品安全标签编写规定》（GB 15258—2009）的是（　　）。

A. 化学品标识位于安全标签的上方
B. 化学品危险性说明位于信号词上方
C. 危险化学品组分较多时只编写3个
D. 信号词位于化学品名称的下方

【解析】化学品危险性说明位于信号词下方，选项B错误。

答案：1.A　2.B　3.B　4.A　5.B

第二节　危险化学品的危害及防护

一、毒性危险化学品

（一）毒性危险化学品侵入人体的途径

（1）呼吸道。工业生产中，毒性危险化学品进入人体的最重要的途径是呼吸道。
（2）皮肤。工业生产中，毒性危险化学品经皮肤吸收引起中毒也比较常见。
（3）消化道。进入呼吸道的难溶性毒性危险化学品，可经由咽部被咽下而进入消化道。

（二）工业毒性危险化学品对人体的危害

（1）刺激。一般受刺激的部位为皮肤、眼睛和呼吸系统。
（2）过敏。某些化学品可引起皮肤或呼吸系统过敏，如出现皮疹或水疱等症状，呼吸系统过敏可引起职业性哮喘，引起这种反应的化学品有甲苯、聚氨酯、福尔马林等。
（3）窒息。窒息涉及对身体组织氧化作用的干扰。这种症状分为三种：

①单纯窒息。在空间有限的工作场所，氧气被氮气、二氧化碳、甲烷、氢气、氦气等气体所代替，空气中氧浓度降到17%以下，致使机体组织的供氧不足，就会引起头晕、恶心、调节功能紊乱等症状。缺氧严重时会导致昏迷，甚至死亡。

②血液窒息。毒性化学物质影响机体传送氧的能力。典型的血液窒息性物质就是一氧化碳。空气中一氧化碳含量达到0.05%时就会导致血液携氧能力严重下降。

③细胞内窒息。毒性化学物质影响机体和氧结合的能力。如氰化氢、硫化氢等物质影响细胞和氧的结合能力，尽管血液中含氧充足。

（4）麻醉和昏迷。接触高浓度的某些化学品，有类似醉酒的作用。如乙醇、丙醇、丙酮、丁酮、乙炔、烃类、乙醚、异丙醚会导致中枢神经抑制。一次大量接触这些化学品可导致昏

迷，甚至死亡。

（5）中毒。人体由许多系统组成，所谓中毒是指化学物质引起的对一个或多个系统产生有害影响的现象，这种作用不局限于身体的某一点或某一区域。

（6）致癌。长期接触一定的化学物质可能引起细胞的无节制生长，形成恶性肿瘤。如砷、石棉、铬、镍等物质可能导致肺癌；鼻腔癌和鼻窦癌是由铬、镍、木材、皮革粉尘等引起的；接触氯乙烯单体可引起肝癌；接触苯可引起再生障碍性贫血等。

（7）致畸。接触化学物质可能对未出生胎儿造成危害，干扰胎儿的正常发育。

（8）突变。某些化学品对人的遗传基因的影响可能导致后代发生异常，实验结果表明 80%~85% 的致癌化学物质对后代有影响。

（9）尘肺。能引起尘肺病的物质有石英晶体、石棉、滑石粉、煤粉和铍等。

（三）急性中毒的现场抢救

（1）救护者现场准备。

（2）切断毒性危险化学品来源。

（3）迅速脱去被毒性危险化学品污染的衣服、鞋袜、手套等，并用大量清水或解毒液彻底清洗被毒性危险化学品污染的皮肤。对于黏稠性毒性危险化学品，可以用大量肥皂水冲洗（敌百虫不能用碱性溶液冲洗），尤其要注意皮肤褶皱、毛发和指甲内的污染，对于水溶性毒性危险化学品，应先用棉絮、干布擦掉毒性危险化学品，再用清水冲洗。

（4）若毒性危险化学品经口引起急性中毒，对于非腐蚀性毒性危险化学品，应迅速用 1/5 000 的高锰酸钾溶液或 1%~2% 的碳酸氢钠溶液洗胃，然后用硫酸镁溶液导泻。对于腐蚀性毒性危险化学品，一般不宜洗胃，可用蛋清、牛奶或氢氧化铝凝胶灌服，以保护胃黏膜。

（5）令中毒患者呼吸氧气。若患者呼吸停止或心跳骤停，应立即施行复苏术。

（四）一些毒性物质污染的处理

清除有毒化学品污染的措施，主要是用有一定压力的水进行喷射冲洗，或用热水冲洗，也可用蒸气熏蒸，或用药物进行中和、氧化或还原。

（1）对氰化钠、氰化钾及其他氰化物的污染，可用硫代硫酸钠的水溶液浇在污染处，因为硫代硫酸钠与氰化物反应，可以生成毒性低的硫氰酸盐。然后用热水冲洗，再用冷水冲洗干净。也可用硫酸亚铁、高锰酸钾、次氯酸钠代替硫代硫酸钠。

（2）甲醛泄漏后，可用漂白粉加 5 倍水浸湿污染处，因为甲醛可以被漂白粉氧化成甲酸，然后再用水冲洗干净。

（3）苯胺泄漏后，可用稀盐酸或稀硫酸溶液浸湿污染处，再用水冲洗。因为苯胺呈碱性，能与盐酸或硫酸反应生成盐酸盐、硫酸盐。

（4）汞泄漏后可先行收集，然后在污染处用硫黄粉覆盖，因汞挥发出来的蒸气遇硫黄生成硫化汞而不致逸出，最后冲洗干净。

（五）放射性危险化学品的危险特性

在极高剂量的放射线作用下，能造成三种类型的放射伤害：

（1）对中枢神经和大脑系统的伤害。这种伤害主要表现为虚弱、倦怠、嗜睡、昏迷、震颤、痉挛，可在 2 天内死亡。

（2）对肠胃的伤害。这种伤害主要表现为恶心、呕吐、腹泻、虚弱和虚脱，症状消失后可出现急性昏迷，通常可在 2 周内死亡。

（3）对造血系统的伤害。这种伤害主要表现为恶心、呕吐、腹泻，但很快能好转，经过约

2～3周无症状之后，出现脱发、经常性流鼻血，再出现腹泻，极度憔悴，通常在2～6周后死亡。

二、劳动防护用品选用原则

呼吸道防毒面具的选用应按照表5-2进行。

表5-2 呼吸道防毒面具选用表

品类			使用范围
过滤式	全面罩式	头罩式面具	毒性气体的体积浓度低，一般不高于1%
		面罩式面具 导管式	
		面罩式面具 直接式	
	半面罩式	双罐式防毒口罩	
		单罐式防毒口罩	
		简易式防毒口罩	
隔离式	自给式	供氧（气）式 氧气呼吸器	毒性气体浓度高，毒性不明或缺氧的可移动性作业
		供氧（气）式 空气呼吸器	
		生氧式 生氧面具	
		生氧式 自救器	上述情况短暂时间事故自救用
	隔离式	送风长管式 电动式	毒性气体浓度高，缺氧的固定作业
		送风长管式 人工式	
		自吸长管式	同上，导管限长<10m；管内径>18mm

· 典型例题 ·

工业生产中有毒危险化学品会通过呼吸道等途径进入人体对人造成伤害。进入现场的人员应佩戴防护用具。按作用机理，呼吸道防毒面具可分为（　　）。

A．全面罩式 　　　　　　　　　B．半面罩式
C．过滤式 　　　　　　　　　　D．隔离式
E．生氧式

【解析】按作用机理，呼吸道防毒面具分为过滤式和隔离式。

答案：CD

同步强化训练

单项选择题

1．某化工公司将无标识的化工原料次氯酸钠存入公司仓库，库管员未对入库原料进行认真核实，之后又将该原料挪入其他产品存放区混存，引发危险化学品物质相互反应而造成火灾。下列危险化学品中，能够与次氯酸钠混存的是（　　）。

A．丙酮 　　　　　　　　　　　B．乙醚
C．高锰酸钾 　　　　　　　　　D．无水乙醇

2. 油品罐区火灾爆炸风险非常高，进入油品罐区的车辆尾气排放管必须装设的安全装置是（　　）。
   A. 阻火装置　　　　　　　　　　　B. 防爆装置
   C. 泄压装置　　　　　　　　　　　D. 隔离装置

3. 危险化学品运输过程中事故多发，不同种类危险化学品对运输工具、运输方法有不同要求。下列各种危险化学品的运输方法中，正确的是（　　）。
   A. 用电瓶车运输爆炸物品
   B. 用翻斗车搬运液化石油气钢瓶
   C. 用小型机帆船运输有毒物品
   D. 用汽车槽车运输甲醇

4. 2012 年 4 月 23 日，某发电公司脱硝系统液氨储罐发生泄漏，现场操作工人立即向公司汇报，并启动液氨泄漏现场处置方案。现场处置的正确步骤是（　　）。
   A. 佩戴空气呼吸器→关闭相关阀门→打开消防水枪
   B. 打开消防水枪→观察现场风向标→佩戴空气呼吸器
   C. 观察现场风向标→打开消防水枪→关闭相关阀门
   D. 关闭相关阀门→佩戴空气呼吸器→打开消防水枪

5. 危险化学品中毒、污染事故预防控制措施中，一种简单的形式："把生产设备的管线阀门、电控开关放在与生产地点完全隔离的操作室内"，属于（　　）措施。
   A. 替换
   B. 变更工艺
   C. 隔离
   D. 通风

6. 由低分子单体合成聚合物的反应称为聚合反应。聚合反应合成聚合物分子量高、黏度大，聚合反应热容易挂壁和堵塞，从而造成局部过热或反应釜升温、反应釜的搅拌和温度应有检测和联锁装置，发现异常能够自动（　　）。
   A. 停止进料
   B. 停止反应
   C. 停止搅拌
   D. 停止降温

7. 化工装置停车过程复杂、危险较大、应认真制定停车方案并严格执行。下列关于停车过程注意事项的说法中，正确的是（　　）。
   A. 系统泄压要缓慢进行直至压力降至零
   B. 高温设备快速降温
   C. 装置内残存物料不能随意放空
   D. 采用关闭阀门来实现系统隔绝

8. 化工装置检修涉及大量动火作业，为确保动火作业安全，需落实有关安全措施。下列关于动火作业安全措施的说法中，错误的是（　　）。
   A. 动火地点变更时应重新办理审批手续
   B. 高处动火要落实防止火花飞溅的措施
   C. 停止动火不超过 1h 不需要重新取样分析

D. 特殊动火分析的样品要保留到动火作业结束

9. 化工厂厂区一般可划分为 6 个区块：工艺装置区、罐区、公共设施区、运输装卸区、辅助生产区和管理区。下列关于各区块布局安全的说法正确的是（　　）。
   A. 为方便事故应急救援，工艺装置区应靠近工厂边界
   B. 运输装卸区应设置在工厂的下风区或边缘地区
   C. 为防止储罐在洪水中受损，将罐区设置在高坡上
   D. 公用设施区的锅炉、配电设备应设置在罐区的下风区

10. 泵是化工装置的主要流体机械。泵的选型主要考虑流体的物理化学特性。下列关于泵选型的说法中，错误的是（　　）。
    A. 采用屏蔽泵输送苯类物质
    B. 采用防爆电机驱动的离心泵输送易燃液体
    C. 采用隔膜式往复泵输送悬浮液
    D. 采用普通离心泵输送胶状溶液

11. 为防止发生事故，国家对危险化学品的运输有严格的要求，下列关于化学品运输安全要求的说法中，错误的是（　　）。
    A. 禁忌化学品不得混运
    B. 禁止用翻斗车运输爆炸物
    C. 禁止在内河运输遇水燃烧物品
    D. 禁止用叉车运输易燃液化气体

12. 有些危险化学品具有放射性，如果人体直接暴露在存在此类危险化学品的环境中，就会产生不同程度的损伤。高强度的放射线对人体造血系统造成伤害后，人体表现的主要症状为（　　）。
    A. 嗜睡、昏迷、震颤等
    B. 震颤、呕吐、腹泻等
    C. 恶心、脱发、痉挛等
    D. 恶心、腹泻、流鼻血等

>>> 参考答案及解析 <<<

单项选择题

1.【答案】C
【解析】强氧化剂高锰酸钾、过氧化氢、浓硫酸、硝酸、次氯酸钠、高氯酸等不得与易燃有机试剂如丙酮、乙腈、乙醚、无水乙醇等混放。

2.【答案】A
【解析】运输易燃、易爆物的机动车，其排气管应装阻火器，并悬挂"危险品"标志。

3.【答案】D
【解析】装运爆炸、剧毒、放射性、易燃液体、可燃气体等物品，必须使用符合安全要求的运输工具；禁忌物料不得混运；禁止用电瓶车、翻斗车、铲车、自行车等运输爆炸物品。运输强氧化剂、爆炸品及用铁桶包装的一级易燃液体时，没有采取可靠的安全措施时，不得用铁底板车及汽车挂车；禁止用叉车、铲车、翻斗车搬运易燃、易爆液化气体等危险物品；温度较高地区装运液化气体和易燃液体等危险物品，要有防晒设施；放射性物品应用专用运输搬运车和抬架搬运，装卸机械应按规定负荷降低25％的装卸量；遇水燃烧物品及

有毒物品，禁止用小型机帆船、小木船和水泥船承运。

4. 【答案】A

    【解析】当遇到危险时，现场处置人员必须先做好自身防护，才能抢险救灾。

5. 【答案】C

    【解析】隔离就是通过封闭、设置屏障等措施，避免作业人员直接暴露于有害环境中，最常用的隔离方法是将生产或使用的设备完全封闭起来，使工人在操作中不接触化学品。

6. 【答案】A

    【解析】聚合反应过程中应设置可燃气体检测报警器，一旦发现设备、管道有可燃气体泄漏，将自动停车，反应釜的搅拌和温度应有检测和联锁装置，发现异常能自动停止进料。

7. 【答案】C

    【解析】选项A错误，系统卸压要缓慢由高压降至低压，但压力不得降至零，更不能造成负压，一般要求系统内保持微正压。选项B错误，高温设备不能急骤降温，避免造成设备损伤。选项D错误，最安全、最可靠的隔绝办法是拆除部分管线或插入盲板。

8. 【答案】C

    【解析】选项C错误，取样时间与动火作业的时间不得超过30min，如超过此间隔时间或动火停歇时间为30min以上时，必须重新取样分析。

9. 【答案】B

    【解析】选项A错误，工艺装置区应该离开工厂边界一定的距离。选项C错误，罐区应设在地势比工艺装置区略低的区域，决不能设在高坡上。选项D错误，锅炉设备和配电设备可能会成为引火源，应设在易燃液体设备的上风区域。

10. 【答案】D

    【解析】选用泵要依据流体的物理化学特性，一般溶液可选用任何类型泵输送；悬浮液可选用隔膜式往复泵或离心泵输送；输送黏度大的液体、胶体溶液、膏状物和糊状物时可选用齿轮泵、螺杆泵或高黏度泵；毒性或腐蚀性较强的可选用屏蔽泵；输送易燃易爆的有机液体可选用防爆型电机驱动的离心式油泵等。

11. 【答案】C

    【解析】禁止通过内河封闭水域运输剧毒化学品，以及国家规定禁止通过内河运输的其他危险化学品。

12. 【答案】D

    【解析】对造血系统的伤害，这种伤害主要表现为恶心、呕吐、腹泻、但很快能好转，经过2～3周无症状之后，出现脱发、经常性流鼻血、再出现腹泻。极度憔悴，通常在2～6周后死亡。

参考文献

[1] 朱序璋. 人机工程学 [M]. 西安：西安电子科技大学出版社，1999.
[2] 郭伏，杨学涵. 人因工程学 [M]. 2版. 沈阳：东北大学出版社，2005.
[3] 李红杰，鲁顺清. 安全人机工程学 [M]. 武汉：中国地质大学出版社，2006.
[4] 袁修干，庄达民. 人机工程 [M]. 北京：北京航空航天大学出版社，2002.
[5] 孙林岩. 人因工程 [M]. 北京：高等教育出版社，2008.
[6] 谢庆森，王秉权. 安全人机工程 [M]. 天津：天津大学出版社，1999.
[7] 廖可兵，张力. 安全人机工程 [M]. 徐州：中国矿业大学出版社，2009.
[8] 孙林岩. 人因工程 [M]. 北京：中国科学技术出版社，2001.
[9] 王保国等. 安全人机工程学 [M]. 北京：机械工业出版社，2007.
[10] 欧阳文昭，廖可兵. 安全人机工程学 [M]. 北京：煤炭工业出版社，2002.
[11] 吴宗之. 安全生产技术 [M]. 北京：中国大百科全书出版社，2011.
[12] 钱江. 安全生产技术 [M]. 北京：中国电力出版社，2008.
[13] 孟超. 安全生产管理知识安全生产技术 [M]. 北京：中国劳动社会保障出版社，2008.
[14] 钮英建. 安全生产技术 [M]. 2版. 北京：化学工业出版社，2006.
[15] 盘点式考试复习方法研究组. 全国注册安全工程师执业资格考试考点分级精解与习题库 [M]. 北京：中国水利水电出版社，2008.
[16] 朱亚威. 安全生产技术 [M]. 北京：气象出版社，2010.
[17] 王贵生. 安全生产技术答疑精讲与试题精练 [M]. 北京：中国电力出版社，2008.
[18] 谢燮正，赵树智. 人类工程学 [M]. 杭州：浙江教育出版社，1987.
[19] 钮英建. 电气安全工程 [M]. 北京：中国劳动社会保障出版社，2009.
[20] 李世林. 电气装置和安全防护手册 [M]. 北京：中国标准出版社，2006.

亲爱的读者：

如果您对本书有任何 感受、建议、纠错，都可以告诉我们。

我们会精益求精，为您提供更好的产品和服务。

祝您顺利通过考试！

扫码参与调查

注册安全工程师考试研究院